# My Book

This book belongs to

Name: _____

Copy right © 2019 MATH-KNOTS LLC

All rights reserved, no part of this publication may be reproduced, stored in any system or transmitted in any form, or by any means, electronic, mechanical, photocopying, recording, or otherwise without the written permission of MATH-KNOTS LLC.

Cover Design by :
Gowri Vemuri

First Edition :
May, 2019

Author :
Gowri Vemuri

Edited by :
Raksha Pothapragada
Ritvik Pothapragada

Questions: mathknots.help@gmail.com

# NOTE : VDOE is neither affiliated nor sponsors or endorses this product.

# Dedication

This book is dedicated to:

My Mom, who is my best critic, guide and supporter.

To what I am today, and what I am going to become tomorrow,

is all because of your blessings, unconditional affection and support.

This book is dedicated to the

strongest women of my life,

my dearest mom

and

to all those moms in this universe.

G.V.

A **mathematical** operation performed on a numbers in order to divide it equally is called division. **Division** is one of the four basic operations of arithmetic, the others being addition , subtraction and multiplication. Several symbols are used for the division operator, including the obelus (÷), the (-) and the slash (/).

Division is splitting into equal parts or groups. It is also referred as "fair sharing".

Division is the **opposite of multiplying**.

There are special names for each number in a division.

$$dividend \div divisor = quotient$$

But Sometimes It does not work perfectly!

Sometimes we cannot divide things up exactly ... there may be something left over.

$$dividend = divisor \times quotient + remainder$$

**Dividend:** Any number that needs to get divided into equal shares (No of shares equal to divisor)

**Divisor:** The number of equal shares the dividend is getting divided.

**Quotient**: It is the number that says how much each share gets.

# INDEX

| Contents | Page No |
|---|---|
| Preface and Index | 1 - 10 |
| Division facts of 2 | 11 - 26 |
| Division facts of 3 | 27 - 42 |
| Division facts of 4 | 43 - 62 |
| Division facts of 5 | 63 - 82 |
| Division facts of 6 | 83 - 104 |
| Division facts of 7 | 105 - 126 |
| Division facts of 8 | 127 - 148 |
| Division facts of 9 | 149 - 170 |
| Division facts of 10 | 171 - 192 |
| Division facts of 11 | 193 - 214 |
| Division facts of 12 | 215 - 236 |
| Division facts practice exercises | 237 - 292 |
| Division facts of 2 answer keys | 293 - 300 |

# MULTIPLICATION TABLE

# INDEX

| Division facts of 3 answer keys | 301 - 308 |
|---|---|
| Division facts of 4 answer keys | 309 - 316 |
| Division facts of 5 answer keys | 317 - 324 |
| Division facts of 6 answer keys | 325 - 332 |
| Division facts of 7 answer keys | 333 - 340 |
| Division facts of 8 answer keys | 341 - 348 |
| Division facts of 9 answer keys | 349 - 356 |
| Division facts of 10 answer keys | 357 - 364 |
| Division facts of 11 answer keys | 365 - 372 |
| Division facts of 12 answer keys | 373 - 380 |
| Division facts practice exercises answer keys | 381 - 436 |

# DIVISION FACTS

# Division by 2

Division is opposite of Multiplication.
Division is splitting into equal parts or groups or equal sharing or equal partitioning.

**Dividend:** The dividend is the number that is being divided in the division process.

**Divisor:** The number by which dividend is being divided by is called divisor.

**Quotient:** A quotient is a result obtained in division process.

$$4 \div 2 = 2$$

Dividend. Divisor. Quotient

Let's learn division facts for #2

## DIVISION FACTS

## Division by 2

1. Lets learn 2 ÷ 1 = 2

    A. ✈ ✈ ÷ ✈ = ✈✈

    B. 1)2̄ ✈✈ = (✈ ✈)

    C. $2 \div 1 = 2$

2. Lets learn 4 ÷ 2 = 2

    A. ✈✈✈✈ ÷ ✈✈ = ✈✈

    B. 2)2̄ ✈✈✈✈ = (✈✈)(✈✈)

    C. $4 \div 2 = 2$

3. Lets learn 6 ÷ 2 = 3

    A. ✈✈✈✈✈✈ ÷ ✈✈ = ✈✈✈

    B. 2)3̄ ✈✈✈✈✈✈ = (✈✈✈)(✈✈✈)

    C. $6 \div 2 = 3$

©All rights reserved-Math-Knots LLC., VA-USA

# DIVISION FACTS

## Division by 2

4. Lets learn 8 ÷ 2 = 4

   A.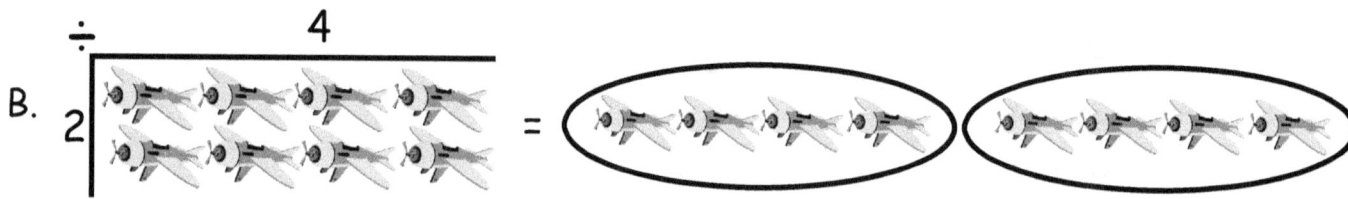

   B. $2\overline{)\phantom{0}4\phantom{0}}$ [8 fish in 2 rows] = (4 fish) (4 fish)

   C. $\boxed{8 \div 2 = 4}$

5. Lets learn 10 ÷ 2 = 5

   A. [10 fish ÷ 2 fish = 5 fish shown in 2 rows]

   B. $2\overline{)\phantom{0}5\phantom{0}}$ [10 fish in 2 rows] = (5 fish) (5 fish)

   C. $\boxed{10 \div 2 = 5}$

6. Lets learn 12 ÷ 2 = 6

   A.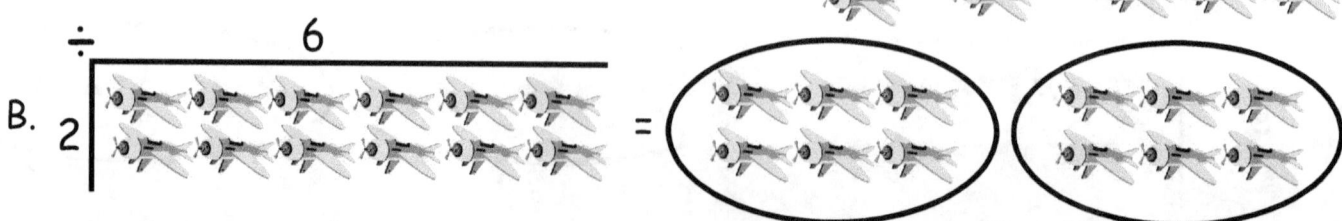

   B. $2\overline{)\phantom{0}6\phantom{0}}$ [12 fish in 2 rows] = (6 fish) (6 fish)

   C. $\boxed{12 \div 2 = 6}$

# DIVISION FACTS

## Division by 2

7. Lets learn 14 ÷ 2 = 7

   A.

   B. (array of 14 planes in 2 rows of 7) = (two circled groups of 7 planes)

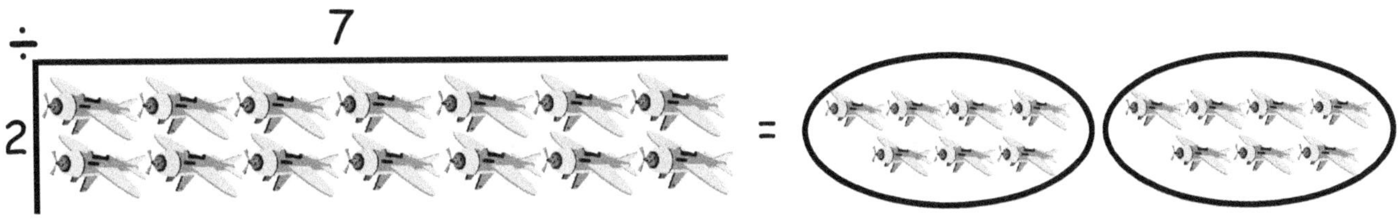

   C. $\boxed{14 \div 2 = 7}$

8. Lets learn 16 ÷ 2 = 8

   A. (16 planes ÷ 2 planes = 8 planes)

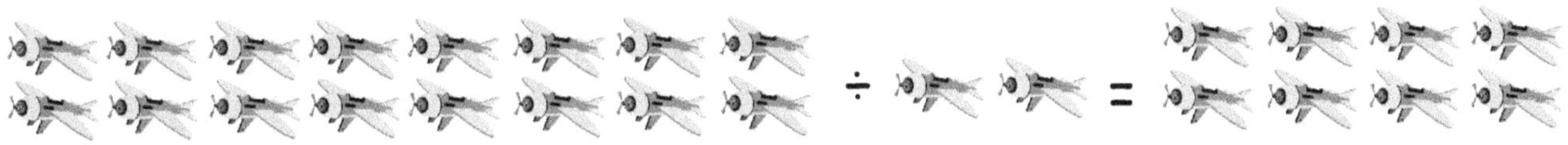

   B. (array of 16 planes in 2 rows of 8) = (two circled groups of 8 planes)

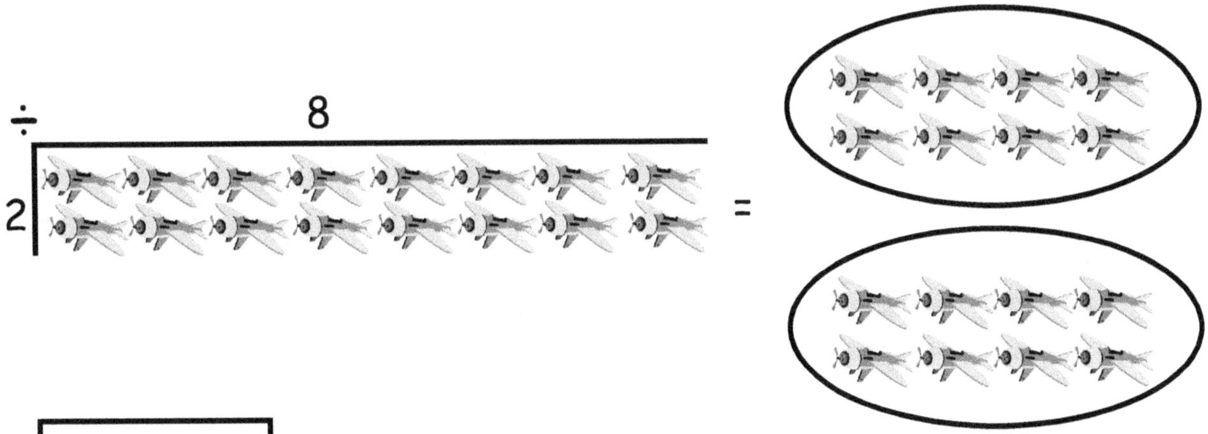

   C. $\boxed{16 \div 2 = 8}$

## DIVISION FACTS

## Division by 2

9. Lets learn 18 ÷ 2 = 9

A. [fish images showing 18 ÷ 2 = 9]

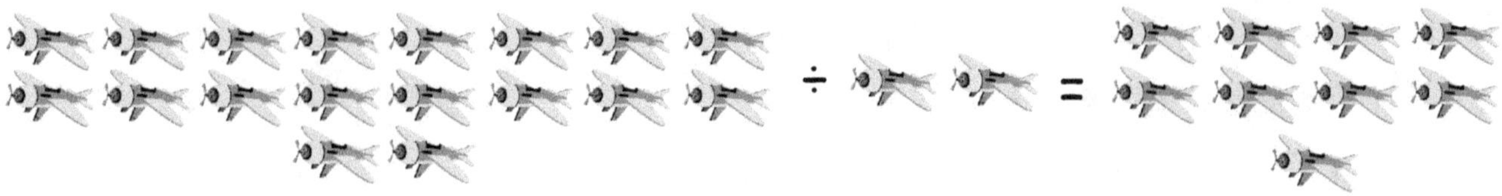

B. 2)⎯9⎯ [fish images] = [two circled groups of 9 fish]

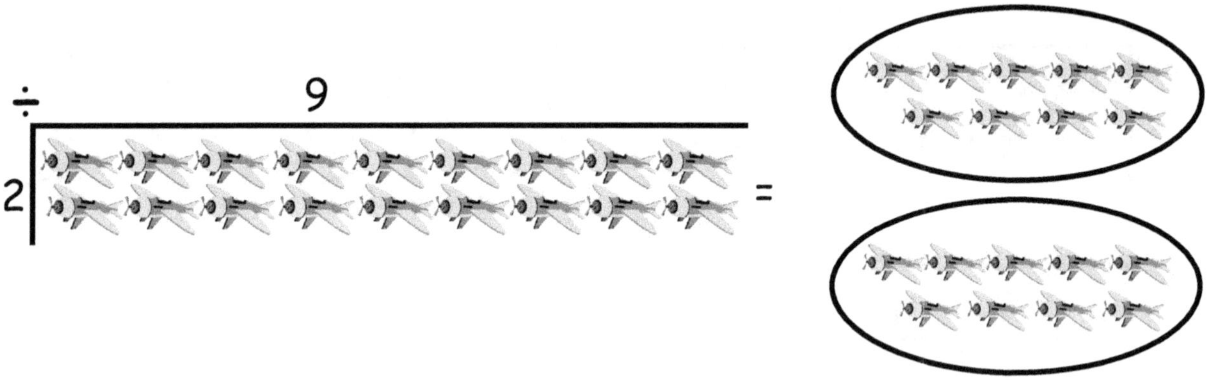

C. $\boxed{18 \div 2 = 9}$

10. Lets learn 20 ÷ 2 = 10

A. [fish images showing 20 ÷ 2 = 10]

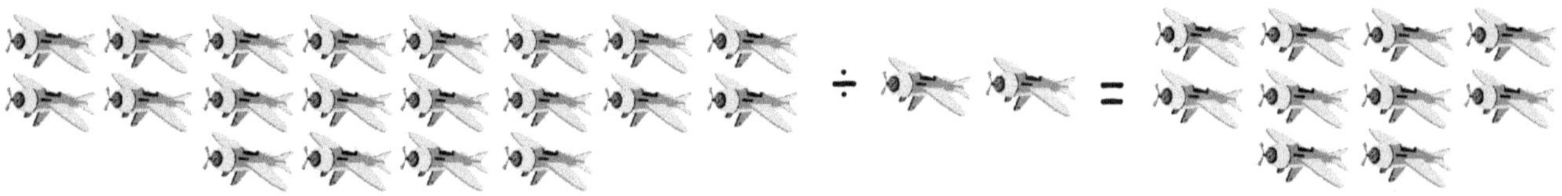

B. 2)⎯10⎯ [fish images] = [two circled groups of 10 fish]

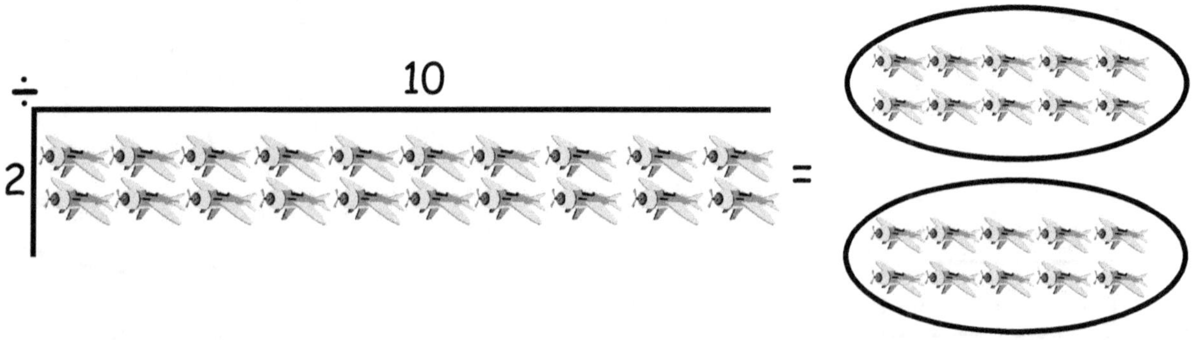

C. $\boxed{20 \div 2 = 10}$

**DIVISION FACTS**

**Division by 2**

11. Lets learn 22 ÷ 2 = 11

A.

B.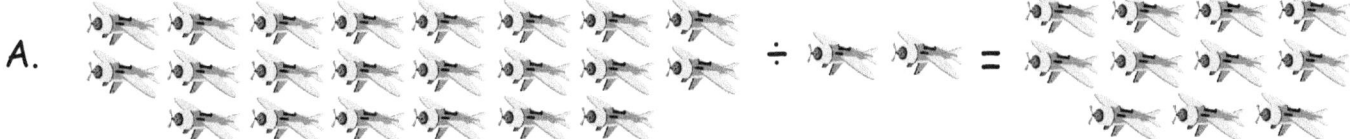

C. $\boxed{22 \div 2 = 11}$

Did you know division by 2 means
Dividing the given number into 2 equal share's ?
Dividing the number into two equal Groups.

## DIVISION FACTS

## Division by 2

12. Lets learn $24 \div 2 = 12$

A.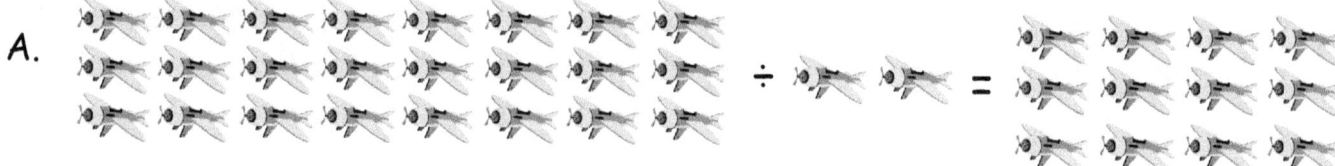

B.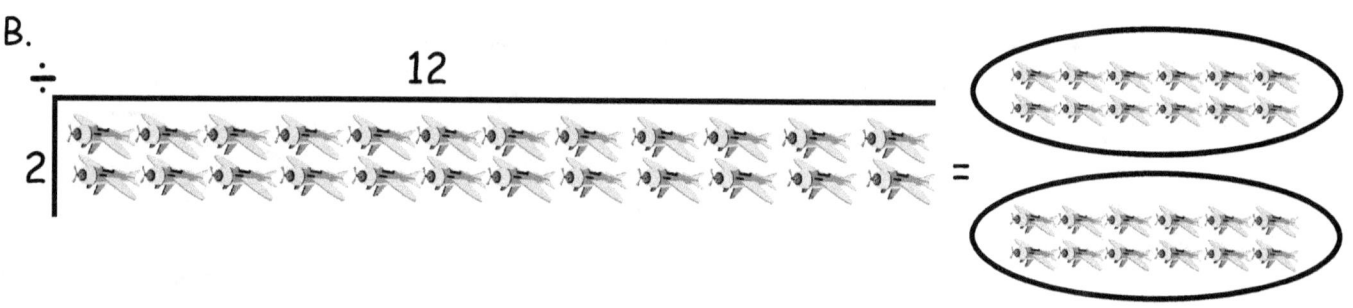

C. $\boxed{24 \div 2 = 12}$

Did you know you can write division sign in three different ways

$\div$ , / and —

# Exercise - 1

(A)  2)2̄     (F)  2)1̄2̄    (K)  2)2̄2̄

(B)  2)4̄     (G)  2)1̄4̄    (L)  2)2̄4̄

(C)  2)6̄     (H)  2)1̄6̄    (M)  2)2̄6̄

(D)  2)8̄     (I)  2)1̄8̄    (N)  2)2̄8̄

(E)  2)1̄0̄    (J)  2)2̄0̄    (O)  2)3̄0̄

# DIVISION FACTS

## Division by 2

## Exercise - 2

| # | Division | # | Multiplication |
|---|---|---|---|
| 1. | 2 ÷ 2 = \_\_\_\_ | 1 × \_\_\_ = 2 |
| 2. | 4 ÷ 2 = \_\_\_\_ | 2 × \_\_\_ = 4 |
| 3. | 6 ÷ 2 = \_\_\_\_ | 3 × \_\_\_ = 6 |
| 4. | 8 ÷ 2 = \_\_\_\_ | 4 × \_\_\_ = 8 |
| 5. | 10 ÷ 2 = \_\_\_\_ | 5 × \_\_\_ = 10 |
| 6. | 12 ÷ 2 = \_\_\_\_ | 6 × \_\_\_ = 12 |
| 7. | 14 ÷ 2 = \_\_\_\_ | 7 × \_\_\_ = 14 |
| 8. | 16 ÷ 2 = \_\_\_\_ | 8 × \_\_\_ = 16 |
| 9. | 18 ÷ 2 = \_\_\_\_ | 9 × \_\_\_ = 18 |
| 10. | 20 ÷ 2 = \_\_\_\_ | 10 × \_\_\_ = 20 |
| 11. | 22 ÷ 2 = \_\_\_\_ | 11 × \_\_\_ = 22 |
| 12. | 24 ÷ 2 = \_\_\_\_ | 12 × \_\_\_ = 24 |

Did you know division is splitting a number up by any give number.

**DIVISION FACTS** — Division by 2

##  Exercise - 3

1. I am a number, I divide myself, into one equal group of 2. What am I ?

   (A) 0      (B) 1

   (C) 2      (D) 3

2. I am a number, I divide myself, into two equal groups of 1. What am I ?

   (A) 1      (B) 4

   (C) 6      (D) 2

3. I am a number, I divide myself, into two equal groups of 2. What am I ?

   (A) 6      (B) 8

   (C) 2      (D) 4

4. I am a number, I divide myself, into two equal groups of 3. What am I ?

   (A) 6      (B) 3

   (C) 8      (D) 2

5. I am a number, I divide myself, into two equal groups of 4. What am I ?

   (A) 4      (B) 6

   (C) 8      (D) 10

**DIVISION FACTS** — Division by 2

6. I am a number, I divide myself, into two equal groups of 5. What am I?

   (A)  12        (B)  10

   (C)  6         (D)  5

7. I am a number, I divide myself, into two equal groups of 6. What am I?

   (A)  6         (B)  2

   (C)  14        (D)  12

8. I am a number, I divide myself, into two equal groups of 7. What am I?

   (A)  2         (B)  10

   (C)  14        (D)  7

9. I am a number, I divide myself, into two equal groups of 8. What am I?

   (A)  16        (B)  8

   (C)  20        (D)  14

10. I am a number, I divide myself, into two equal groups of 9. What am I?

    (A)  9        (B)  18

    (C)  20       (D)  14

**DIVISION FACTS** — Division by 2

11. I am a number, I divide myself, into two equal groups of 10. What am I?

    (A) 2      (B) 22

    (C) 10      (D) 20

12. I am a number, I divide myself, into two equal groups of 11. What am I?

    (A) 20      (B) 22

    (C) 11      (D) 24

13. I am a number, I divide myself, into two equal groups of 12. What am I?

    (A) 12      (B) 18

    (C) 24      (D) 26

14. I am a number, I divide myself, into two equal groups of 13. What am I?

    (A) 26      (B) 18

    (C) 20      (D) 13

15. I am a number, I divide myself, into two equal groups of 14. What am I?

    (A) 14      (B) 18

    (C) 22      (D) 28

# Exercise - 4

Solve the maze run below.

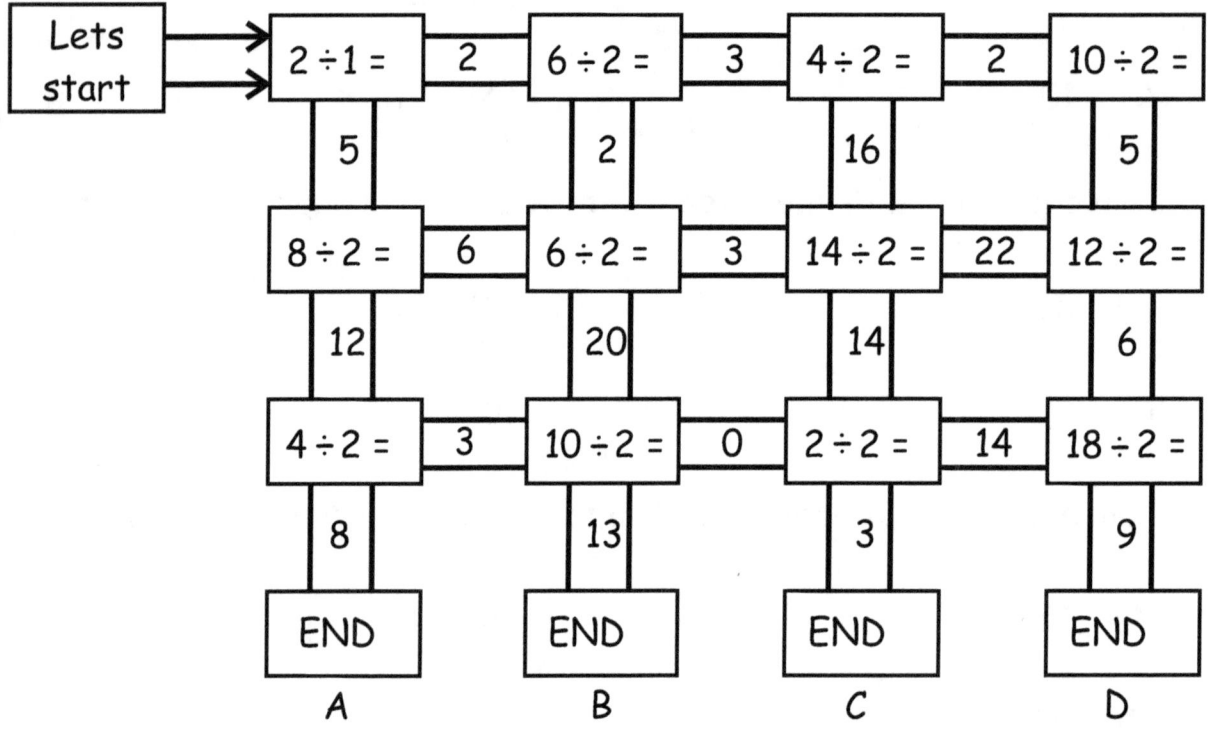

Who won the race? _____

# Exercise - 5

1. $2 \div \square = 1$ then $\square = \_\_\_\_\_$

2. $4 \div \square = 2$ then $\square = \_\_\_\_\_$

3. $6 \div \square = 2$ then $\square = \_\_\_\_\_$

4. $8 \div \square = 2$ then $\square = \_\_\_\_\_$

5. $10 \div \square = 2$ then $\square = \_\_\_\_\_$

6. $12 \div \square = 2$ then $\square = \_\_\_\_\_$

7. $14 \div \square = 2$ then $\square = \_\_\_\_\_$

8. $16 \div \square = 2$ then $\square = \_\_\_\_\_$

9. $18 \div \square = 2$ then $\square = \_\_\_\_\_$

10. $20 \div \square = 2$ then $\square = \_\_\_\_\_$

11. $22 \div \square = 2$ then $\square = \_\_\_\_\_$

12. $24 \div \square = 2$ then $\square = \_\_\_\_\_$

Hey you are an expert of division facts of 2!!!

# DIVISION FACTS

## Division by 3

Division is opposite of Multiplication.
Division is splitting into equal parts or groups or equal sharing or equal partitioning.
Dividend: The dividend is the number that is being divided in the division process.
Divisor: The number by which dividend is being divided by is called divisor.
Quotient: A quotient is a result obtained in division process.

$6 \div 3 = 2$

Dividend. Divisor. Quotient
Let's learn division facts for #3

**DIVISION FACTS**

**Division by 3**

1. Lets learn 3 ÷ 1 = 3

   A.

   B.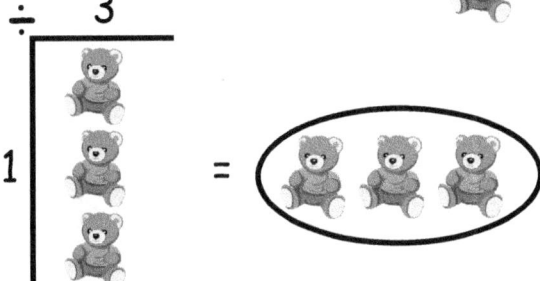

   C.  3 ÷ 1 = 3

2. Lets learn 6 ÷ 3 = 2

   A.  ÷  =

   B.   =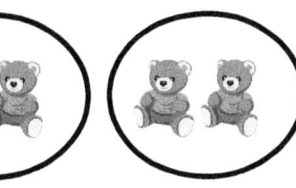

   C.  6 ÷ 3 = 2

## DIVISION FACTS

## Division by 3

3. Lets learn 9 ÷ 3 = 3

A.  🧸🧸🧸 ÷ 🧸🧸🧸 = 🧸🧸🧸

B.  3 ⟌ 3 (9 bears) = (🧸🧸🧸) (🧸🧸🧸) (🧸🧸🧸)

C. $\boxed{9 \div 3 = 3}$

4. Lets learn 12 ÷ 3 = 4

A.  🧸🧸🧸🧸 ÷ 🧸🧸🧸 = 🧸🧸🧸🧸

B.  3 ⟌ 4 (12 bears) = (🧸🧸🧸🧸) (🧸🧸🧸🧸) (🧸🧸🧸🧸)

C. $\boxed{12 \div 3 = 4}$

**DIVISION FACTS**

**Division by 3**

5. Lets learn 15 ÷ 3 = 5

A.

B.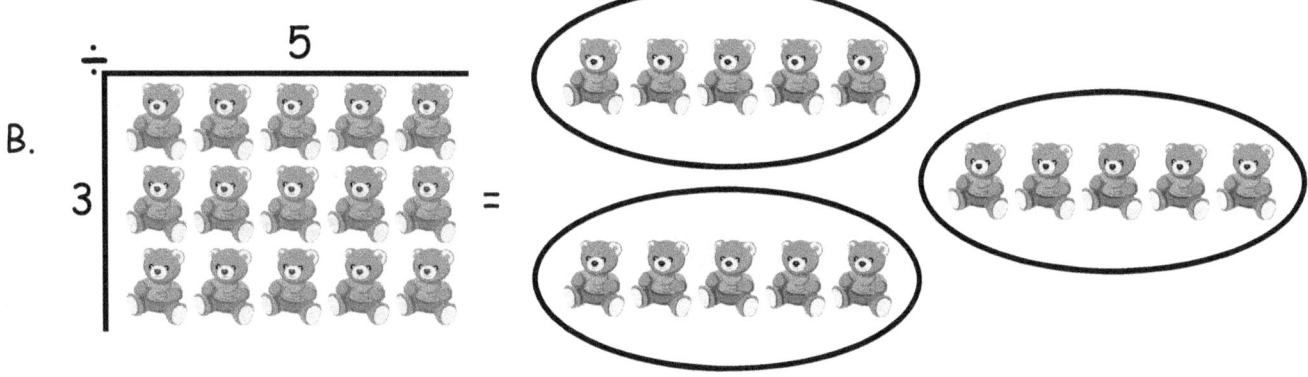

C. 15 ÷ 3 = 5

6. Lets learn 18 ÷ 3 = 6

A.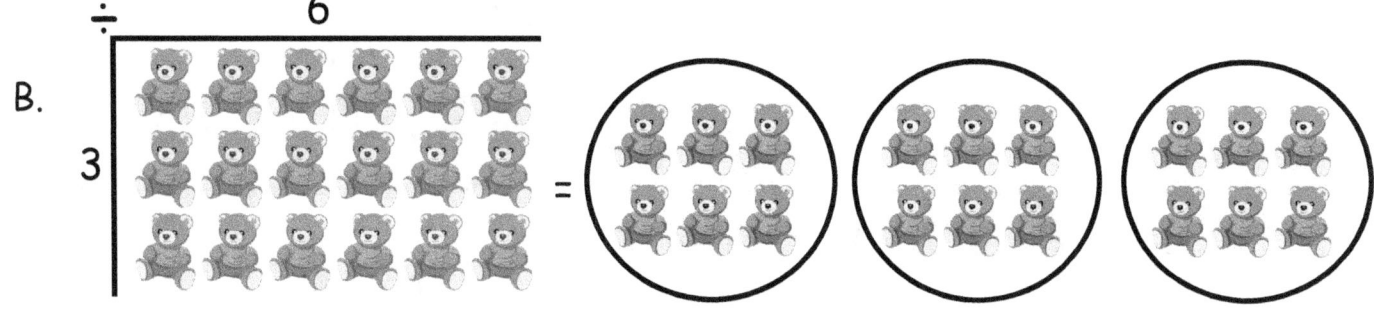

B.

C. 18 ÷ 3 = 6

## DIVISION FACTS

## Division by 3

7. Lets learn 21 ÷ 3 = 7

A.

B.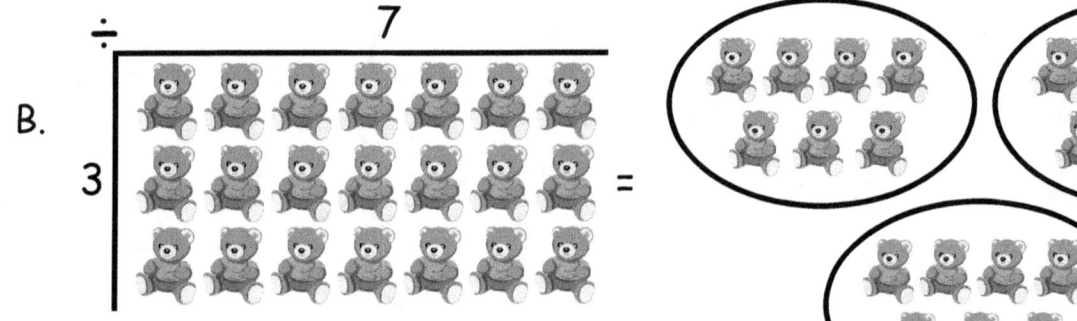

C. $\boxed{21 \div 3 = 7}$

8. Lets learn 24 ÷ 3 = 8

A.

B.

C. $\boxed{24 \div 3 = 8}$

**DIVISION FACTS**

**Division by 3**

9. Lets learn 27 ÷ 3 = 9

A.

B.

C. $\boxed{27 \div 3 = 9}$

10. Lets learn 30 ÷ 3 = 10

A.

B.

C. $\boxed{30 \div 3 = 10}$

# DIVISION FACTS

**Division by 3**

11. Lets learn 33 ÷ 3 = 11

A.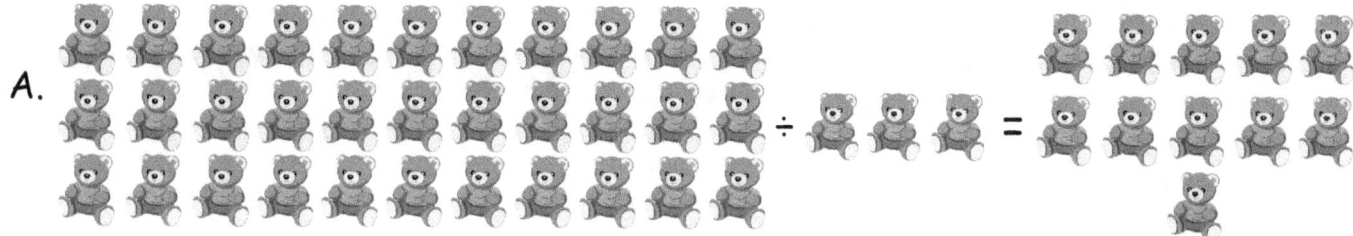

B.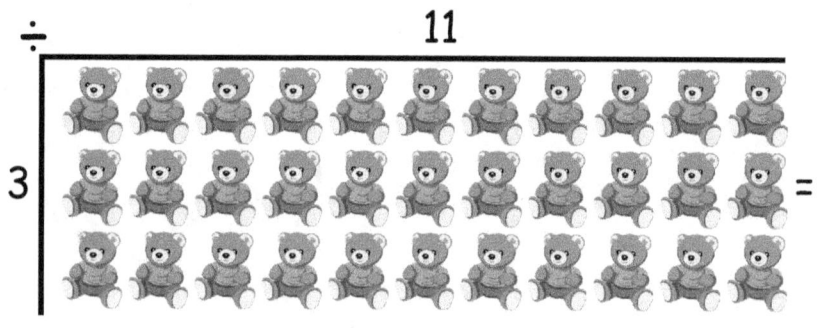

C. $\boxed{33 \div 3 = 11}$

Did you know division by 3 means
Dividing the given number into 3 equal share's?
Dividing the number into three equal Groups.

**DIVISION FACTS**

**Division by 3**

12. Lets learn 36 ÷ 3 = 12

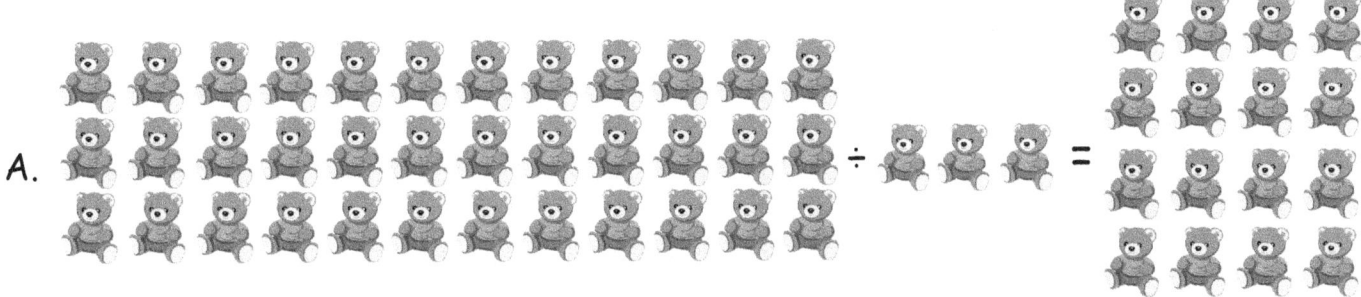

A.

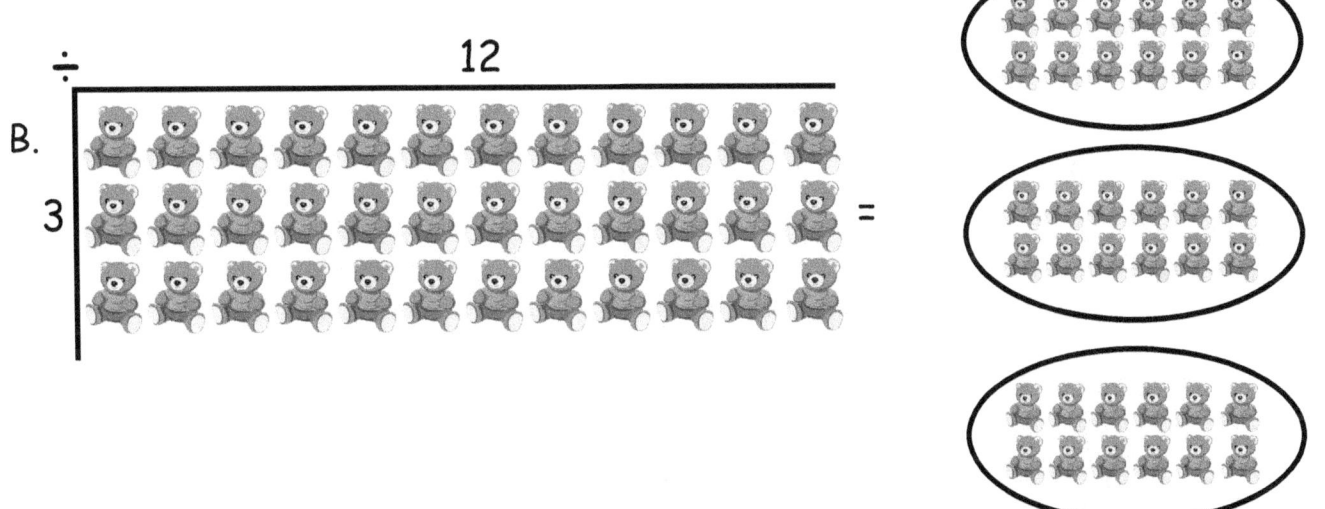

B.

C. $\boxed{36 \div 3 = 12}$

Did you know you can write division sign in three different ways
÷ , / and —

# Exercise - 1

(A) 3)3̄         (F) 3)1̄8̄        (K) 3)3̄3̄

(B) 3)6̄         (G) 3)2̄1̄        (L) 3)3̄6̄

(C) 3)9̄         (H) 3)2̄4̄        (M) 3)3̄9̄

(D) 3)1̄2̄        (I) 3)2̄7̄         (I) 3)4̄2̄

(E) 3)1̄5̄        (J) 3)3̄0̄        (J) 3)4̄5̄

# Exercise - 2

| | | | | | | | | |
|---|---|---|---|---|---|---|---|---|
| 1. | 3 ÷ 3 = \_\_\_\_ | | 1 × \_\_\_\_ = 3 |
| 2. | 6 ÷ 3 = \_\_\_\_ | | 2 × \_\_\_\_ = 6 |
| 3. | 9 ÷ 3 = \_\_\_\_ | | 3 × \_\_\_\_ = 9 |
| 4. | 12 ÷ 3 = \_\_\_\_ | | 4 × \_\_\_\_ = 12 |
| 5. | 15 ÷ 3 = \_\_\_\_ | | 5 × \_\_\_\_ = 15 |
| 6. | 18 ÷ 3 = \_\_\_\_ | | 6 × \_\_\_\_ = 18 |
| 7. | 21 ÷ 3 = \_\_\_\_ | | 7 × \_\_\_\_ = 21 |
| 8. | 24 ÷ 3 = \_\_\_\_ | | 8 × \_\_\_\_ = 24 |
| 9. | 27 ÷ 3 = \_\_\_\_ | | 9 × \_\_\_\_ = 27 |
| 10. | 30 ÷ 3 = \_\_\_\_ | | 10 × \_\_\_\_ = 30 |
| 11. | 33 ÷ 3 = \_\_\_\_ | | 11 × \_\_\_\_ = 33 |
| 12. | 36 ÷ 3 = \_\_\_\_ | | 12 × \_\_\_\_ = 36 |

Did you know division is splitting a number up by any give number.

# Exercise - 3

1. I am a number, I divide myself, into one equal group of 3. What am I ?

   (A)  0                (B)  1

   (C)  2                (D)  3

2. I am a number, I divide myself, into four equal groups of 1. What am I ?

   (A)  1                (B)  4

   (C)  6                (D)  3

3. I am a number, I divide myself, into three equal groups of 2. What am I ?

   (A)  6                (B)  8

   (C)  2                (D)  4

4. I am a number, I divide myself, into three equal groups of 3. What am I ?

   (A)  6                (B)  3

   (C)  9                (D)  2

5. I am a number, I divide myself, into three equal groups of 4. What am I ?

   (A)  3                (B)  12

   (C)  4                (D)  10

**DIVISION FACTS**

**Division by 3**

6. I am a number, I divide myself, into three equal groups of 5. What am I ?

   (A) 12
   (B) 9
   (C) 15
   (D) 5

7. I am a number, I divide myself, into three equal groups of 6. What am I ?

   (A) 18
   (B) 15
   (C) 6
   (D) 12

8. I am a number, I divide myself, into three equal groups of 7. What am I ?

   (A) 7
   (B) 21
   (C) 3
   (D) 15

9. I am a number, I divide myself, into three equal groups of 8. What am I ?

   (A) 8
   (B) 3
   (C) 21
   (D) 24

10. I am a number, I divide myself, into three equal groups of 9. What am I ?

    (A) 18
    (B) 21
    (C) 27
    (D) 9

## DIVISION FACTS — Division by 3

11. I am a number, I divide myself, into three equal groups of 10. What am I?

    (A) 10      (B) 30

    (C) 3      (D) 21

12. I am a number, I divide myself, into three equal groups of 11. What am I?

    (A) 33      (B) 11

    (C) 3      (D) 27

13. I am a number, I divide myself, into three equal groups of 12. What am I?

    (A) 30      (B) 33

    (C) 36      (D) 12

14. I am a number, I divide myself, into three equal groups of 13. What am I?

    (A) 39      (B) 18

    (C) 21      (D) 13

15. I am a number, I divide myself, into three equal groups of 14. What am I?

    (A) 14      (B) 33

    (C) 27      (D) 42

# Exercise - 4

Solve the maze run below.

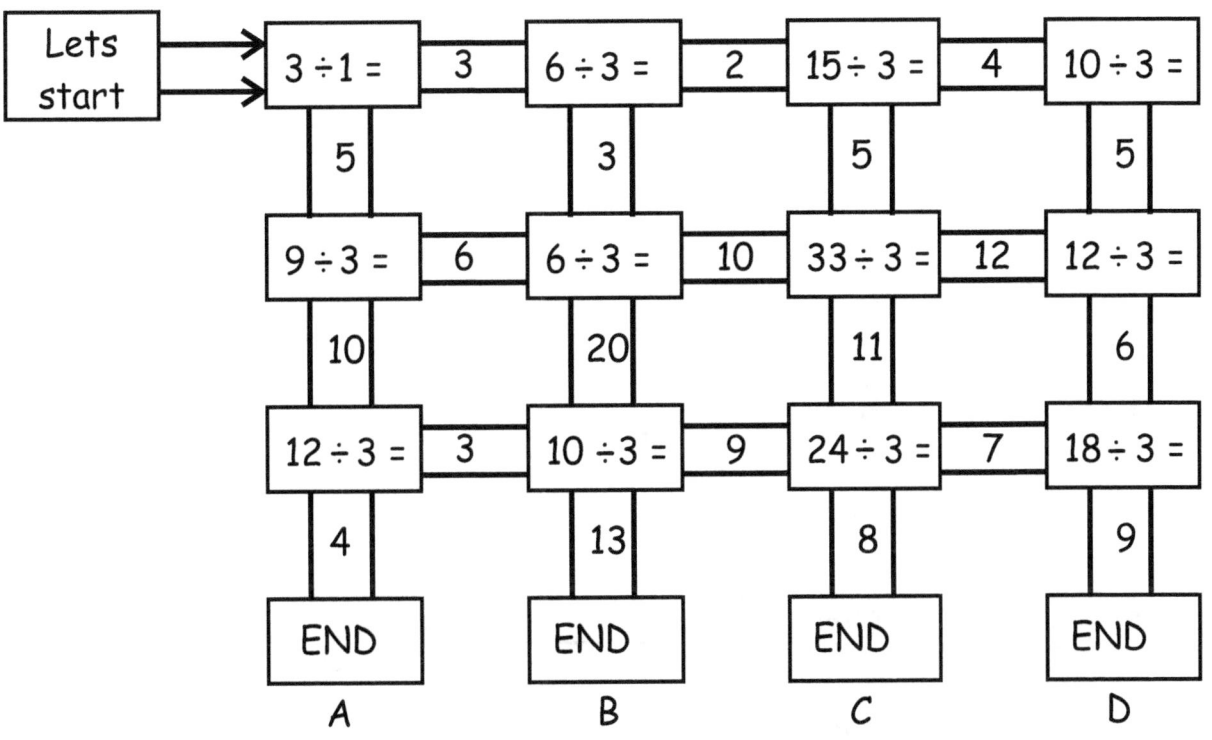

Who won the race ? _____

# Exercise - 5

1. 3 ÷ ☐ = 1   then   ☐ = _____

2. 6 ÷ ☐ = 3   then   ☐ = _____

3. 9 ÷ ☐ = 3   then   ☐ = _____

4. 12 ÷ ☐ = 3   then   ☐ = _____

5. 15 ÷ ☐ = 3   then   ☐ = _____

6. 18 ÷ ☐ = 3   then   ☐ = _____

7. 21 ÷ ☐ = 3   then   ☐ = _____

8. 24 ÷ ☐ = 3   then   ☐ = _____

9. 27 ÷ ☐ = 3   then   ☐ = _____

10. 30 ÷ ☐ = 3   then   ☐ = _____

11. 33 ÷ ☐ = 3   then   ☐ = _____

12. 36 ÷ ☐ = 3   then   ☐ = _____

Hey you are an expert of division facts of #3 !!!

# DIVISION FACTS

## Division by 4

Division is opposite of Multiplication.
Division is splitting into equal parts or groups or equal sharing or equal partitioning.

Dividend: The dividend is the number that is being divided in the division process.

Divisor: The number by which dividend is being divided by is called divisor.

Quotient: A quotient is a result obtained in division process.

$$8 \div 4 = 2$$

Dividend. Divisor. Quotient

Let's learn division facts for #4

**DIVISION FACTS**

**Division by 4**

1. Lets learn 4 ÷ 1 = 4

   A.

   B.

   C. $\boxed{4 \div 1 = 4}$

2. Lets learn 8 ÷ 4 = 2

   A.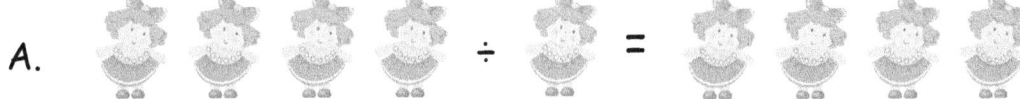

   B.

   C. $\boxed{8 \div 4 = 2}$

# DIVISION FACTS

## Division by 4

3. Lets learn 4 ÷ 3 = 12

A.  ÷  =

B. 

C. 12 ÷ 4 = 3

**Did You Know...?**

Did you know you can write division sign in three different ways

÷ , / and —

# DIVISION FACTS

## Division by 4

4. Lets learn 16 ÷ 4 = 4

A.

B.

C. 16 ÷ 4 = 4

Did you know division by 4 means
Dividing the given number into 4 equal share's ?
Dividing the number into four equal Groups.

# DIVISION FACTS

**Division by 4**

5. Lets learn $20 \div 4 = 5$

A.

B.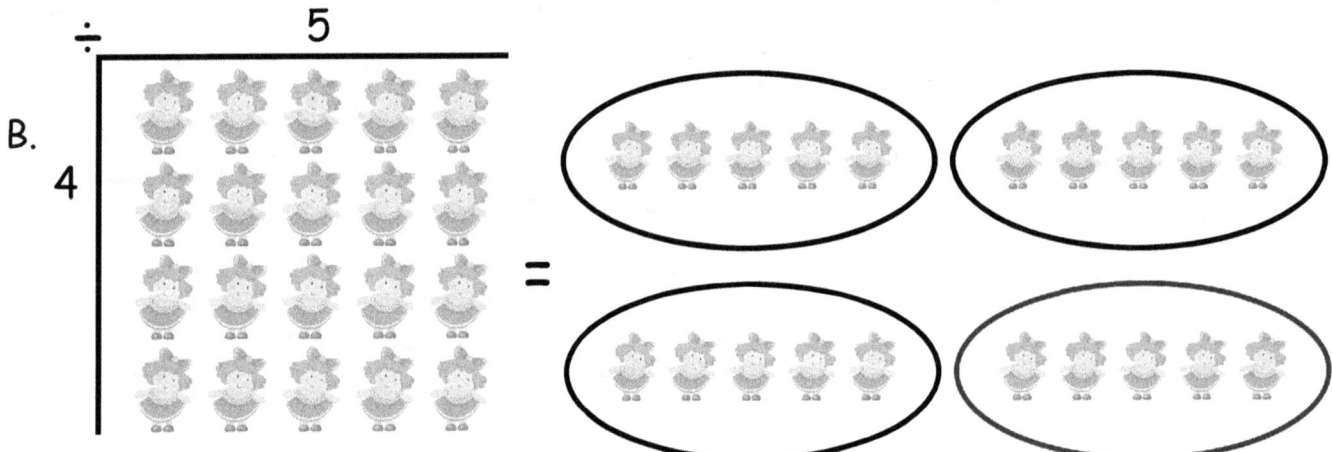

C. $\boxed{20 \div 4 = 5}$

Did you know division is splitting a number up by any give number.

# DIVISION FACTS

## Division by 4

6. Lets learn 24 ÷ 4 = 6

A.

B.
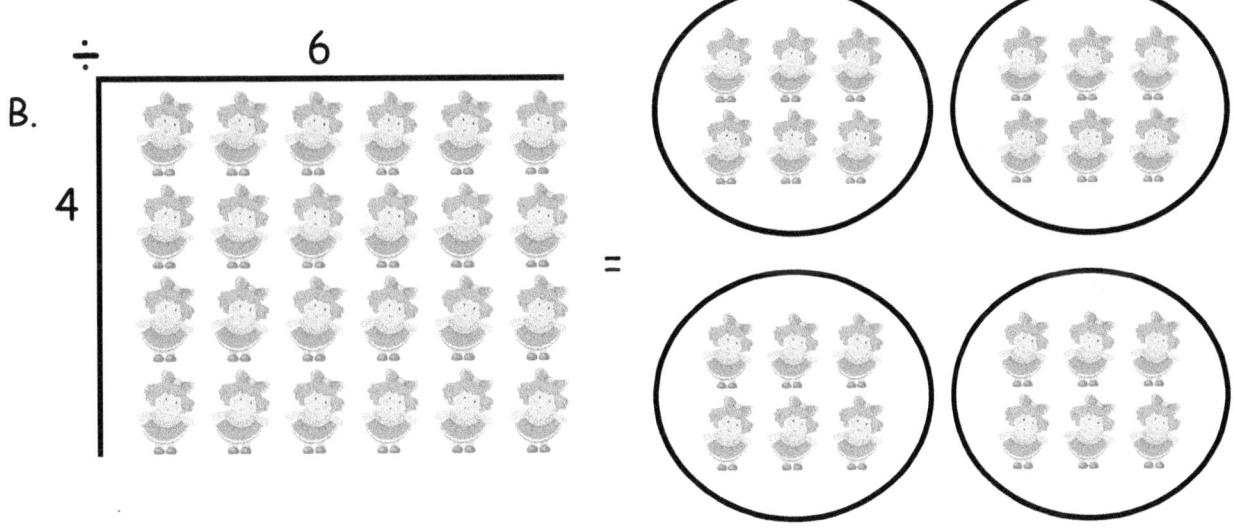

C. $\boxed{24 \div 4 = 6}$

# DIVISION FACTS

## Division by 4

7. Lets learn 28 ÷ 4 = 7

A.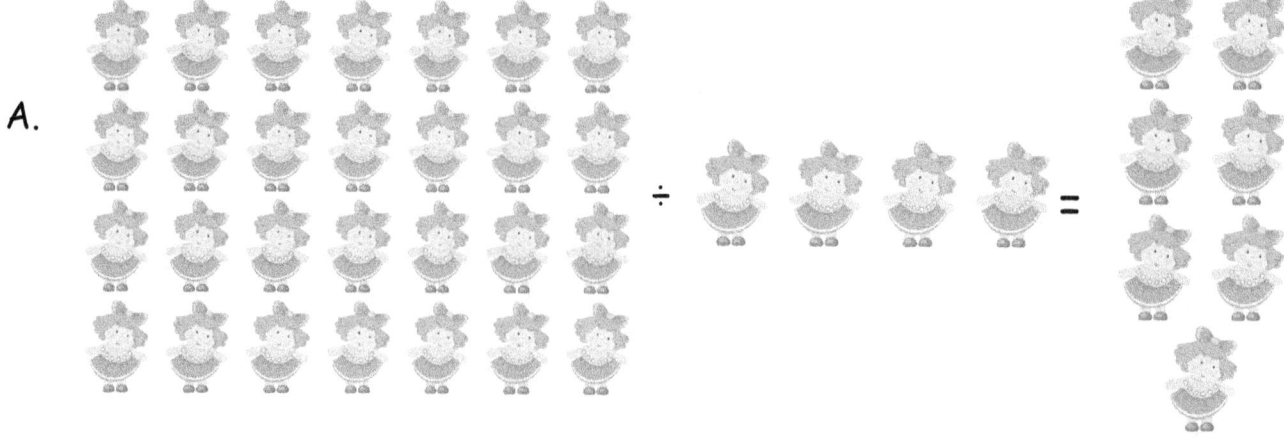

B.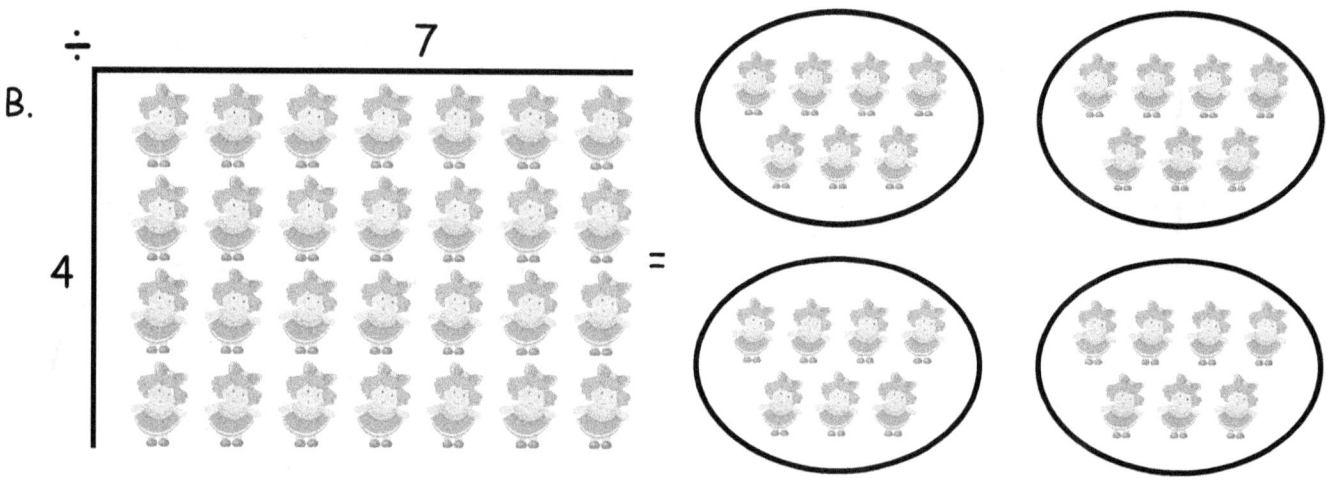

C. $\boxed{28 \div 4 = 7}$

**DIVISION FACTS**

**Division by 4**

8. Lets learn 32 ÷ 4 = 8

A.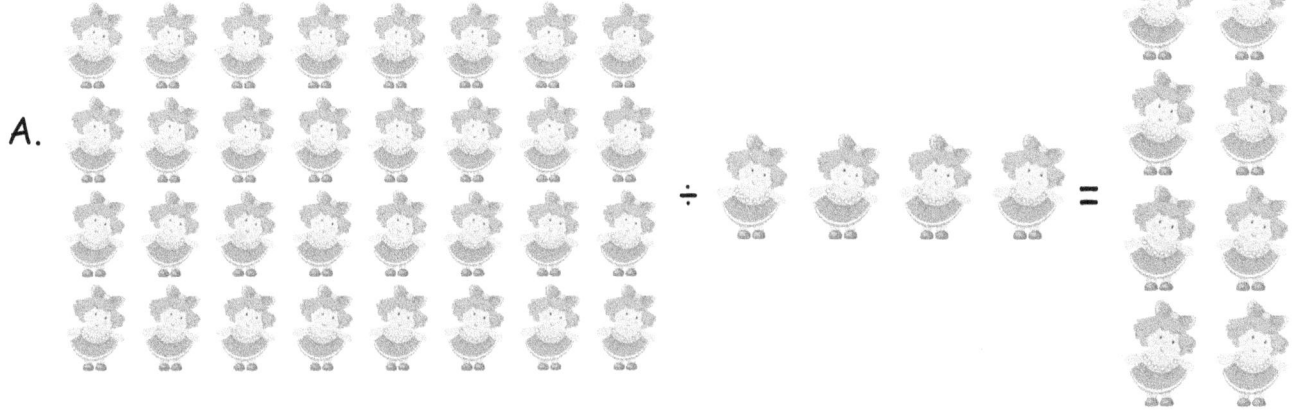

B.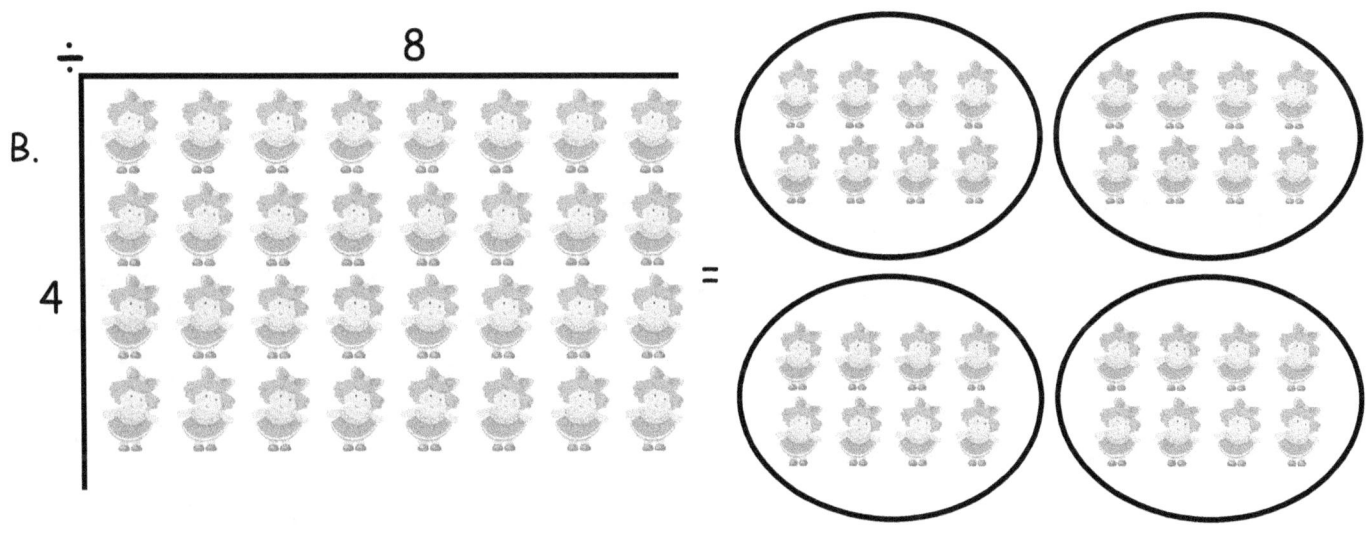

C. $\boxed{32 \div 4 = 8}$

**DIVISION TABLE**

**Division by 4**

9. Let's learn 36 ÷ 4 = 9

A.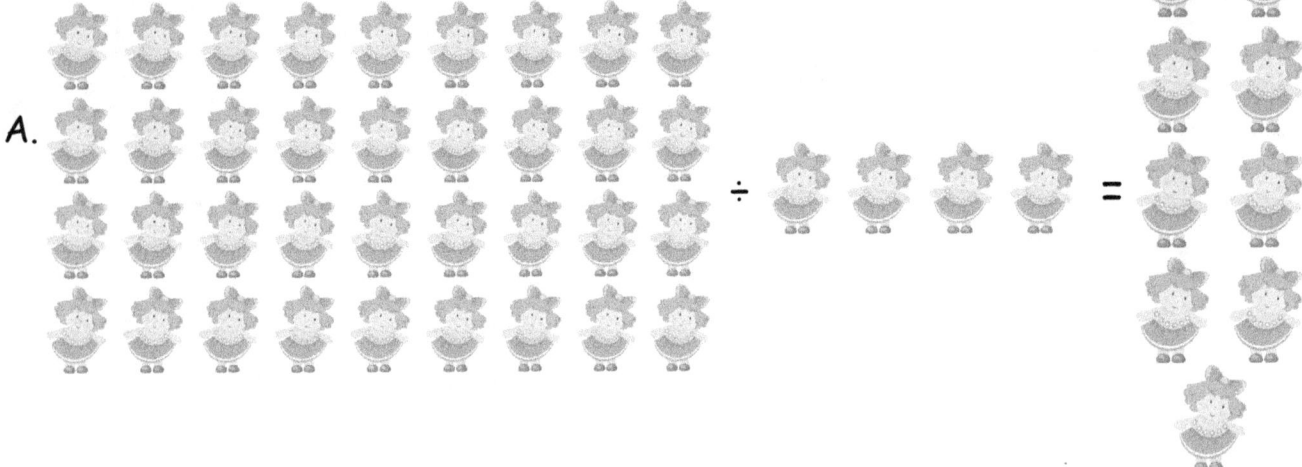

B.

C. $\boxed{36 \div 4 = 9}$

**DIVISION TABLE**

**Division by 4**

10. Lets learn 40 ÷ 4 = 10

A.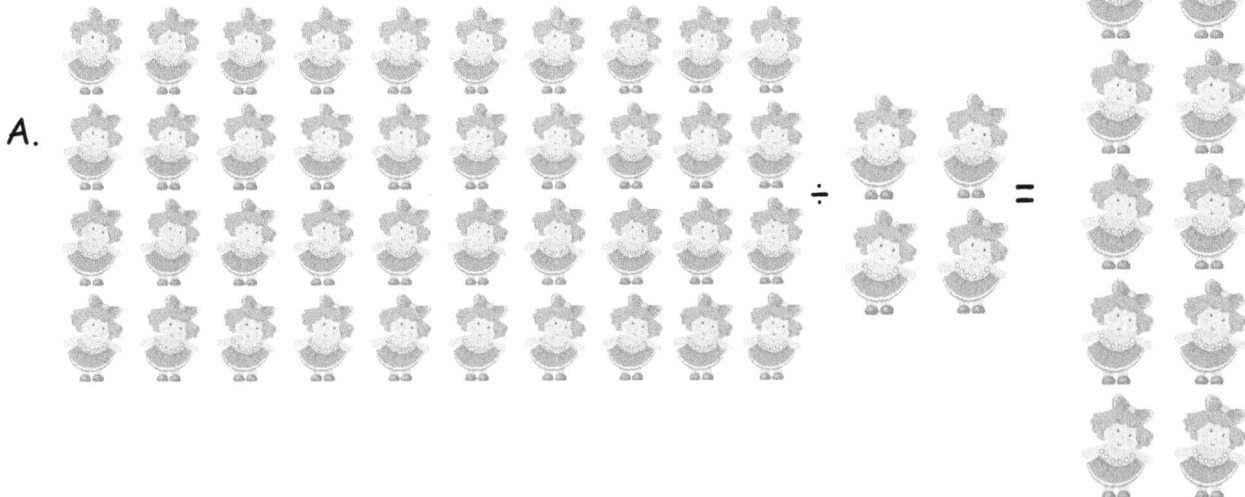

B.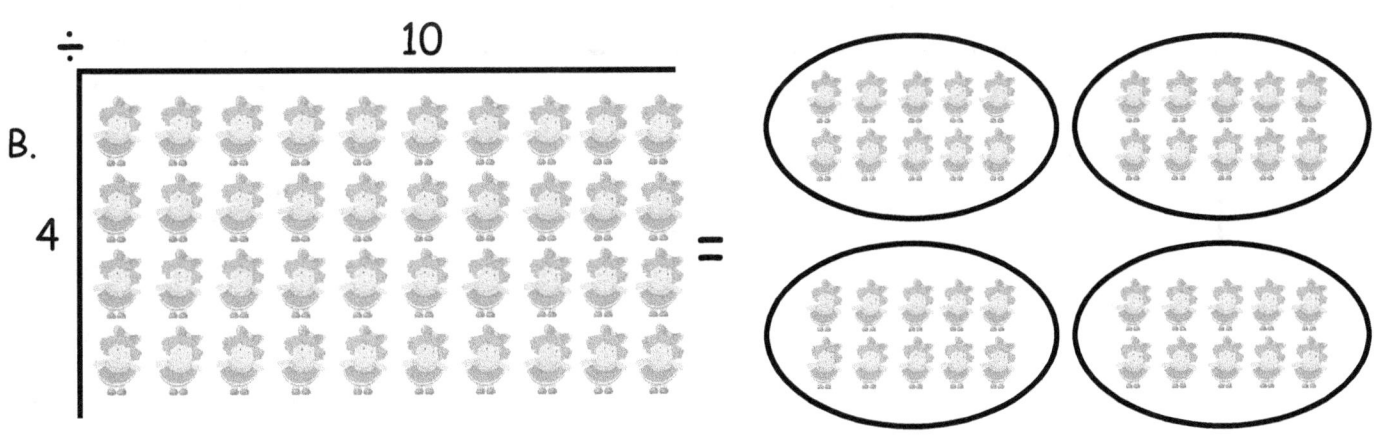

C. $\boxed{40 \div 4 = 10}$

# DIVISION TABLE

## Division by 4

11. Lets learn $44 \div 4 = 11$

A.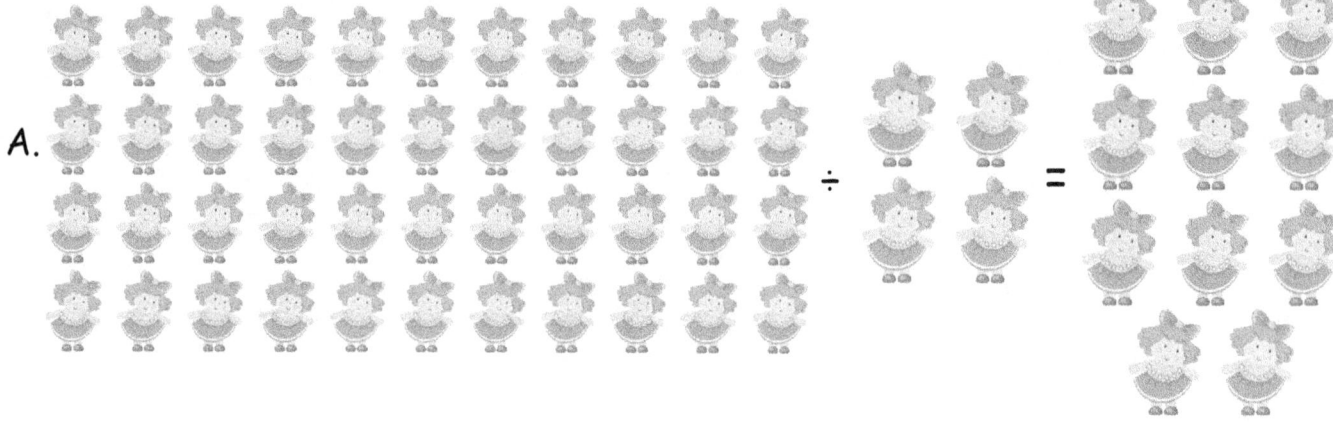

B. 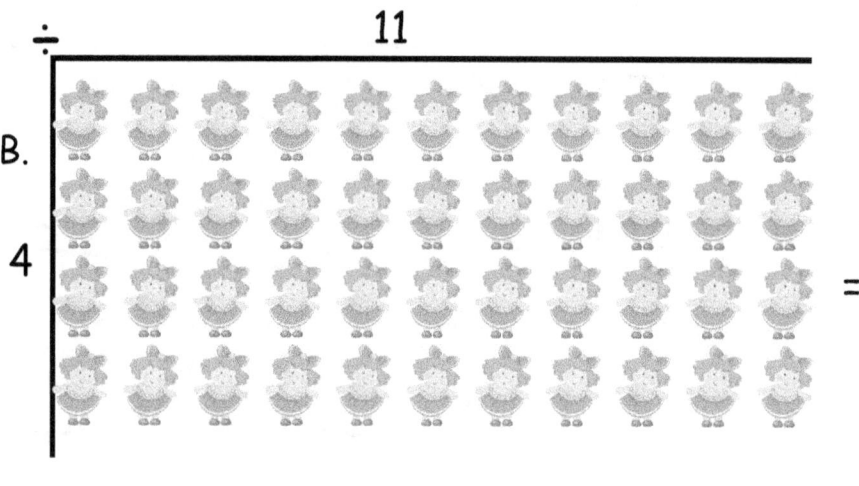 =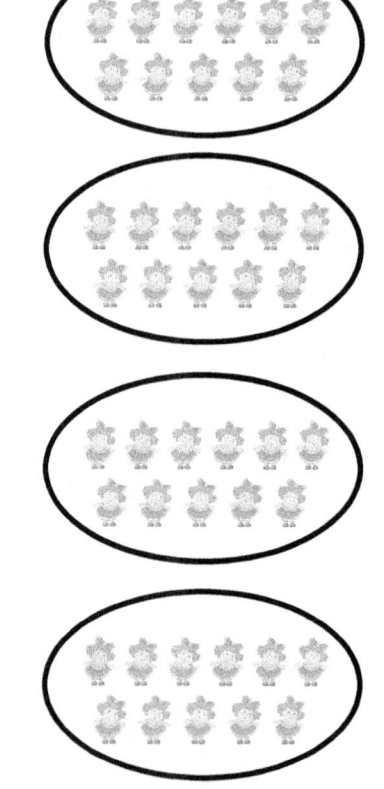

C. $\boxed{44 \div 4 = 11}$

# DIVISION TABLE

**Division by 4**

12. Lets learn 48 ÷ 4 = 12

A.

B.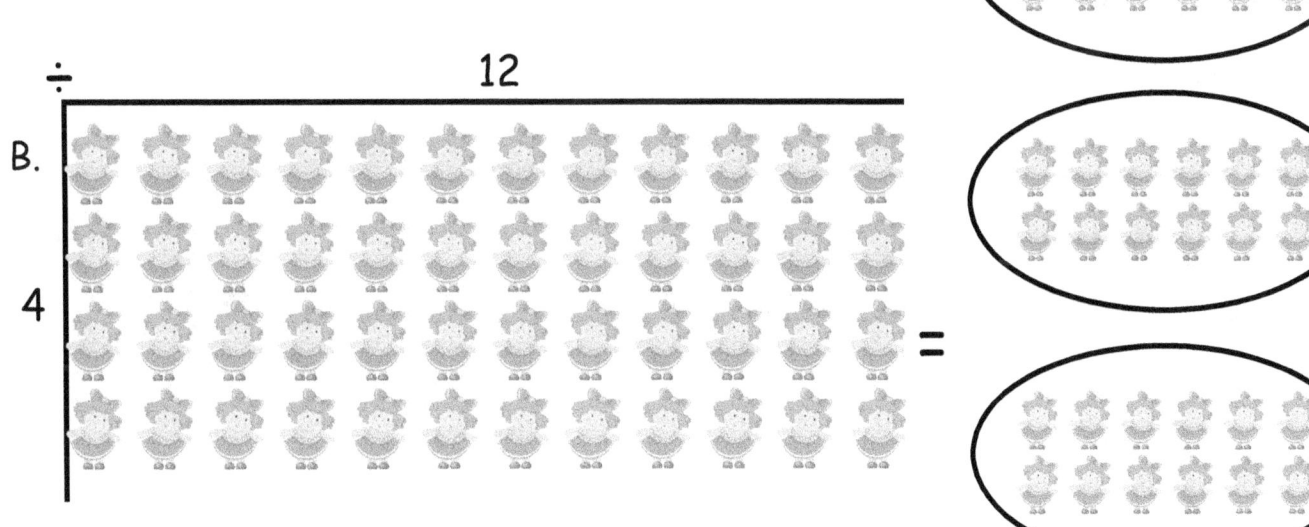

C. $48 \div 4 = 12$

# DIVISION FACTS

## Division by 4

## Exercise - 1

(A) $4\overline{)4}$    (F) $4\overline{)24}$    (K) $4\overline{)44}$

(B) $4\overline{)8}$    (G) $4\overline{)28}$    (L) $4\overline{)48}$

(C) $4\overline{)12}$    (H) $4\overline{)32}$    (M) $4\overline{)52}$

(D) $4\overline{)16}$    (I) $4\overline{)36}$    (N) $4\overline{)56}$

(E) $4\overline{)20}$    (J) $4\overline{)40}$    (O) $4\overline{)60}$

DIVISION FACTS

Division by 4

# Exercise - 2

| | | | |
|---|---|---|---|
| 1. | 4 ÷ 4 | = | _____ |
| 2. | 8 ÷ 4 | = | _____ |
| 3. | 12 ÷ 4 | = | _____ |
| 4. | 16 ÷ 4 | = | _____ |
| 5. | 20 ÷ 4 | = | _____ |
| 6. | 24 ÷ 4 | = | _____ |
| 7. | 28 ÷ 4 | = | _____ |
| 8. | 32 ÷ 4 | = | _____ |
| 9. | 36 ÷ 4 | = | _____ |
| 10. | 40 ÷ 4 | = | _____ |
| 11. | 44 ÷ 4 | = | _____ |
| 12. | 48 ÷ 4 | = | _____ |

| | | | |
|---|---|---|---|
| 1 | × ____ | = | 4 |
| 2 | × ____ | = | 8 |
| 3 | × ____ | = | 12 |
| 4 | × ____ | = | 16 |
| 5 | × ____ | = | 20 |
| 6 | × ____ | = | 24 |
| 7 | × ____ | = | 28 |
| 8 | × ____ | = | 32 |
| 9 | × ____ | = | 36 |
| 10 | × ____ | = | 40 |
| 11 | × ____ | = | 44 |
| 12 | × ____ | = | 48 |

Did you know division is splitting a number up by any give number.

# Exercise - 3

1. I am a number, I divide myself, into one equal group of 4. What am I?

   (A) 0          (B) 1

   (C) 3          (D) 4

2. I am a number, I divide myself, into four equal groups of 1. What am I?

   (A) 1          (B) 4

   (C) 6          (D) 2

3. I am a number, I divide myself, into four equal groups of 2. What am I?

   (A) 0          (B) 8

   (C) 2          (D) 4

4. I am a number, I divide myself, into four equal groups of 3. What am I?

   (A) 8          (B) 4

   (C) 12         (D) 3

5. I am a number, I divide myself, into four equal groups of 4. What am I?

   (A) 4          (B) 16

   (C) 6          (D) 2

**DIVISION FACTS**

**Division by 4**

6. I am a number, I divide myself, into four equal groups of 5. What am I ?

   (A)  4     (B)  8

   (C)  20    (D)  16

7. I am a number, I divide myself, into four equal groups of 6. What am I ?

   (A)  24    (B)  6

   (C)  4     (D)  12

8. I am a number, I divide myself, into four equal groups of 7. What am I ?

   (A)  7     (B)  4

   (C)  16    (D)  28

9. I am a number, I divide myself, into four equal groups of 8. What am I ?

   (A)  18    (B)  8

   (C)  4     (D)  32

10. I am a number, I divide myself, into four equal groups of 9. What am I ?

    (A)  36   (B)  4

    (C)  9    (D)  32

**DIVISION FACTS**

**Division by 4**

11. I am a number, I divide myself, into four equal groups of 10. What am I ?

    (A) 28           (B) 40

    (C) 10           (D) 36

12. I am a number, I divide myself, into four equal groups of 11. What am I ?

    (A) 44           (B) 48

    (C) 40           (D) 11

13. I am a number, I divide myself, into four equal groups of 12. What am I ?

    (A) 12           (B) 36

    (C) 48           (D) 44

14. I am a number, I divide myself, into four equal groups of 13. What am I ?

    (A) 36           (B) 13

    (C) 52           (D) 48

15. I am a number, I divide myself, into four equal groups of 14. What am I ?

    (A) 36           (B) 52

    (C) 14           (D) 56

# Exercise - 4

Solve the maze run below.

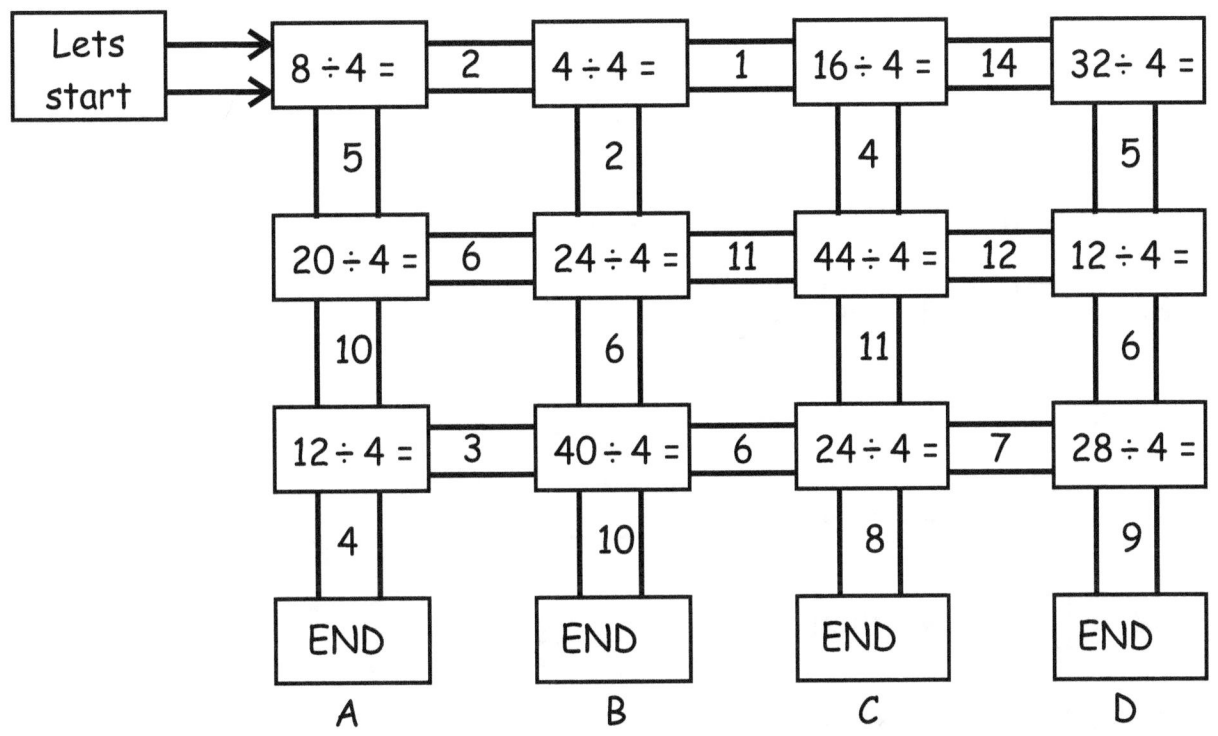

Who won the race? _____

# Exercise - 5

1. 4 ÷ ☐ = 1   then   ☐ = _____

2. 8 ÷ ☐ = 4   then   ☐ = _____

3. 12 ÷ ☐ = 4   then   ☐ = _____

4. 16 ÷ ☐ = 4   then   ☐ = _____

5. 20 ÷ ☐ = 4   then   ☐ = _____

6. 24 ÷ ☐ = 4   then   ☐ = _____

7. 28 ÷ ☐ = 4   then   ☐ = _____

8. 32 ÷ ☐ = 4   then   ☐ = _____

9. 36 ÷ ☐ = 4   then   ☐ = _____

10. 40 ÷ ☐ = 4   then   ☐ = _____

11. 44 ÷ ☐ = 4   then   ☐ = _____

12. 48 ÷ ☐ = 4   then   ☐ = _____

Hey you are an expert of division facts of #4 !!!

# DIVISION FACTS

## Division by 5

Division is opposite of Multiplication.
Division is splitting into equal parts or groups or equal sharing or equal partitioning.

**Dividend:** The dividend is the number that is being divided in the division process.

**Divisor:** The number by which dividend is being divided by is called divisor.

**Quotient:** A quotient is a result obtained in division process.

$$10 \div 5 = 2$$

Dividend. Divisor. Quotient

Let's learn division facts for #5

## DIVISION FACTS

## Division by 5

1. Lets learn $5 \div 1 = 5$

A.

B.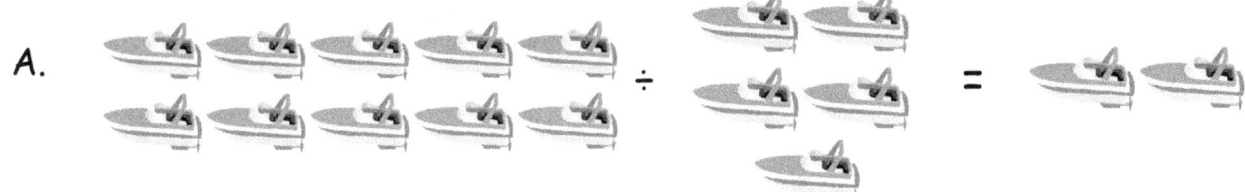

C. $\boxed{5 \div 1 = 5}$

2. Lets learn $10 \div 5 = 2$

A.

B.

C. $\boxed{10 \div 5 = 2}$

## DIVISION FACTS

## Division by 5

3. Let's learn $15 \div 5 = 3$

A.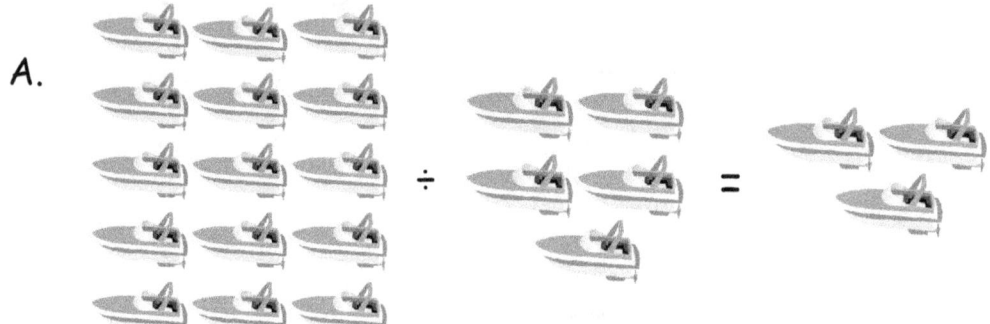

B.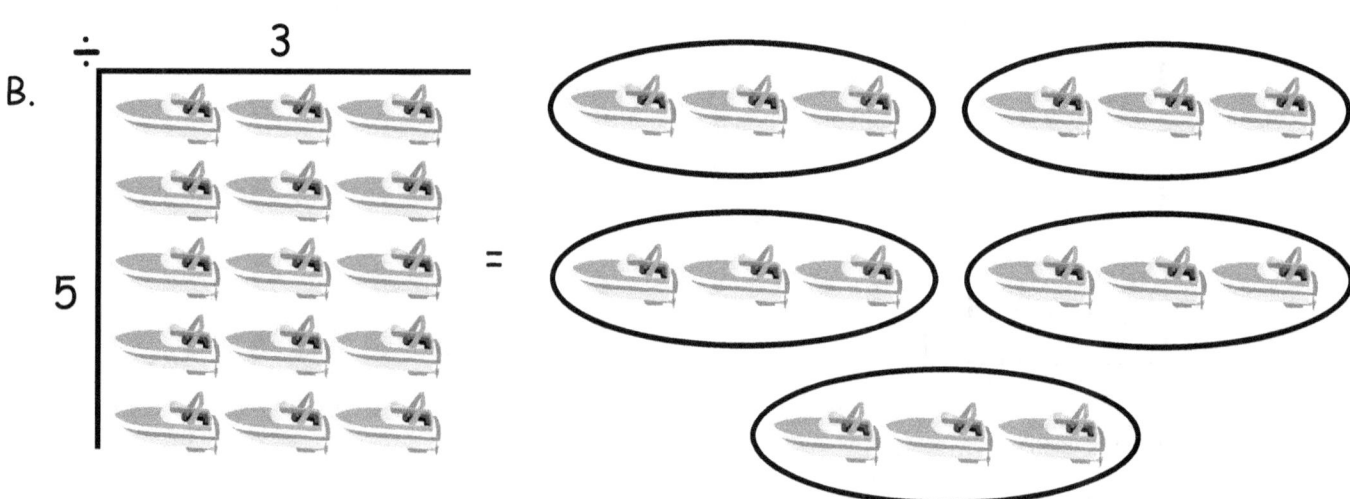

C. $\boxed{15 \div 5 = 3}$

Did you know you can write division sign in three different ways

$\div$ , / and —

# DIVISION FACTS

## Division by 5

4. Lets learn 20 ÷ 5 = 4

A.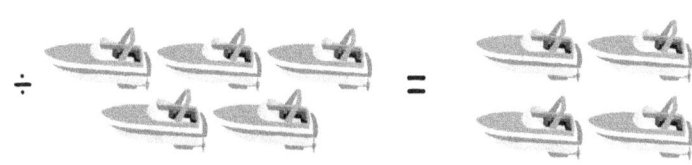

B. 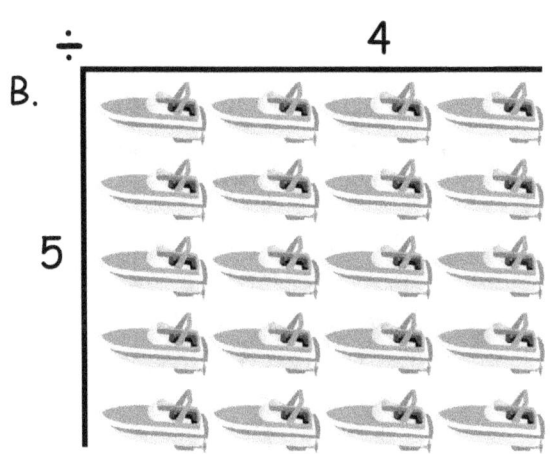 =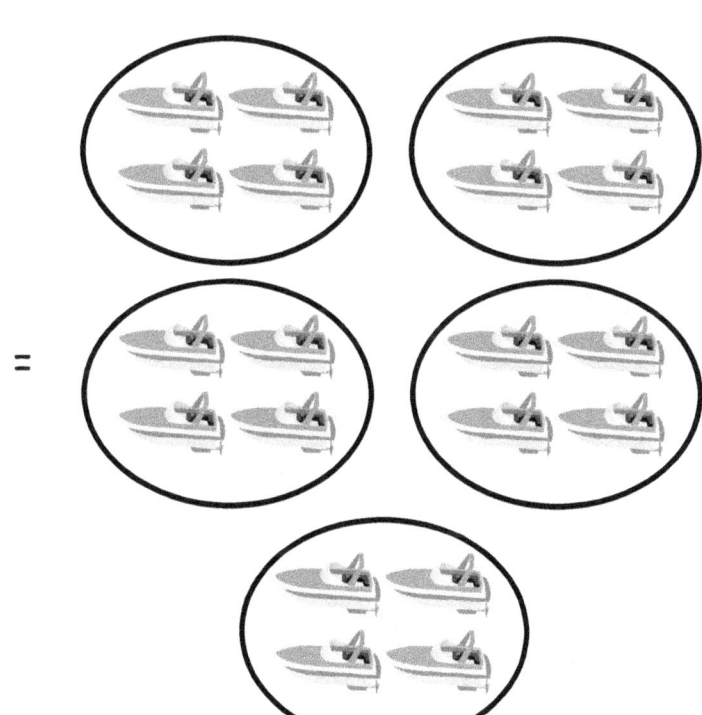

C.

20 ÷ 5 = 4

Did you know division by 5 means Dividing the given number into 5 equal share's ? Dividing the number into five equal Groups.

**DIVISION FACTS**

**Division by 5**

5. Lets learn 25 ÷ 5 = 5

A.

B.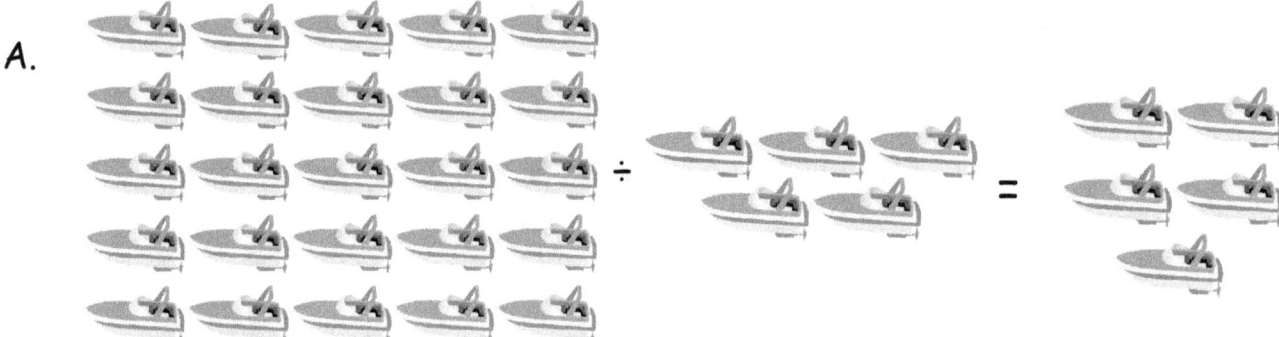

C. $\boxed{25 \div 5 = 5}$

Did you know division is splitting a number up by any give number.

# DIVISION FACTS

## Division by 5

6. Lets learn $30 \div 5 = 6$

A.

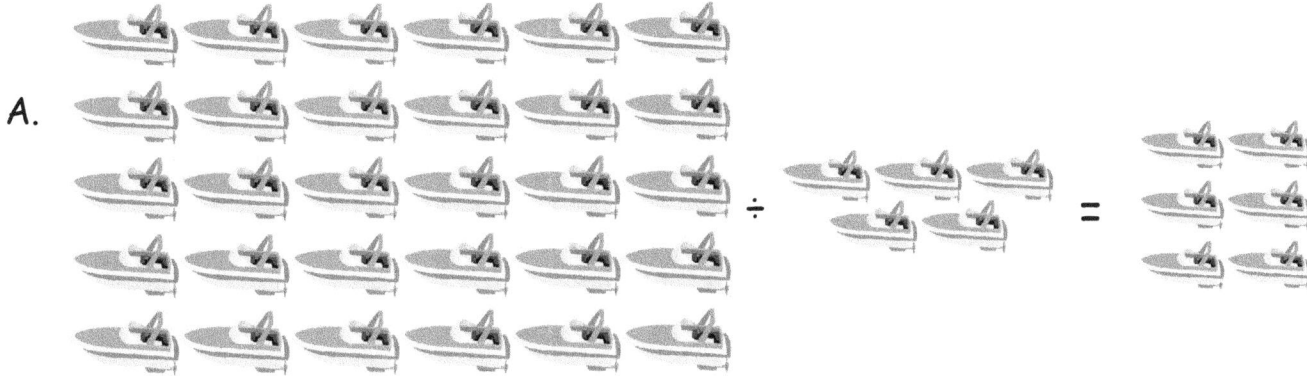

B.

C. $\boxed{30 \div 5 = 6}$

# DIVISION FACTS

## Division by 5

7. Lets learn 35 ÷ 5 = 7

A.

B. 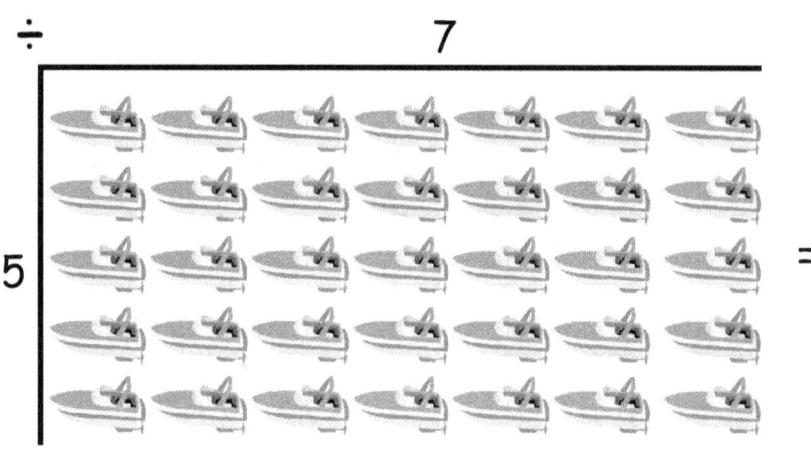 =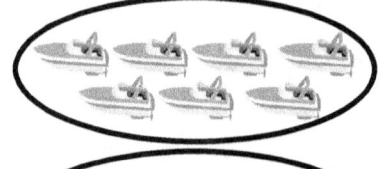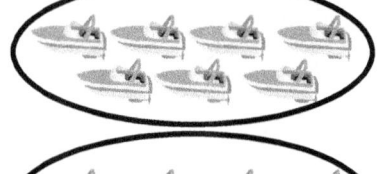

C. $\boxed{35 \div 5 = 7}$

# DIVISION FACTS

## Division by 5

8. Lets learn 40 ÷ 5 = 8

A.

B.

C. $\boxed{40 \div 5 = 8}$

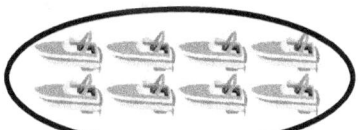

# DIVISION FACTS

## Division by 5

9. Lets learn 45 ÷ 5 = 9

A.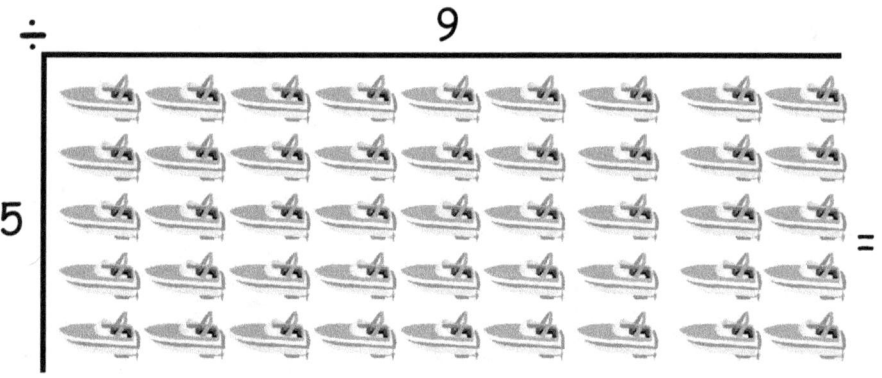

B.

C. 45 ÷ 5 = 9

# DIVISION FACTS

## Division by 5

10. Lets learn $50 \div 5 = 5$

A.

B.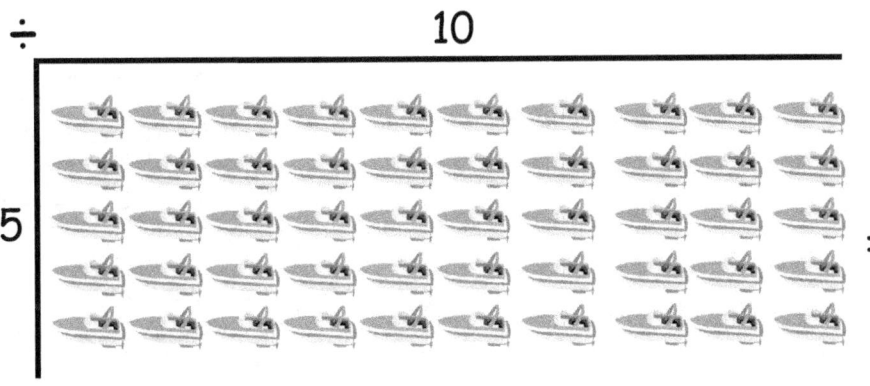

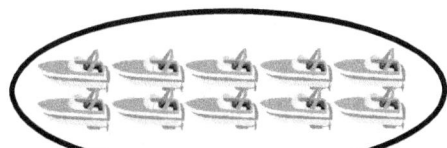

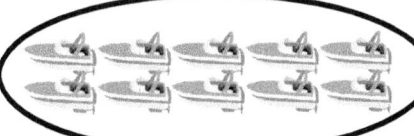

C. $\boxed{50 \div 5 = 10}$

# DIVISION FACTS

## Division by 5

11. Lets learn 55 ÷ 5 = 11

A.

B.

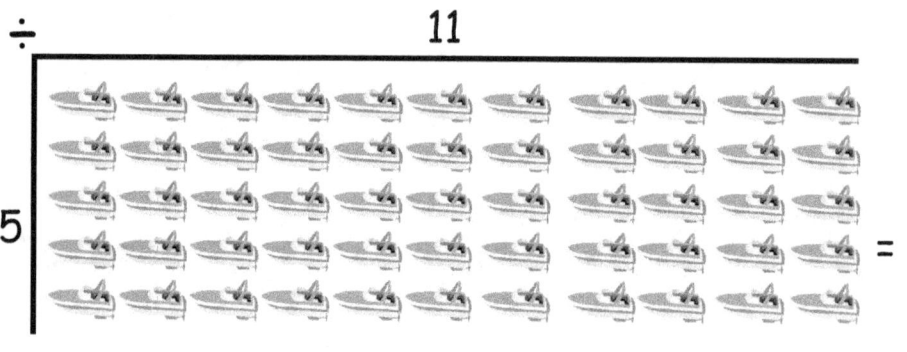

C. $\boxed{55 \div 5 = 11}$

# DIVISION FACTS

## Division by 5

12. Let's learn 60 ÷ 5 = 12

A.

B.

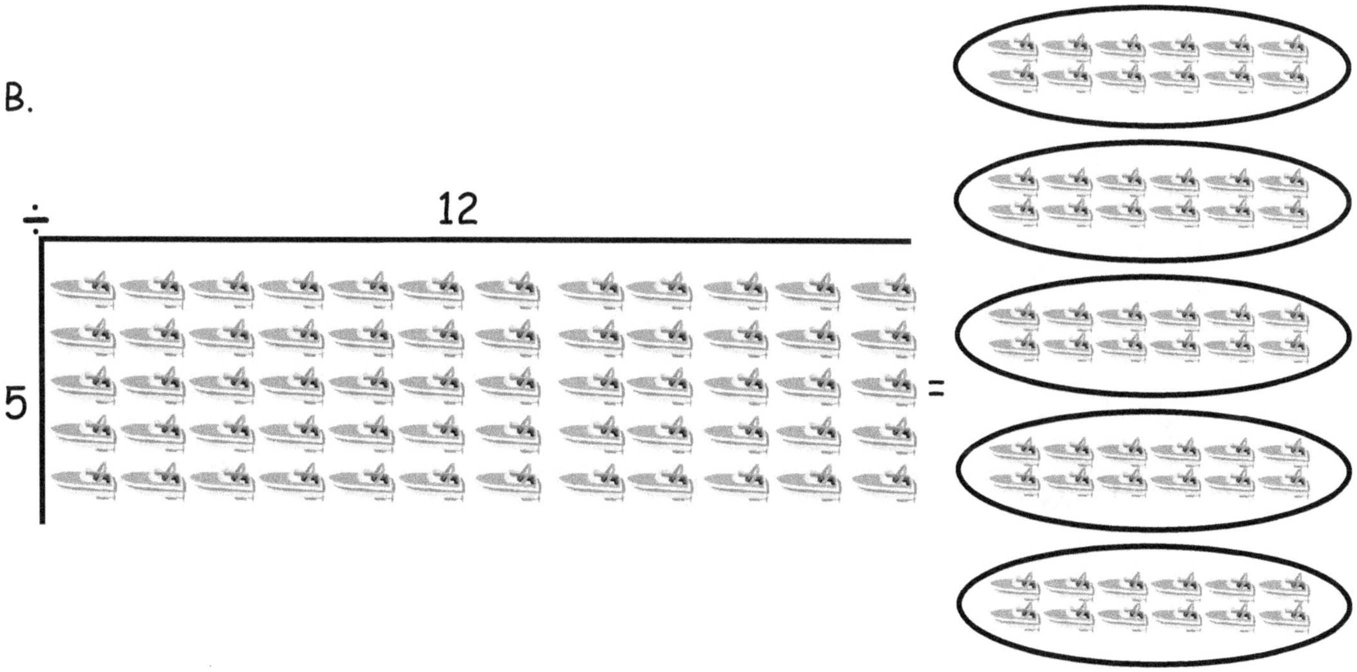

C. $\boxed{60 \div 5 = 12}$

**DIVISION FACTS**

**Division by 5**

# Exercise - 1

(A) 5)overline{5}        (F) 5)overline{30}       (K) 5)overline{55}

(B) 5)overline{10}       (G) 5)overline{35}       (L) 5)overline{60}

(C) 5)overline{15}       (H) 5)overline{40}       (M) 5)overline{65}

(D) 5)overline{20}       (I) 5)overline{45}       (N) 5)overline{70}

(E) 5)overline{25}       (J) 5)overline{50}       (O) 5)overline{75}

# Exercise - 2

| | |
|---|---|
| 1. $5 \div 5 =$ _____ | 1 × \_\_\_\_ = 5 |
| 2. $10 \div 5 =$ _____ | 2 × \_\_\_\_ = 10 |
| 3. $15 \div 5 =$ _____ | 3 × \_\_\_\_ = 15 |
| 4. $20 \div 5 =$ _____ | 4 × \_\_\_\_ = 20 |
| 5. $25 \div 5 =$ _____ | 5 × \_\_\_\_ = 25 |
| 6. $30 \div 5 =$ _____ | 6 × \_\_\_\_ = 30 |
| 7. $35 \div 5 =$ _____ | 7 × \_\_\_\_ = 35 |
| 8. $40 \div 5 =$ _____ | 8 × \_\_\_\_ = 40 |
| 9. $45 \div 5 =$ _____ | 9 × \_\_\_\_ = 45 |
| 10. $50 \div 5 =$ _____ | 10 × \_\_\_\_ = 50 |
| 11. $55 \div 5 =$ _____ | 11 × \_\_\_\_ = 55 |
| 12. $60 \div 5 =$ _____ | 12 × \_\_\_\_ = 60 |

Did you know division is splitting a number up by any give number.

# Exercise - 3

1. I am a number, I divide myself, into one equal group of 5. What am I?

   (A) 0  (B) 1

   (C) 10  (D) 5

2. I am a number, I divide myself, into five equal groups of 1. What am I?

   (A) 10  (B) 5

   (C) 6  (D) 1

3. I am a number, I divide myself, into five equal groups of 2. What am I?

   (A) 5  (B) 10

   (C) 2  (D) 15

4. I am a number, I divide myself, into five equal groups of 3. What am I?

   (A) 5  (B) 3

   (C) 15  (D) 10

5. I am a number, I divide myself, into five equal groups of 4. What am I?

   (A) 20  (B) 15

   (C) 5  (D) 4

**DIVISION FACTS** — Division by 5

6. I am a number, I divide myself, into five equal groups of 5. What am I ?

    (A) 15      (B) 10

    (C) 25      (D) 5

7. I am a number, I divide myself, into five equal groups of 6. What am I ?

    (A) 30      (B) 6

    (C) 5      (D) 25

8. I am a number, I divide myself, into five equal groups of 7. What am I ?

    (A) 30      (B) 7

    (C) 5      (D) 35

9. I am a number, I divide myself, into five equal groups of 8. What am I ?

    (A) 20      (B) 5

    (C) 8      (D) 40

10. I am a number, I divide myself, into five equal groups of 9. What am I ?

    (A) 15      (B) 9

    (C) 45      (D) 5

**DIVISION FACTS**

**Division by 5**

11. I am a number, I divide myself, into five equal groups of 10. What am I?

    (A)  5            (B)  50

    (C)  25           (D)  10

12. I am a number, I divide myself, into five equal groups of 11. What am I?

    (A)  55           (B)  33

    (C)  40           (D)  11

13. I am a number, I divide myself, into five equal groups of 12. What am I?

    (A)  5            (B)  12

    (C)  48           (D)  60

14. I am a number, I divide myself, into five equal groups of 13. What am I?

    (A)  45           (B)  5

    (C)  65           (D)  13

15. I am a number, I divide myself, into five equal groups of 14. What am I?

    (A)  35           (B)  5

    (C)  14           (D)  70

# Exercise - 4

Solve the maze run below.

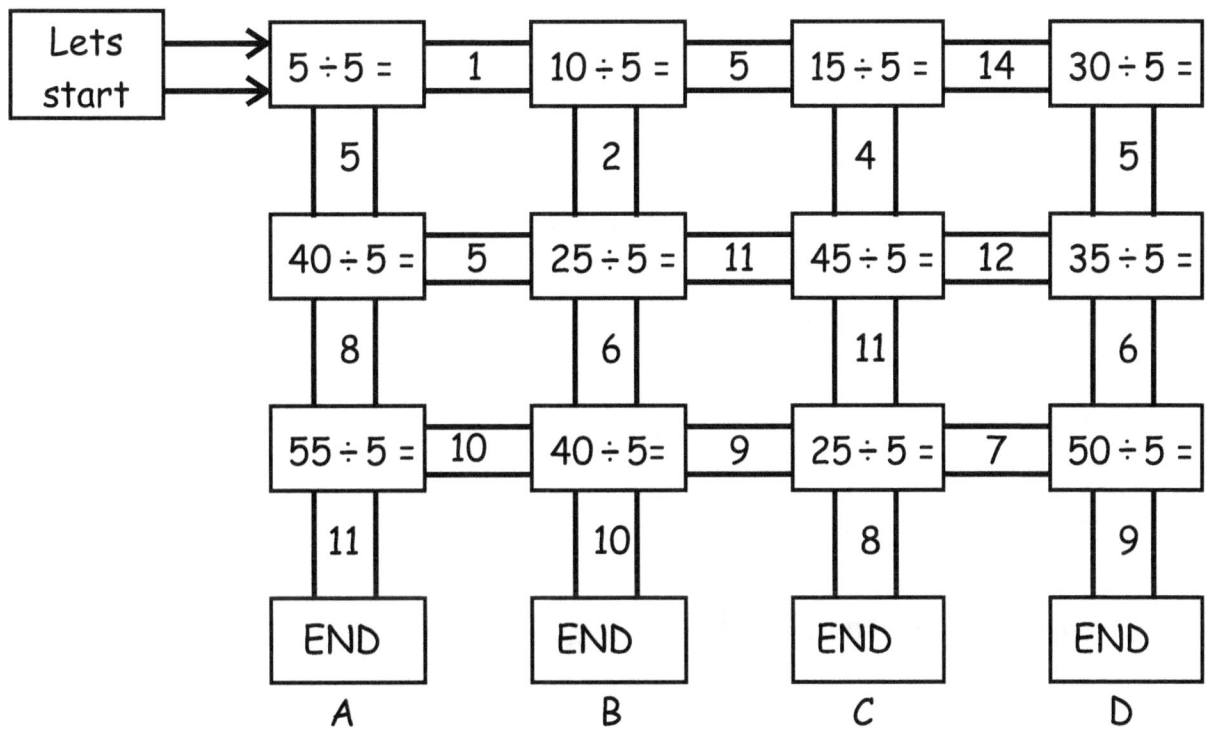

Who won the race? _____

# DIVISION FACTS — Division by 5

## Exercise - 5

1.  5 ÷ ☐ = 1   then  ☐ = _____
2.  10 ÷ ☐ = 5   then  ☐ = _____
3.  15 ÷ ☐ = 5   then  ☐ = _____
4.  20 ÷ ☐ = 5   then  ☐ = _____
5.  25 ÷ ☐ = 5   then  ☐ = _____
6.  30 ÷ ☐ = 5   then  ☐ = _____
7.  35 ÷ ☐ = 5   then  ☐ = _____
8.  40 ÷ ☐ = 5   then  ☐ = _____
9.  45 ÷ ☐ = 5   then  ☐ = _____
10. 50 ÷ ☐ = 5   then  ☐ = _____
11. 55 ÷ ☐ = 5   then  ☐ = _____
12. 60 ÷ ☐ = 5   then  ☐ = _____

Hey you are an expert of division facts of #5 !!!

# DIVISION FACTS

## Division by 6

Division is opposite of Multiplication.
Division is splitting into equal parts or groups or equal sharing or equal partitioning.

**Dividend:** The dividend is the number that is being divided in the division process.

**Divisor:** The number by which dividend is being divided by is called divisor.

**Quotient:** A quotient is a result obtained in division process.

$$12 \div 6 = 2$$

Dividend. Divisor. Quotient

Let's learn division facts for #6

**DIVISION FACTS**

**Division by 6**

1. Lets learn 6 ÷ 1 = 6

A.       ÷  =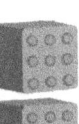

B. ÷ 6 | 1  =

C. $\boxed{6 \div 1 = 6}$

Did you know you can write division sign in three different ways

÷ , / and —

# DIVISION FACTS

## Division by 6

2. Lets learn 12 ÷ 6 = 2

A.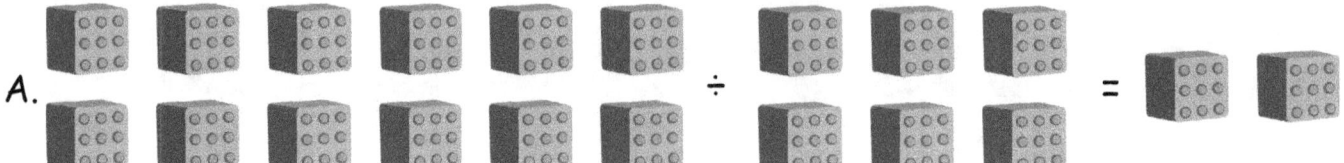

B.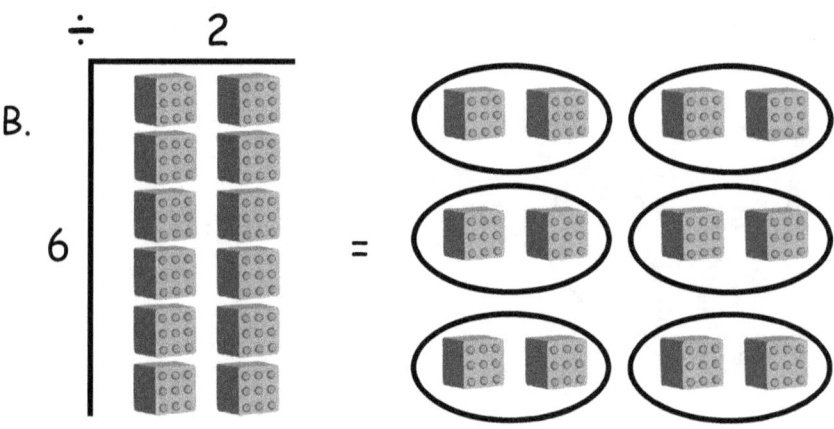

C. $\boxed{12 \div 6 = 2}$

Did you know division by 6 means
Dividing the given number into 6 equal share's ?
Dividing the number into six equal Groups.

**DIVISION FACTS**

**Division by 6**

3.  Lets learn 18 ÷ 6 = 3

A.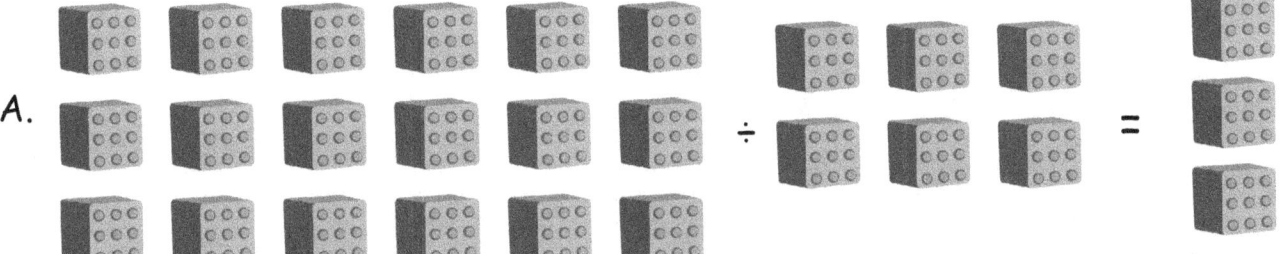

B.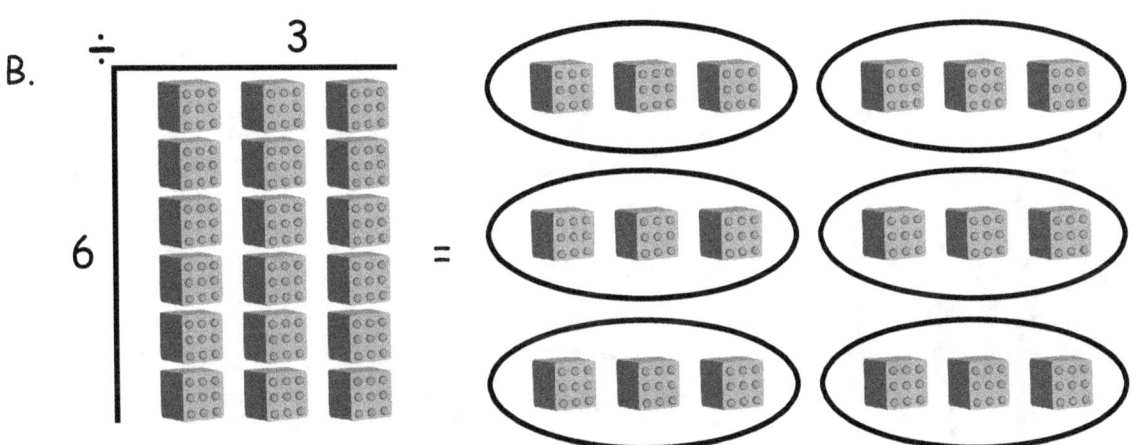

C.  18 ÷ 6 = 3

Did you know division is splitting a number up by any give number.

# DIVISION FACTS

**Division by 6**

4. Lets learn 24 ÷ 6 = 4

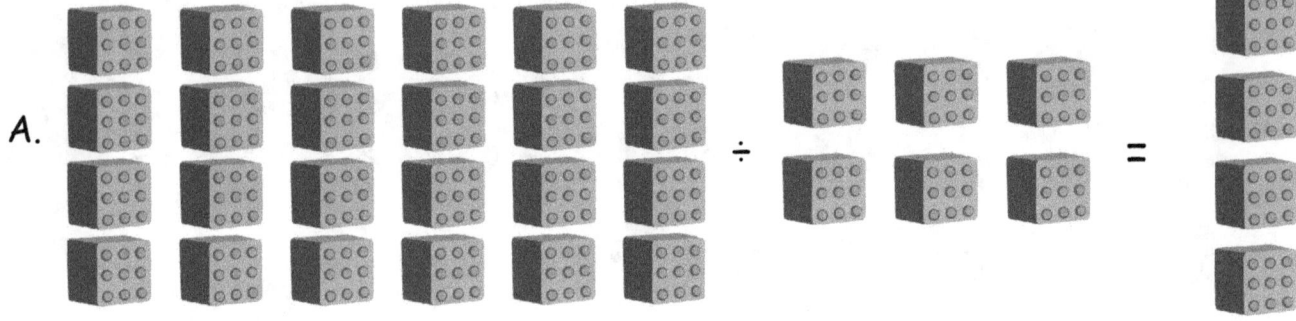

A.

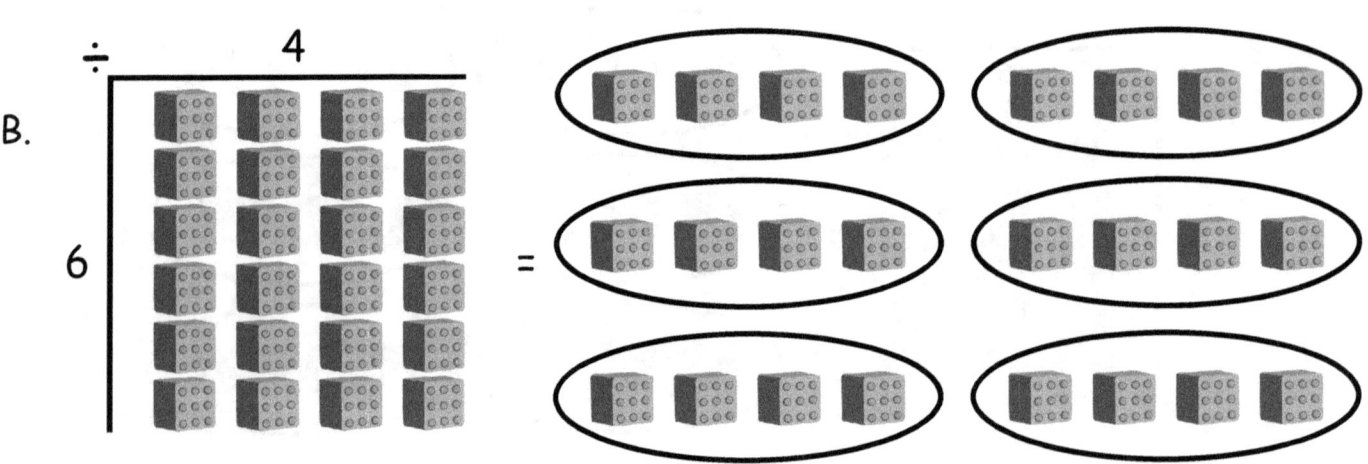

B.

C. $\boxed{24 \div 6 = 4}$

Did you know division by 6 means
Dividing the given number into 6 equal half's ?
Dividing the number into equal Groups of six's.

# DIVISION FACTS

## Division by 6

5. Lets learn $30 \div 6 = 5$

A.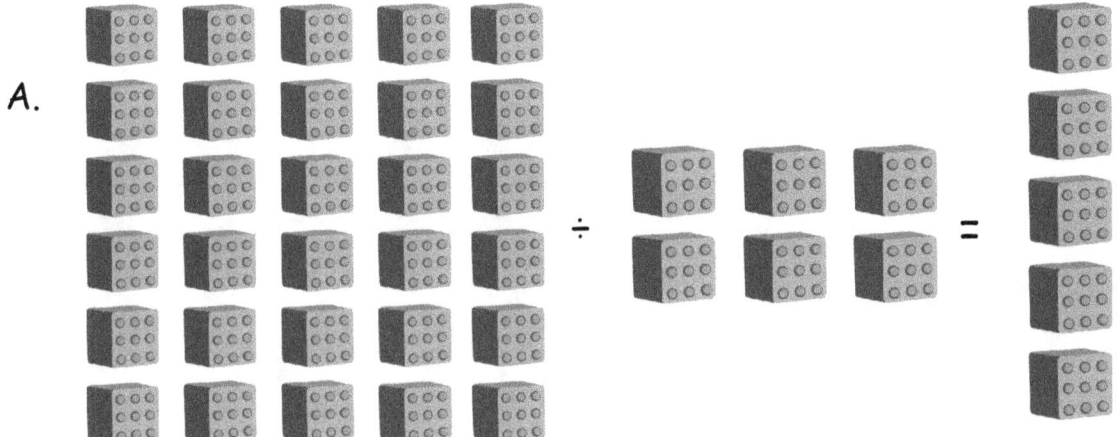

B.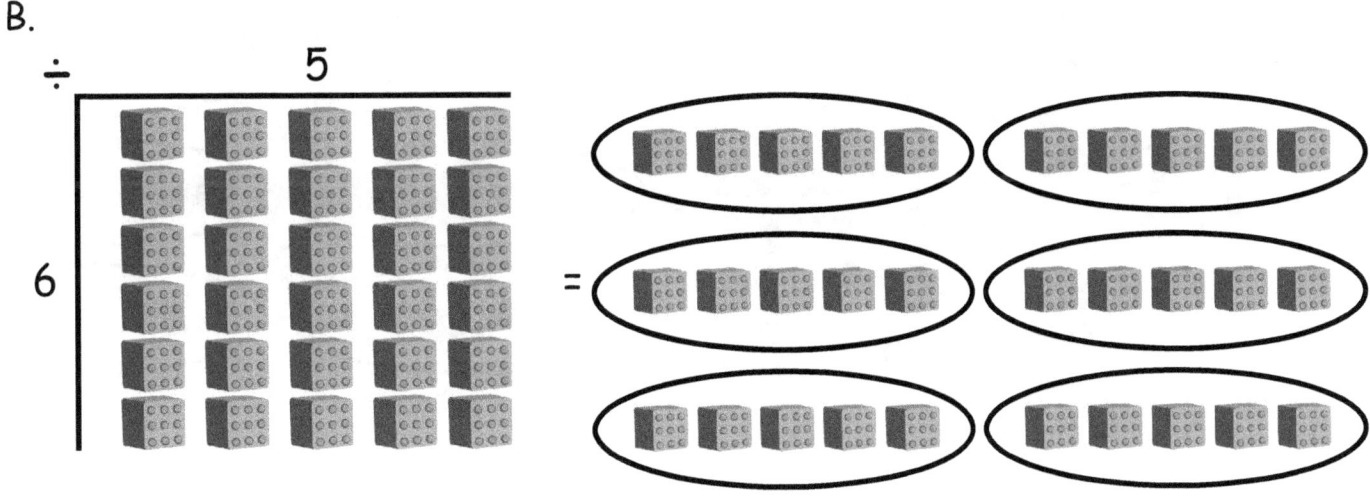

C. $\boxed{30 \div 6 = 5}$

# DIVISION FACTS

## Division by 6

6. Let's learn 36 ÷ 6 = 6

A.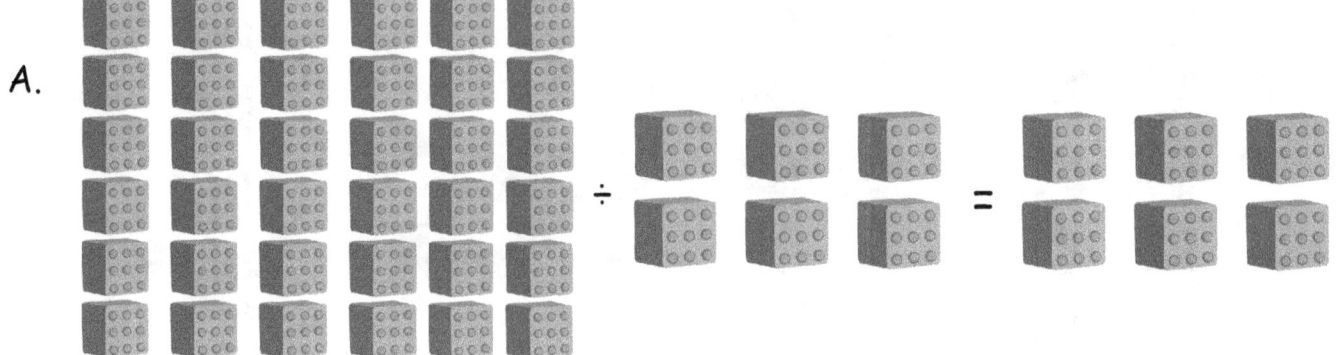

B.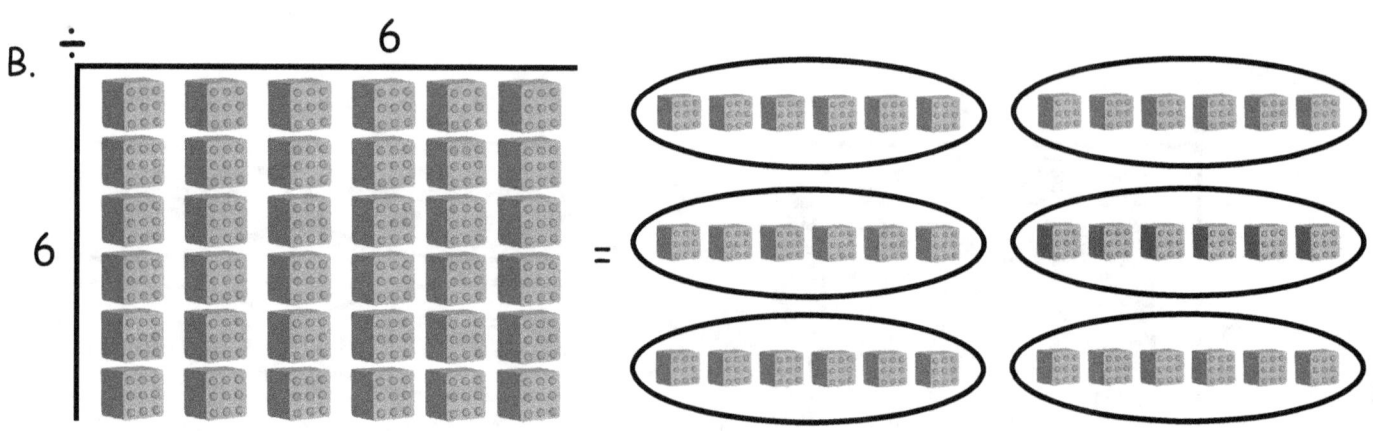

C. $\boxed{36 \div 6 = 6}$

# DIVISION FACTS

## Division by 6

7. Lets learn 42 ÷ 6 = 7

A.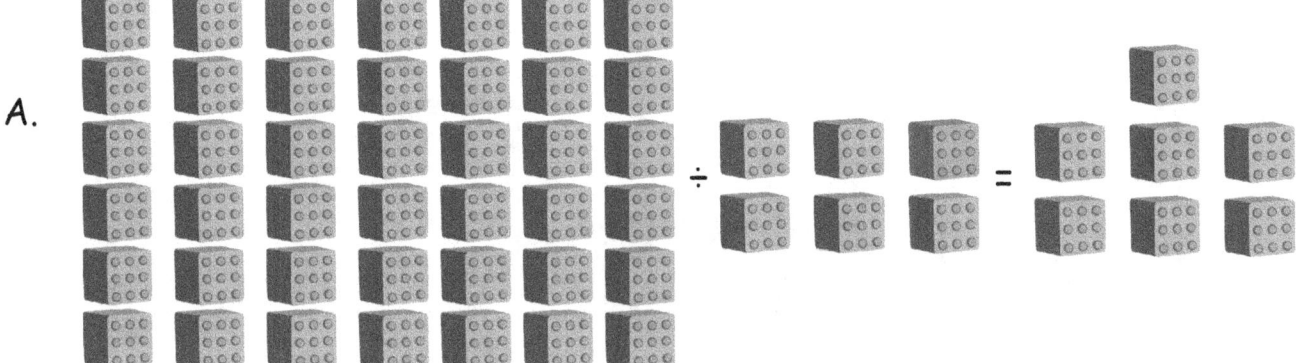

B. 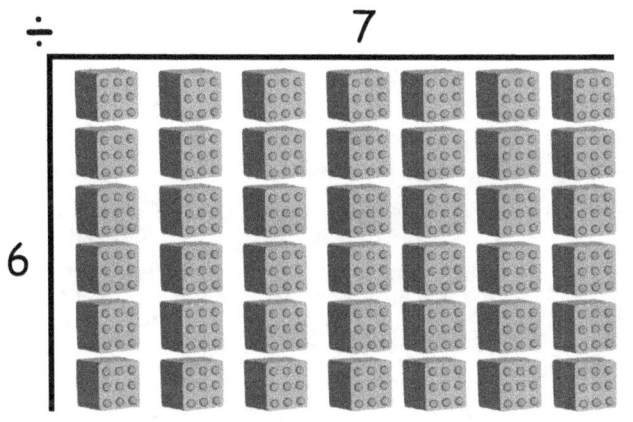 =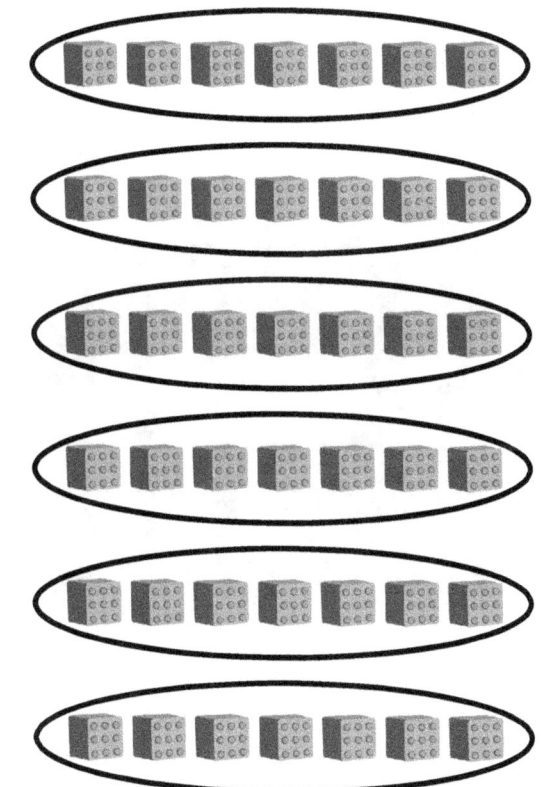

C. $\boxed{42 \div 6 = 7}$

**DIVISION FACTS**

**Division by 6**

8. Lets learn 48 ÷ 6 = 8

A.

B.

C. $\boxed{48 \div 6 = 8}$

# DIVISION FACTS

## Division by 6

9. Lets learn 54 ÷ 6 = 9

A.

B. 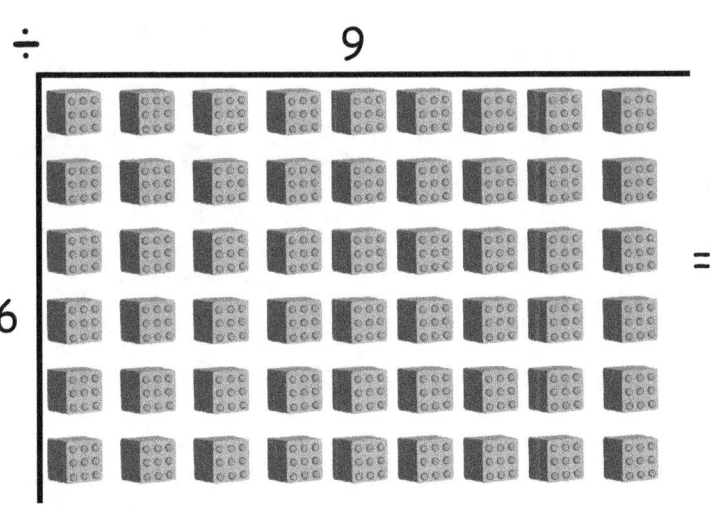 =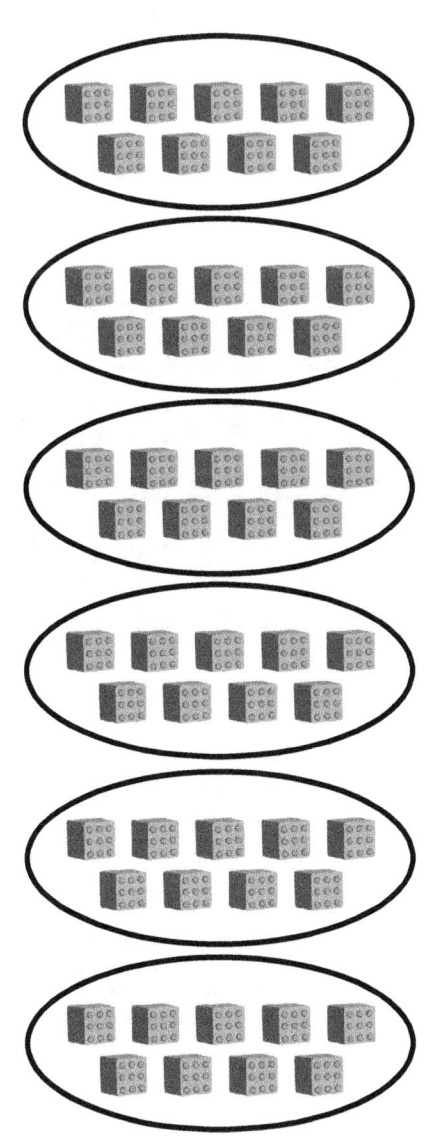

C. $\boxed{54 \div 6 = 9}$

# DIVISION FACTS

## Division by 6

10. Lets learn 60 ÷ 6 = 10

A.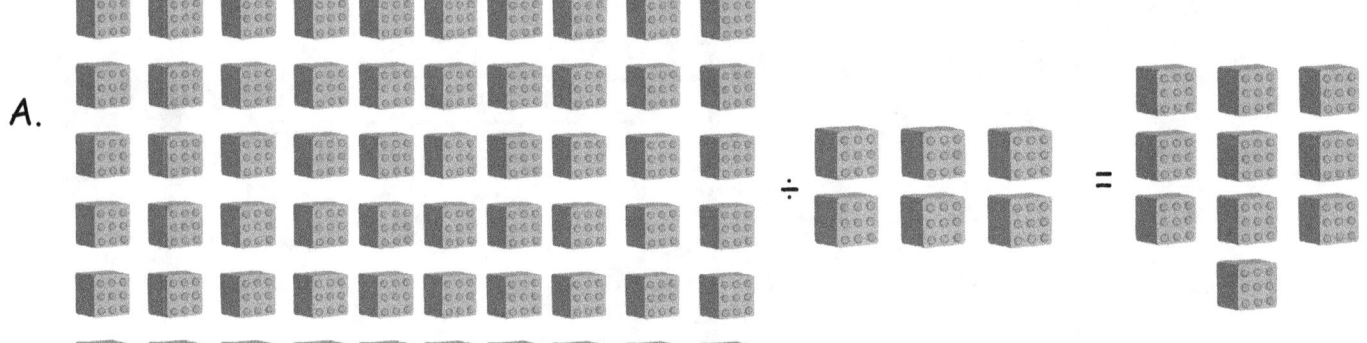

B. 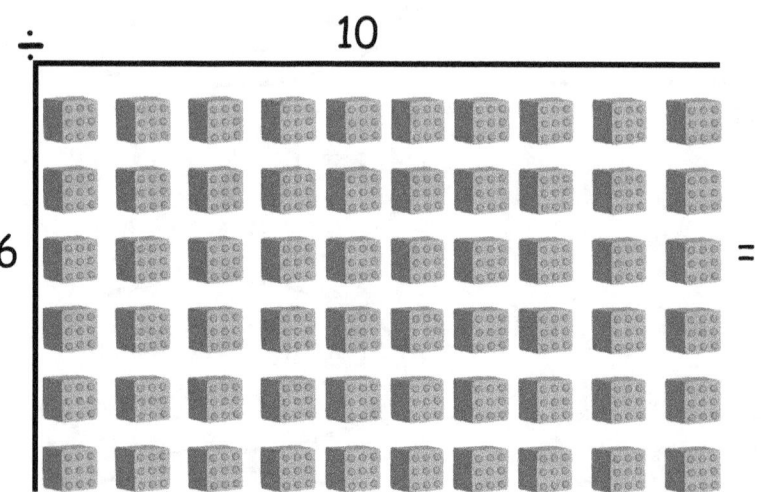 =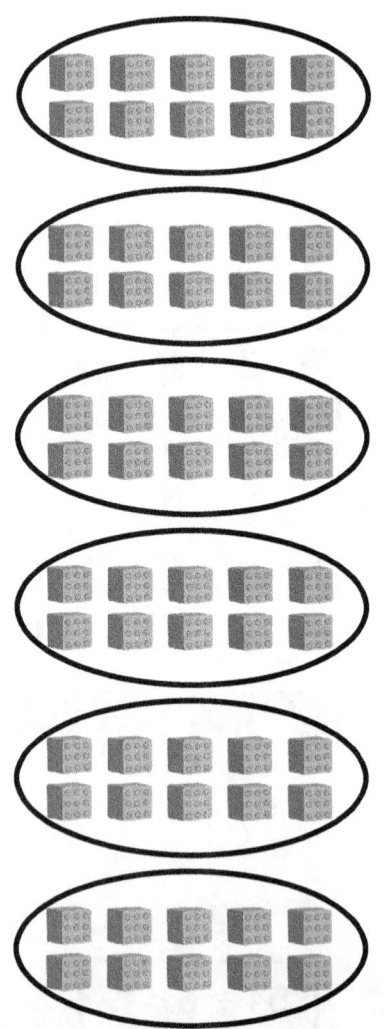

C. $\boxed{60 \div 6 = 10}$

**DIVISION FACTS**

**Division by 6**

11. Let's learn 66 ÷ 6 = 11

A.

B.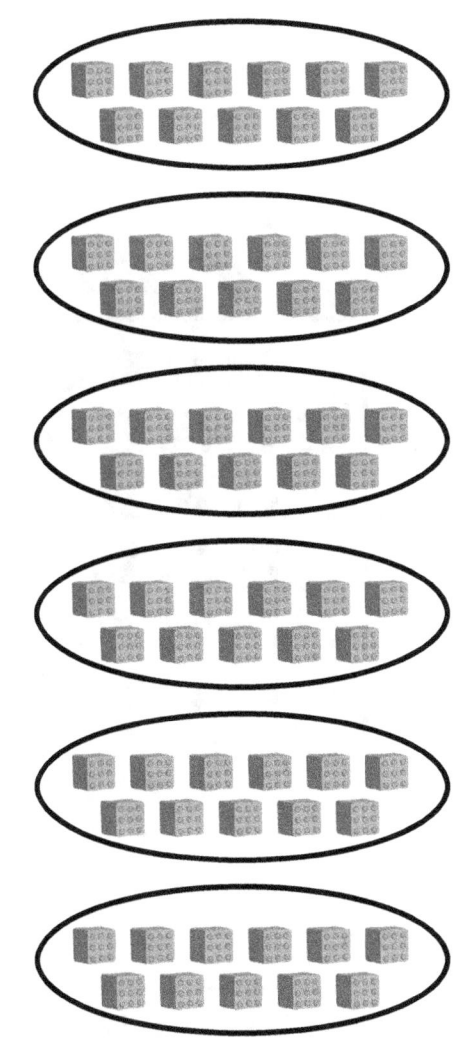

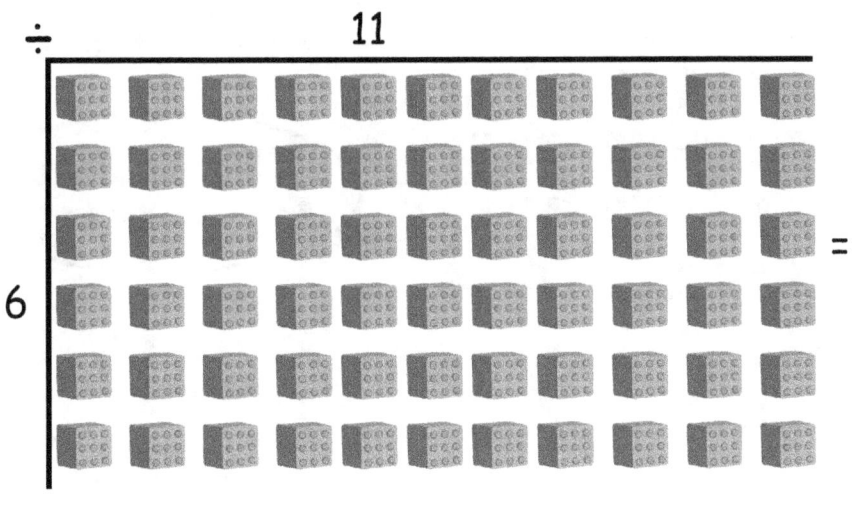

C. $\boxed{66 \div 6 = 11}$

# DIVISION FACTS

## Division by 6

12. Lets learn $72 \div 6 = 12$

A.

B. 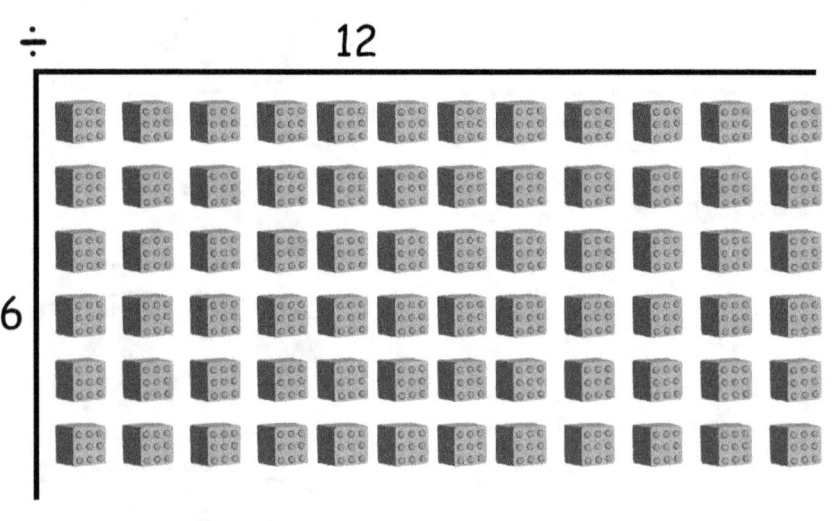 =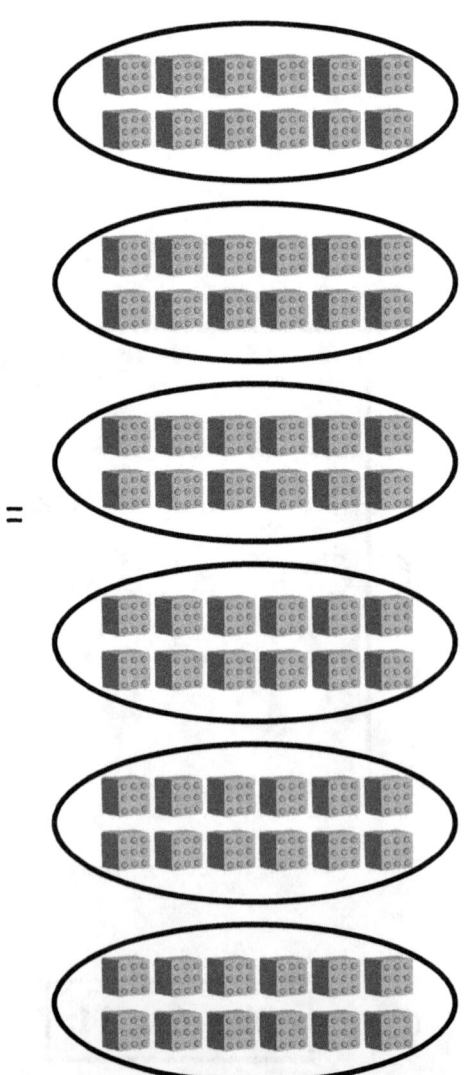

C. $\boxed{72 \div 6 = 12}$

**DIVISION FACTS**

**Division by 6**

# Exercise - 1

(A)  $6\overline{)6}$     (F)  $6\overline{)36}$     (K)  $6\overline{)66}$

(B)  $6\overline{)12}$    (G)  $6\overline{)42}$    (L)  $6\overline{)72}$

(C)  $6\overline{)18}$    (H)  $6\overline{)48}$    (M)  $6\overline{)78}$

(D)  $6\overline{)24}$    (I)  $6\overline{)54}$    (N)  $6\overline{)84}$

(E)  $6\overline{)30}$    (J)  $6\overline{)60}$    (O)  $6\overline{)90}$

# Exercise - 2

| | | |
|---|---|---|
| 1. | 6 ÷ 6 = | _____ |
| 2. | 12 ÷ 6 = | _____ |
| 3. | 18 ÷ 6 = | _____ |
| 4. | 24 ÷ 6 = | _____ |
| 5. | 30 ÷ 6 = | _____ |
| 6. | 36 ÷ 6 = | _____ |
| 7. | 42 ÷ 6 = | _____ |
| 8. | 48 ÷ 6 = | _____ |
| 9. | 54 ÷ 6 = | _____ |
| 10. | 60 ÷ 6 = | _____ |
| 11. | 66 ÷ 6 = | _____ |
| 12. | 72 ÷ 6 = | _____ |

| | | |
|---|---|---|
| 1 | × ____ | = 6 |
| 2 | × ____ | = 12 |
| 3 | × ____ | = 18 |
| 4 | × ____ | = 24 |
| 5 | × ____ | = 30 |
| 6 | × ____ | = 36 |
| 7 | × ____ | = 42 |
| 8 | × ____ | = 48 |
| 9 | × ____ | = 54 |
| 10 | × ____ | = 60 |
| 11 | × ____ | = 66 |
| 12 | × ____ | = 72 |

Did you know division is splitting a number up by any give number.

**DIVISION FACTS**

**Division by 6**

# Exercise - 3

1. I am a number, I divide myself, into one equal group of 6. What am I?

    (A) 0          (B) 1

    (C) 10        (D) 6

2. I am a number, I divide myself, into six equal groups of 1. What am I?

    (A) 1          (B) 16

    (C) 6          (D) 12

3. I am a number, I divide myself, into six equal groups of 2. What am I?

    (A) 6          (B) 12

    (C) 2          (D) 1

4. I am a number, I divide myself, into six equal groups of 3. What am I?

    (A) 8          (B) 3

    (C) 18        (D) 6

5. I am a number, I divide myself, into six equal groups of 4. What am I?

    (A) 24        (B) 14

    (C) 6          (D) 12

# DIVISION FACTS

## Division by 6

6. I am a number, I divide myself, into six equal groups of 5. What am I ?

   (A) 12            (B) 6

   (C) 30            (D) 5

7. I am a number, I divide myself, into six equal groups of 6. What am I ?

   (A) 30            (B) 36

   (C) 6            (D) 12

8. I am a number, I divide myself, into six equal groups of 7. What am I ?

   (A) 42            (B) 24

   (C) 6            (D) 7

9. I am a number, I divide myself, into six equal groups of 8. What am I ?

   (A) 8            (B) 6

   (C) 30            (D) 48

10. I am a number, I divide myself, into six equal groups of 9. What am I ?

    (A) 36            (B) 6

    (C) 9            (D) 54

**DIVISION FACTS**

**Division by 6**

11. I am a number, I divide myself, into six equal groups of 10. What am I?

    (A) 6          (B) 60

    (C) 10        (D) 54

12. I am a number, I divide myself, into six equal groups of 11. What am I?

    (A) 66        (B) 48

    (C) 11        (D) 6

13. I am a number, I divide myself, into six equal groups of 12. What am I?

    (A) 32        (B) 36

    (C) 72        (D) 60

14. I am a number, I divide myself, into six equal groups of 13. What am I?

    (A) 36        (B) 6

    (C) 13        (D) 78

15. I am a number, I divide myself, into six equal groups of 14. What am I?

    (A) 14        (B) 52

    (C) 84        (D) 6

# Exercise - 4

Solve the maze run below.

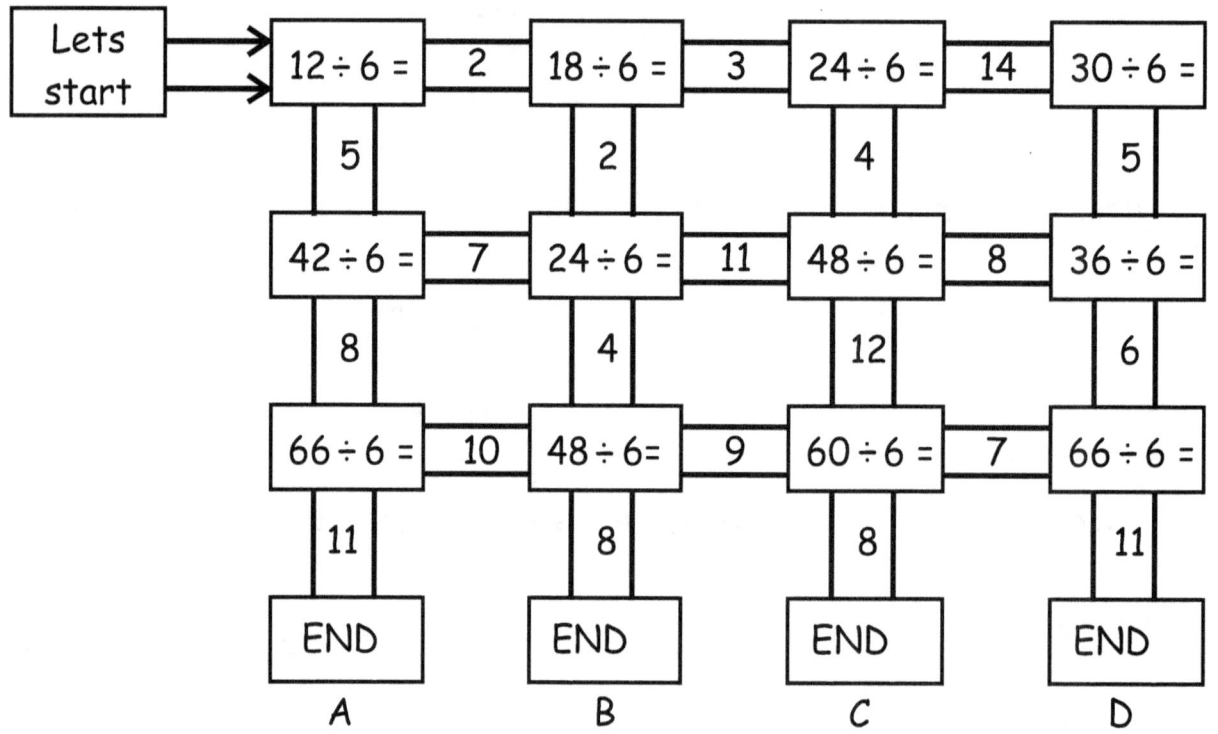

Who won the race? _____

# Exercise - 5

1. 6 ÷ ☐ = 1   then   ☐ = _____
2. 12 ÷ ☐ = 6   then   ☐ = _____
3. 18 ÷ ☐ = 6   then   ☐ = _____
4. 24 ÷ ☐ = 6   then   ☐ = _____
5. 30 ÷ ☐ = 6   then   ☐ = _____
6. 36 ÷ ☐ = 6   then   ☐ = _____
7. 42 ÷ ☐ = 6   then   ☐ = _____
8. 48 ÷ ☐ = 6   then   ☐ = _____
9. 54 ÷ ☐ = 6   then   ☐ = _____
10. 60 ÷ ☐ = 6   then   ☐ = _____
11. 66 ÷ ☐ = 6   then   ☐ = _____
12. 72 ÷ ☐ = 6   then   ☐ = _____

Hey you are an expert of division facts of #6 !!!

# DIVISION FACTS

## Division by 7

Division is opposite of Multiplication.
Division is splitting into equal parts or groups or equal sharing or equal partitioning.

**Dividend:** The dividend is the number that is being divided in the division process.

**Divisor:** The number by which dividend is being divided by is called divisor.

**Quotient:** A quotient is a result obtained in division process.

$$14 \div 7 = 2$$

Dividend. Divisor. Quotient

Let's learn division facts for #7

## DIVISION FACTS — Division by 7

1. Lets learn 7 ÷ 1 = 7

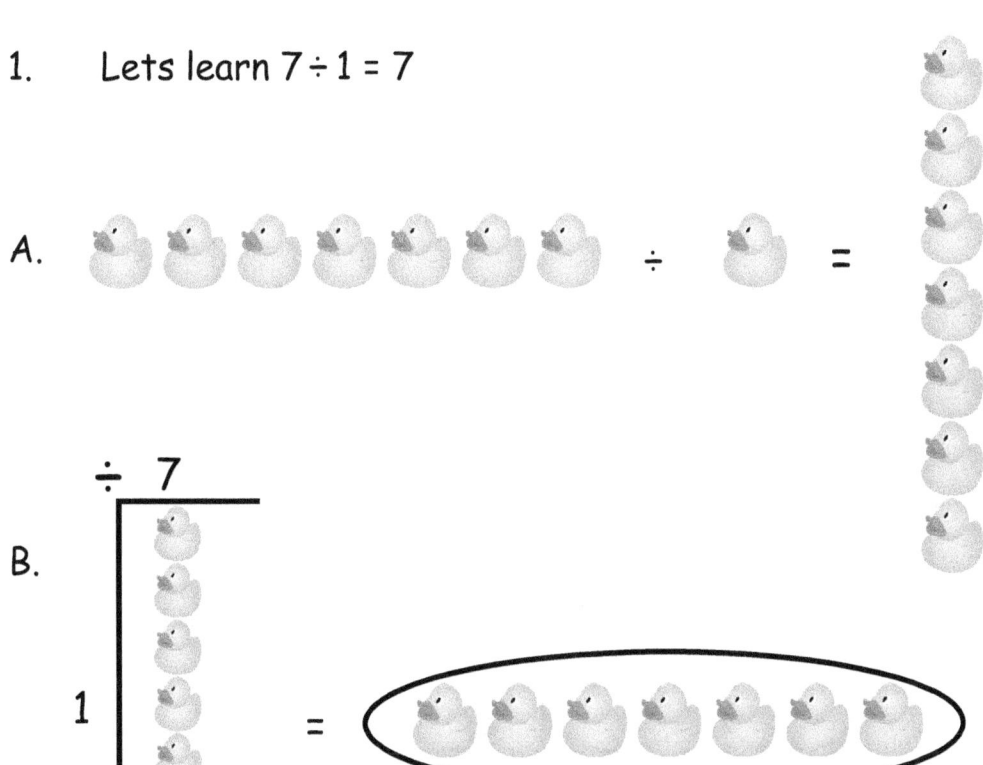

C. $\boxed{7 \div 1 = 7}$

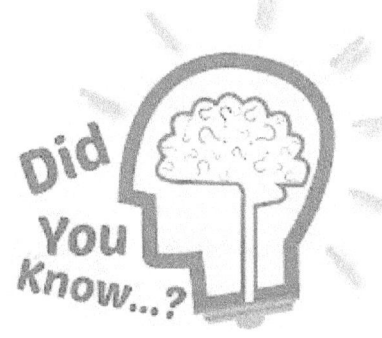

Did you know you can write division sign in three different ways

÷ , / and —

# DIVISION FACTS

## Division by 7

2. Lets learn $14 \div 7 = 2$

A.

B. 

$7 \overline{\smash{)}\phantom{00}} \div 2$

C. $\boxed{14 \div 7 = 2}$

Did you know division by 7 means Dividing the given number into 7 equal share's ? Dividing the number into seven equal Groups.

# DIVISION FACTS

## Division by 7

3. Lets learn $21 \div 7 = 3$

A.

B.

C. $\boxed{21 \div 7 = 3}$

Did you know division is splitting a number up by any give number.

# DIVISION FACTS

## Division by 7

4. Lets learn 28 ÷ 7 = 4

A.

B.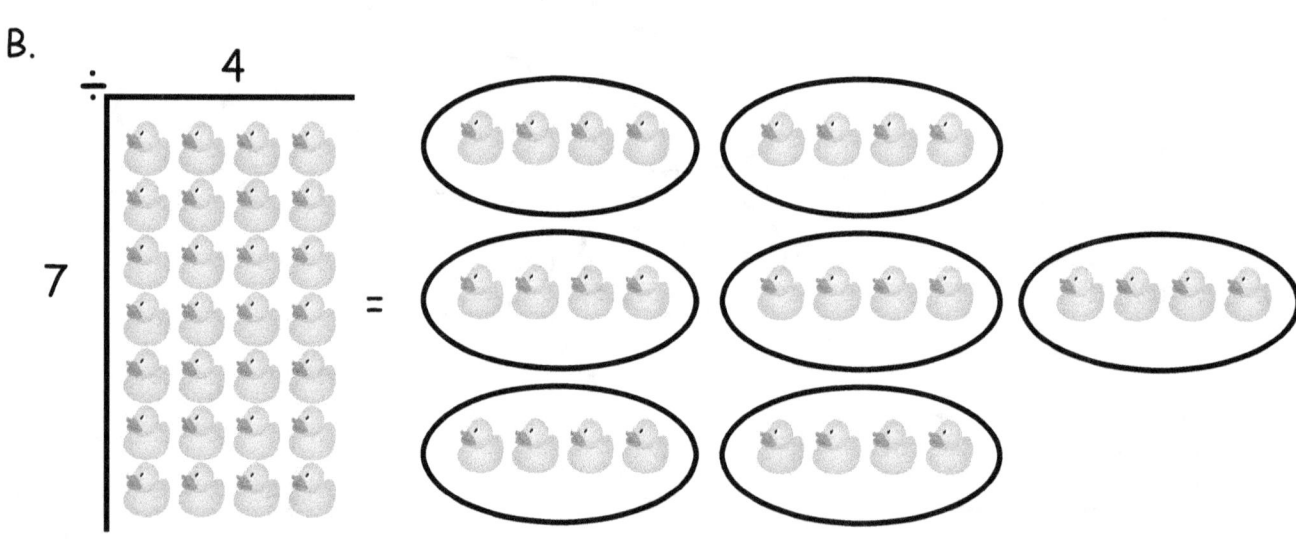

C. $\boxed{28 \div 7 = 4}$

**DIVISION FACTS**

**Division by 7**

5. Lets learn $35 \div 7 = 5$

A.

B.

C. $\boxed{35 \div 7 = 5}$

# DIVISION FACTS

## Division by 7

6. Lets learn 42 ÷ 7 = 6

A.

B.

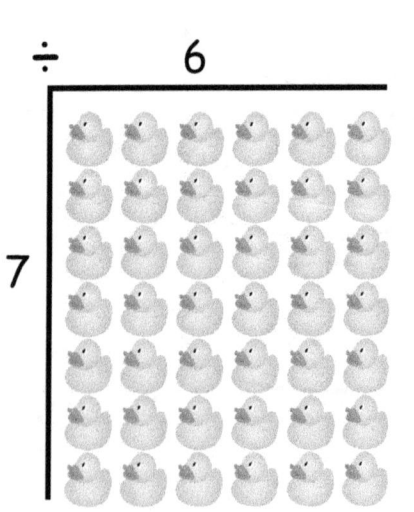

C. | 42 ÷ 7 = 6 |

# DIVISION FACTS

## Division by 7

7. Lets learn 49 ÷ 7 = 7

A.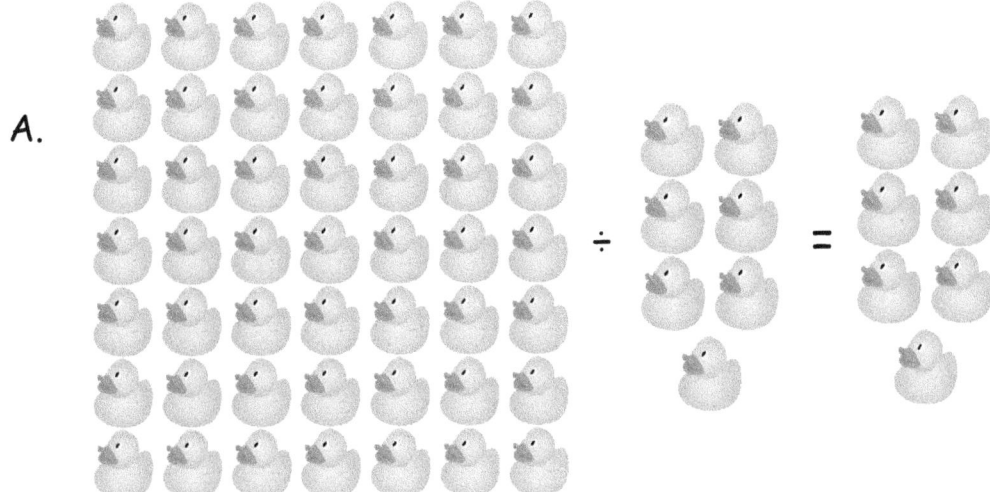

B.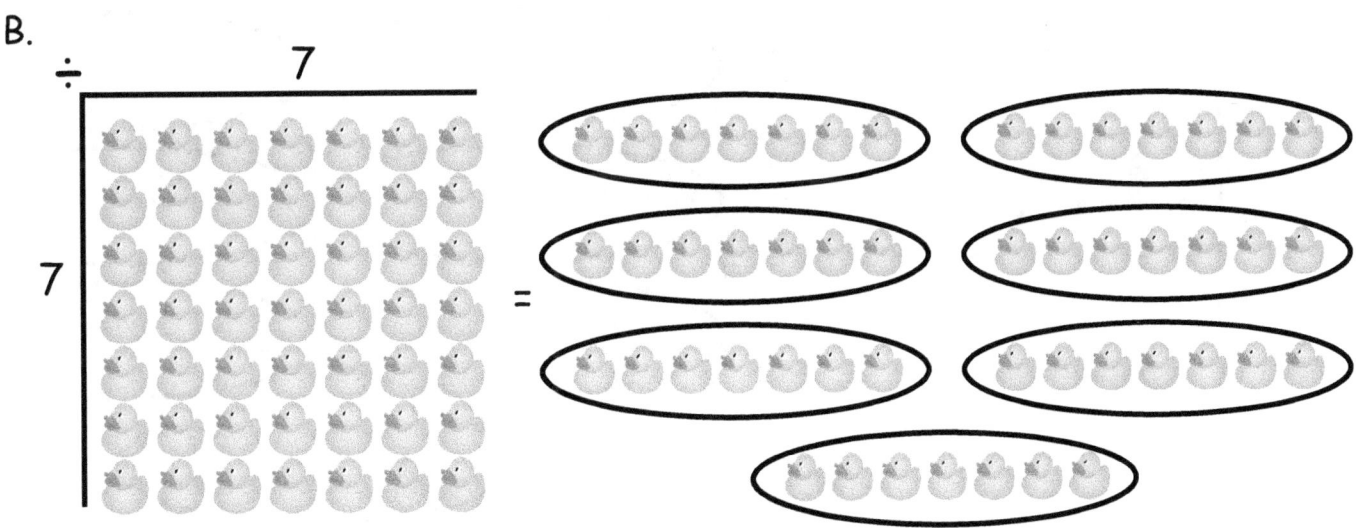

C. $\boxed{49 \div 7 = 7}$

# DIVISION FACTS

## Division by 7

8. Lets learn 56 ÷ 7 = 8

A.

B.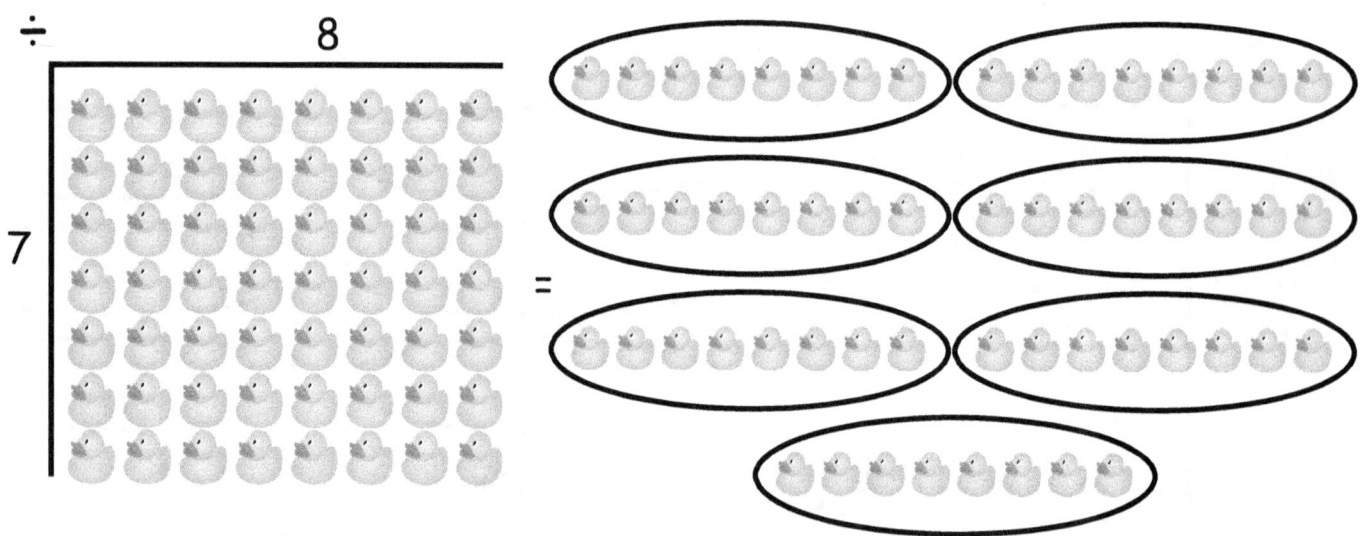

C. $\boxed{56 \div 7 = 8}$

# DIVISION FACTS

## Division by 7

9. Lets learn 63 ÷ 7 = 9

A.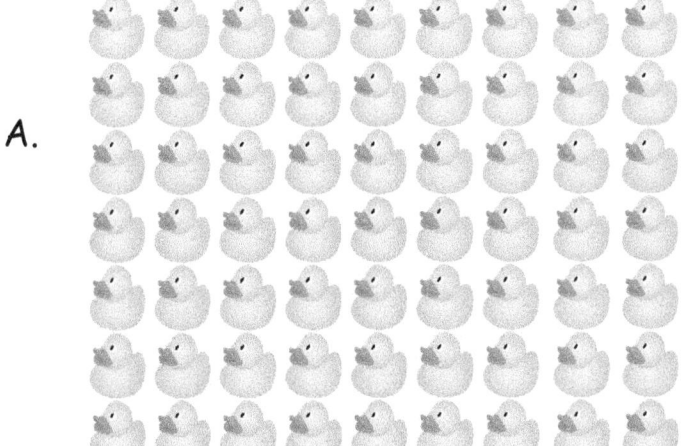

B. 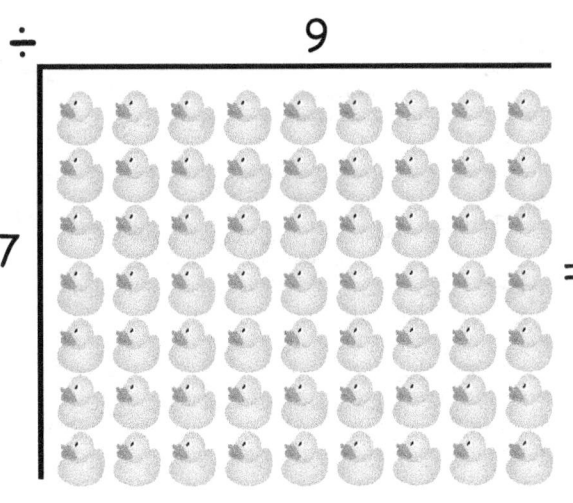 =

C. 63 ÷ 7 = 9

# DIVISION FACTS

## Division by 7

10. Lets learn 70 ÷ 7 = 10

A.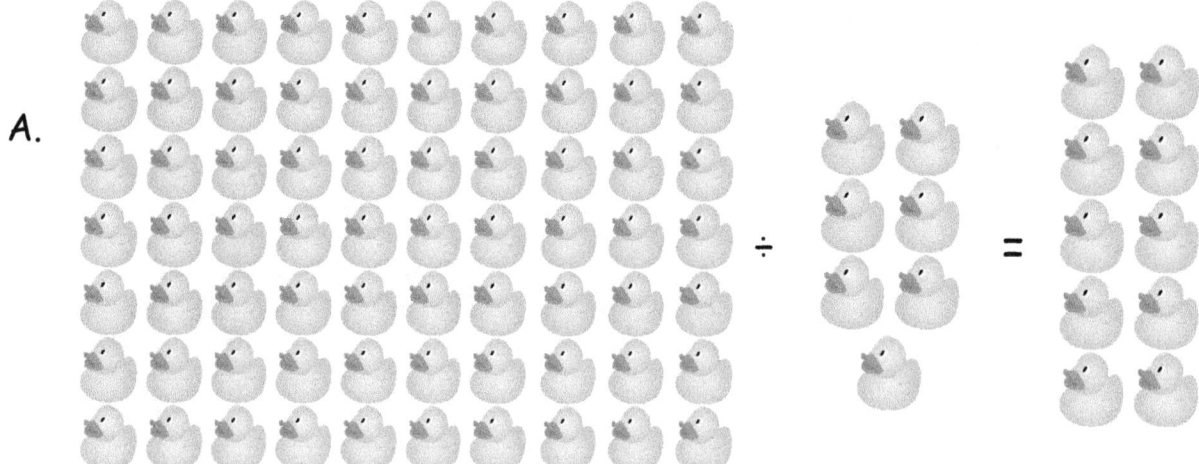

B. 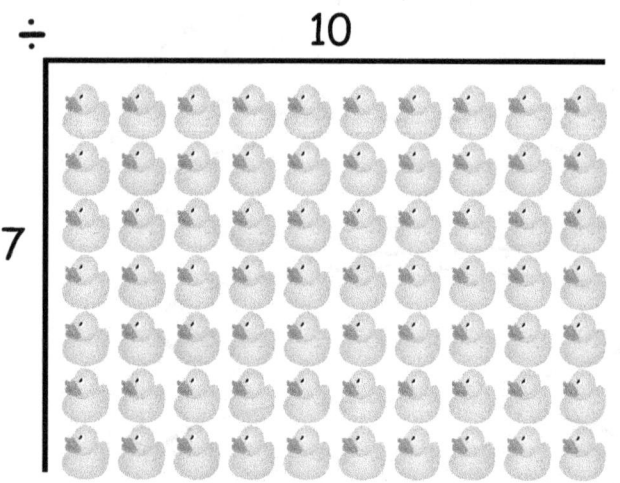 =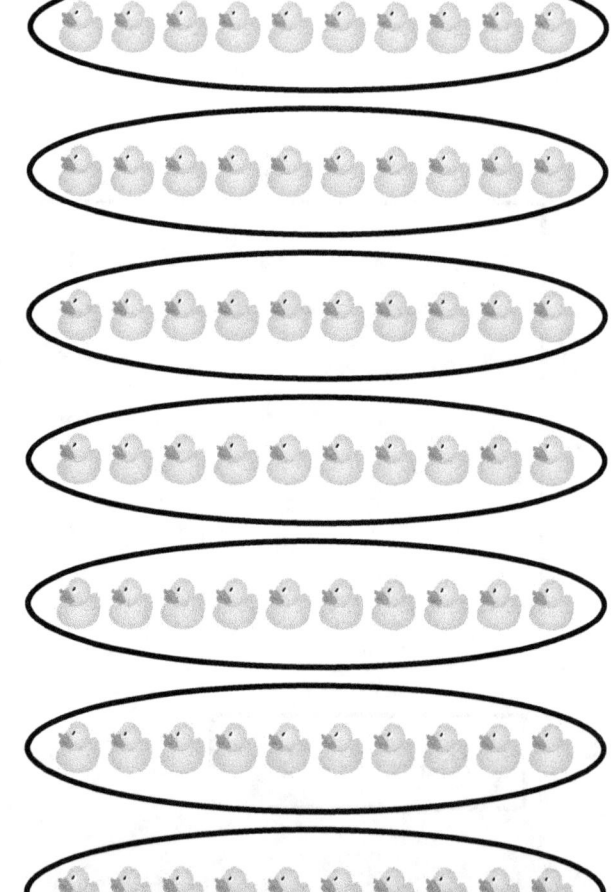

C. $70 \div 7 = 10$

# DIVISION FACTS

## Division by 7

11. Lets learn $77 \div 7 = 11$

A.

B.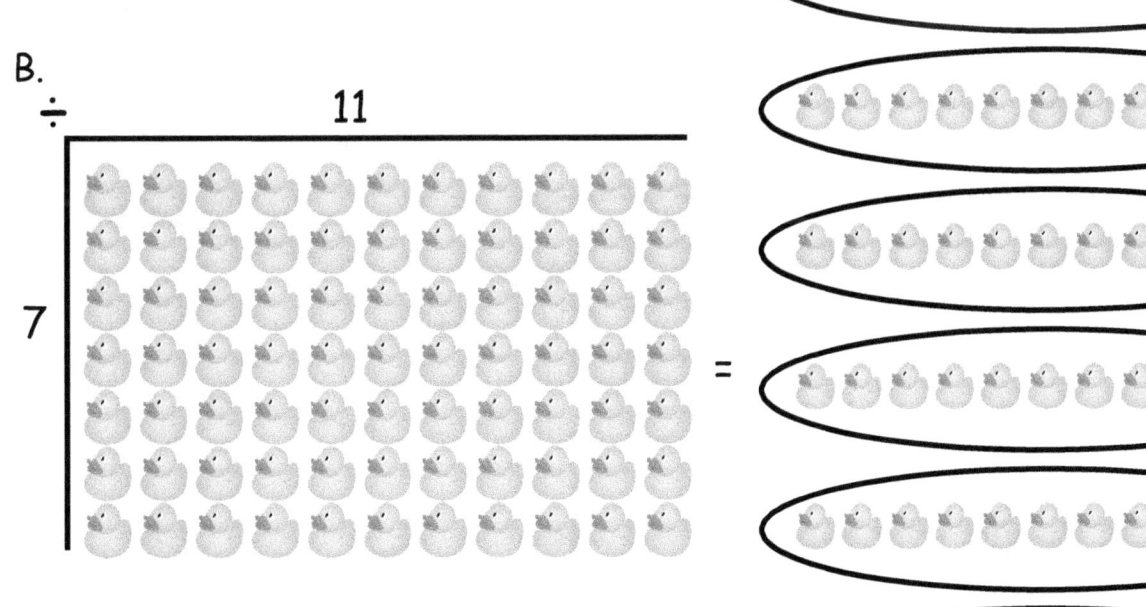

C. $77 \div 7 = 11$

# DIVISION FACTS

# Division by 7

12. Lets learn 84 ÷ 7 = 12

A.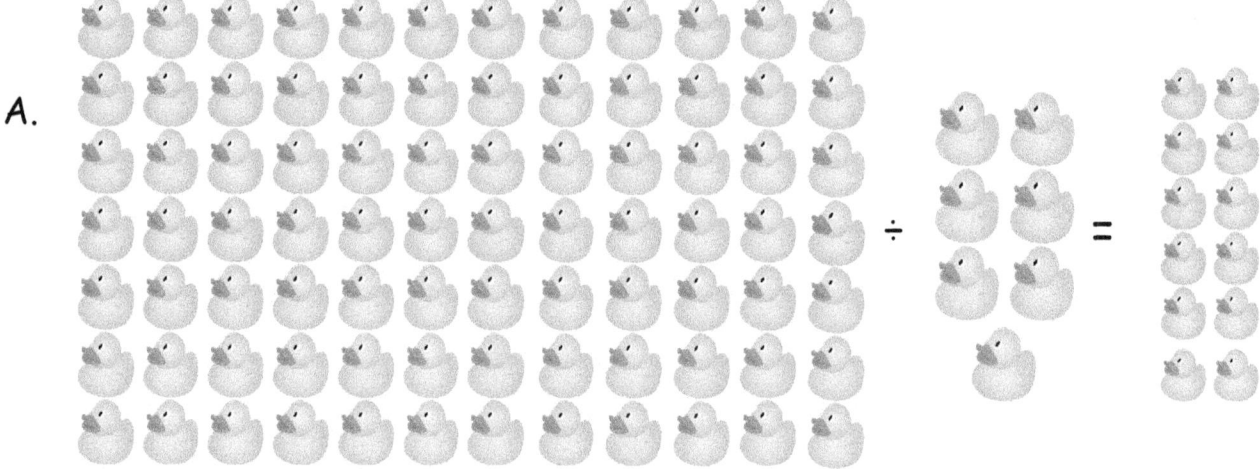

B.

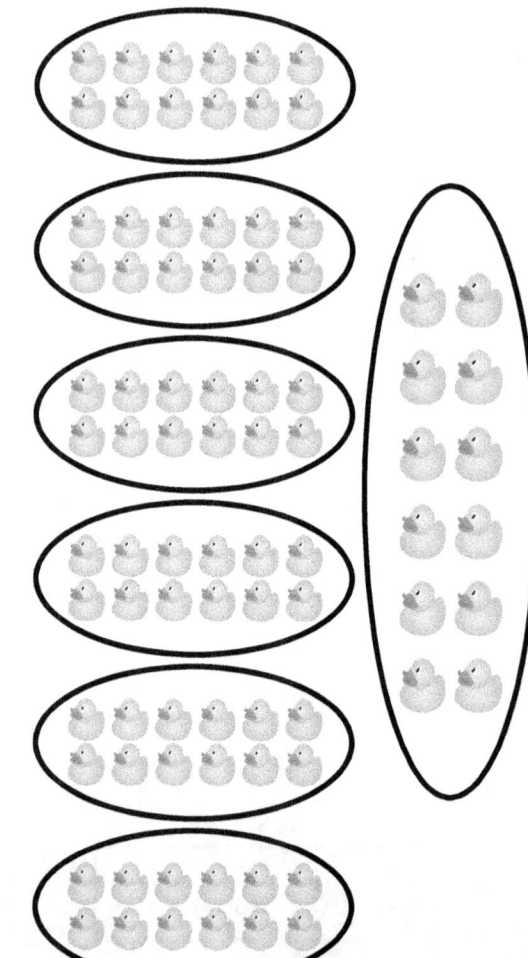

C. $\boxed{84 \div 7 = 12}$

**DIVISION FACTS**

**Division by 7**

# Exercise - 1

(A) 7)7̄          (F) 7)4̄2̄         (K) 7)7̄7̄

(B) 7)1̄4̄        (G) 7)4̄9̄         (L) 7)8̄4̄

(C) 7)2̄1̄        (H) 7)5̄6̄         (M) 7)9̄1̄

(D) 7)2̄8̄        (I) 7)6̄3̄          (N) 7)9̄8̄

(E) 7)3̄5̄        (J) 7)7̄0̄         (O) 7)1̄0̄5̄

# Exercise - 2

| | | |
|---|---|---|
| 1. | 7 ÷ 7 = | _____ |
| 2. | 14 ÷ 7 = | _____ |
| 3. | 21 ÷ 7 = | _____ |
| 4. | 28 ÷ 7 = | _____ |
| 5. | 35 ÷ 7 = | _____ |
| 6. | 42 ÷ 7 = | _____ |
| 7. | 49 ÷ 7 = | _____ |
| 8. | 56 ÷ 7 = | _____ |
| 9. | 63 ÷ 7 = | _____ |
| 10. | 70 ÷ 7 = | _____ |
| 11. | 77 ÷ 7 = | _____ |
| 12. | 84 ÷ 7 = | _____ |

| | | | |
|---|---|---|---|
| 1 | × \_\_\_\_ | = | 7 |
| 2 | × \_\_\_\_ | = | 14 |
| 3 | × \_\_\_\_ | = | 21 |
| 4 | × \_\_\_\_ | = | 28 |
| 5 | × \_\_\_\_ | = | 35 |
| 6 | × \_\_\_\_ | = | 42 |
| 7 | × \_\_\_\_ | = | 49 |
| 8 | × \_\_\_\_ | = | 56 |
| 9 | × \_\_\_\_ | = | 63 |
| 10 | × \_\_\_\_ | = | 70 |
| 11 | × \_\_\_\_ | = | 77 |
| 12 | × \_\_\_\_ | = | 84 |

Did you know division is splitting a number up by any give number.

# DIVISION FACTS

## Division by 7

### Exercise - 3

1. I am a number, I divide myself, into one equal group of 7. What am I ?

   (A) 0  (B) 1

   (C) 14  (D) 7

2. I am a number, I divide myself, into seven equal groups of 1. What am I ?

   (A) 1  (B) 7

   (C) 21  (D) 0

3. I am a number, I divide myself, into seven equal groups of 2. What am I ?

   (A) 1  (B) 7

   (C) 2  (D) 14

4. I am a number, I divide myself, into seven equal groups of 3. What am I ?

   (A) 14  (B) 4

   (C) 3  (D) 21

5. I am a number, I divide myself, into seven equal groups of 4. What am I ?

   (A) 28  (B) 7

   (C) 4  (D) 14

**DIVISION FACTS**

**Division by 7**

6. I am a number, I divide myself, into seven equal groups of 5. What am I?

   (A) 7  (B) 1
   
   (C) 35  (D) 21

7. I am a number, I divide myself, into seven equal groups of 6. What am I?

   (A) 6  (B) 42
   
   (C) 7  (D) 35

8. I am a number, I divide myself, into seven equal groups of 7. What am I?

   (A) 49  (B) 7
   
   (C) 14  (D) 42

9. I am a number, I divide myself, into seven equal groups of 8. What am I?

   (A) 8  (B) 28
   
   (C) 7  (D) 56

10. I am a number, I divide myself, into seven equal groups of 9. What am I?

    (A) 7  (B) 9
    
    (C) 36  (D) 63

**DIVISION FACTS**

**Division by 7**

11. I am a number, I divide myself, into seven equal groups of 10. What am I?

    (A) 70  (B) 60

    (C) 10  (D) 7

12. I am a number, I divide myself, into seven equal groups of 11. What am I?

    (A) 66  (B) 11

    (C) 77  (D) 7

13. I am a number, I divide myself, into seven equal groups of 12. What am I?

    (A) 7   (B) 84

    (C) 12  (D) 60

14. I am a number, I divide myself, into seven equal groups of 13. What am I?

    (A) 91  (B) 42

    (C) 13  (D) 7

15. I am a number, I divide myself, into seven equal groups of 14. What am I?

    (A) 98  (B) 7

    (C) 14  (D) 70

# Exercise - 4

Solve the maze run below.

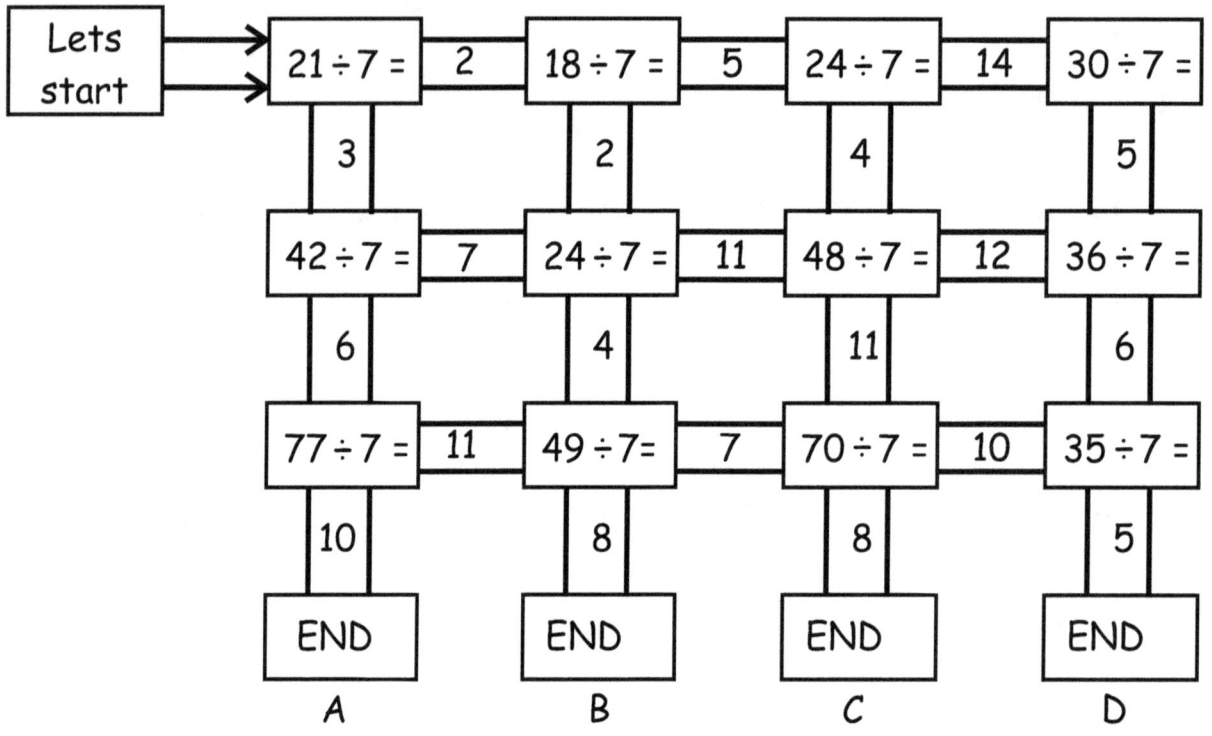

Who won the race? _____

# Exercise - 5

1. $7 \div \square = 1$ then $\square = $ _____
2. $14 \div \square = 7$ then $\square = $ _____
3. $21 \div \square = 7$ then $\square = $ _____
4. $28 \div \square = 7$ then $\square = $ _____
5. $35 \div \square = 7$ then $\square = $ _____
6. $42 \div \square = 7$ then $\square = $ _____
7. $49 \div \square = 7$ then $\square = $ _____
8. $56 \div \square = 7$ then $\square = $ _____
9. $63 \div \square = 7$ then $\square = $ _____
10. $70 \div \square = 7$ then $\square = $ _____
11. $77 \div \square = 7$ then $\square = $ _____
12. $84 \div \square = 7$ then $\square = $ _____

Hey you are an expert of division facts of #7 !!!

# DIVISION FACTS

## Division by 8

Division is opposite of Multiplication.
Division is splitting into equal parts or groups or equal sharing or equal partitioning.

**Dividend:** The dividend is the number that is being divided in the division process.

**Divisor:** The number by which dividend is being divided by is called divisor.

**Quotient:** A quotient is a result obtained in division process.

$$16 \div 8 = 2$$

Dividend. Divisor. Quotient

Let's learn division facts for #8

# DIVISION FACTS

## Division by 8

1. Lets learn 8 ÷ 1 = 8

A.

B.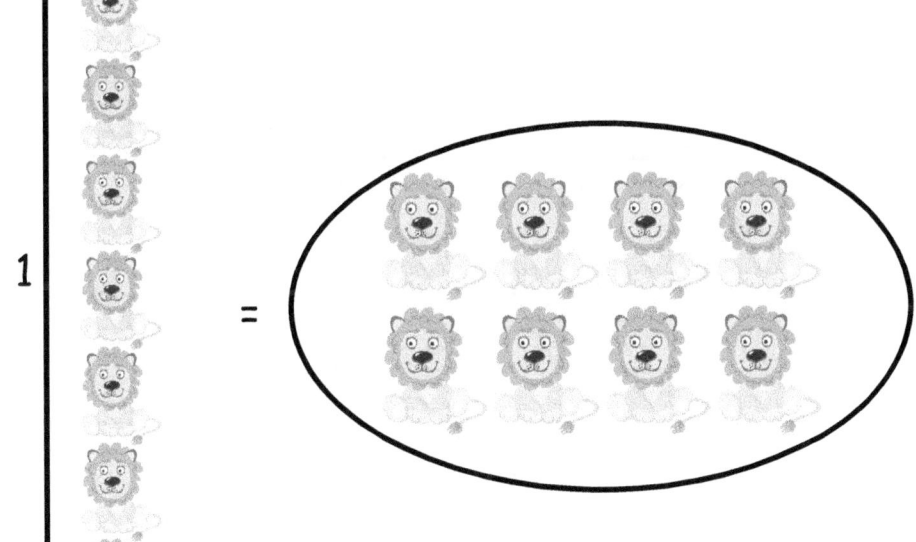

C. $\boxed{8 \div 1 = 8}$

# DIVISION FACTS

## Division by 8

2. Let's learn 16 ÷ 8 = 2

A. 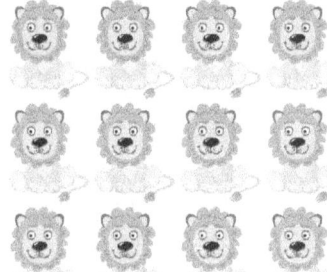 ÷  =

B. ÷ 2 ⟍

8 [lions arranged in 8 rows of 2] =

C. $\boxed{16 \div 8 = 2}$

# DIVISION FACTS

## Division by 8

3. Lets learn 24 ÷ 8 = 3

A.

B.

C.

$$24 \div 8 = 3$$

**DIVISION FACTS**

**Division by 8**

4. Lets learn 32 ÷ 8 = 4

A.

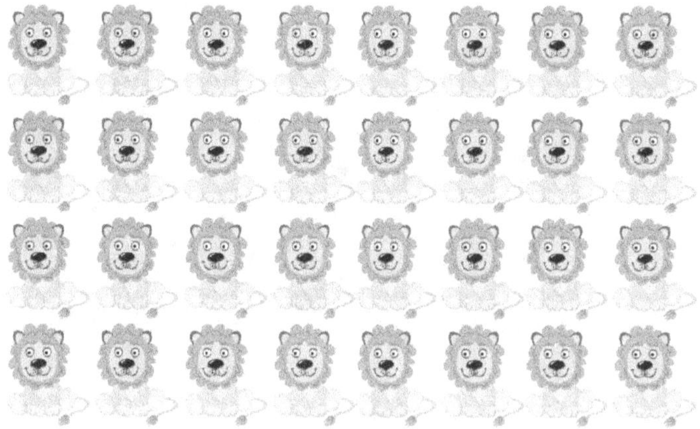

B.

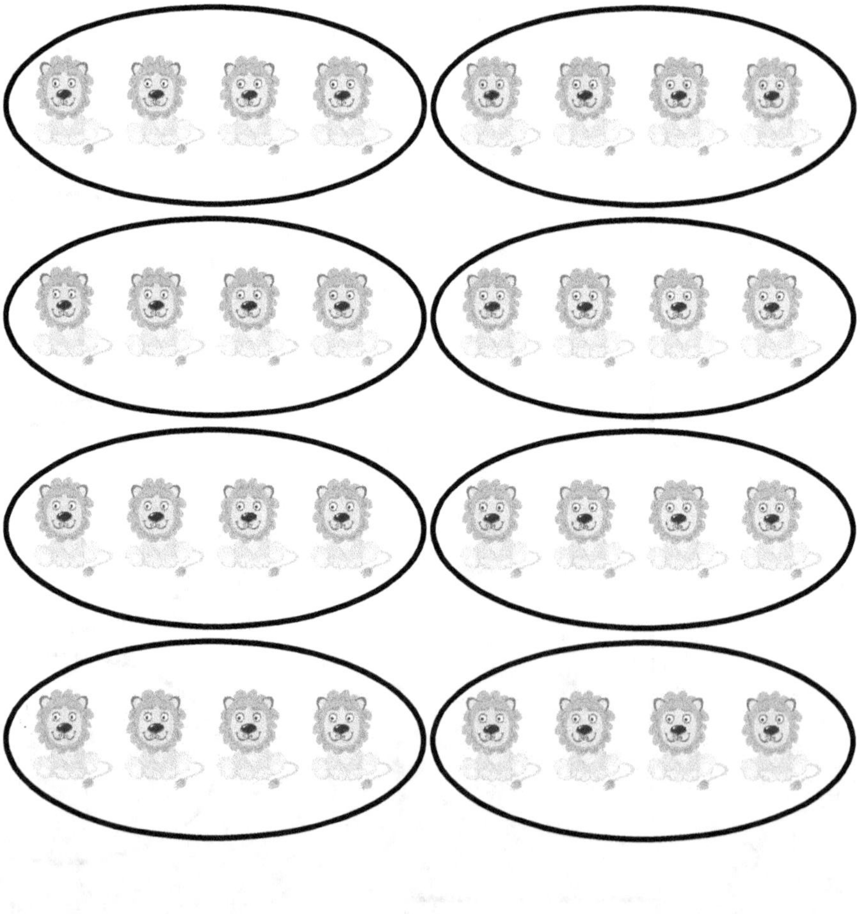

C. $32 \div 8 = 4$

# DIVISION FACTS

# Division by 8

5. Let's learn 40 ÷ 8 = 5

A.

B.

C.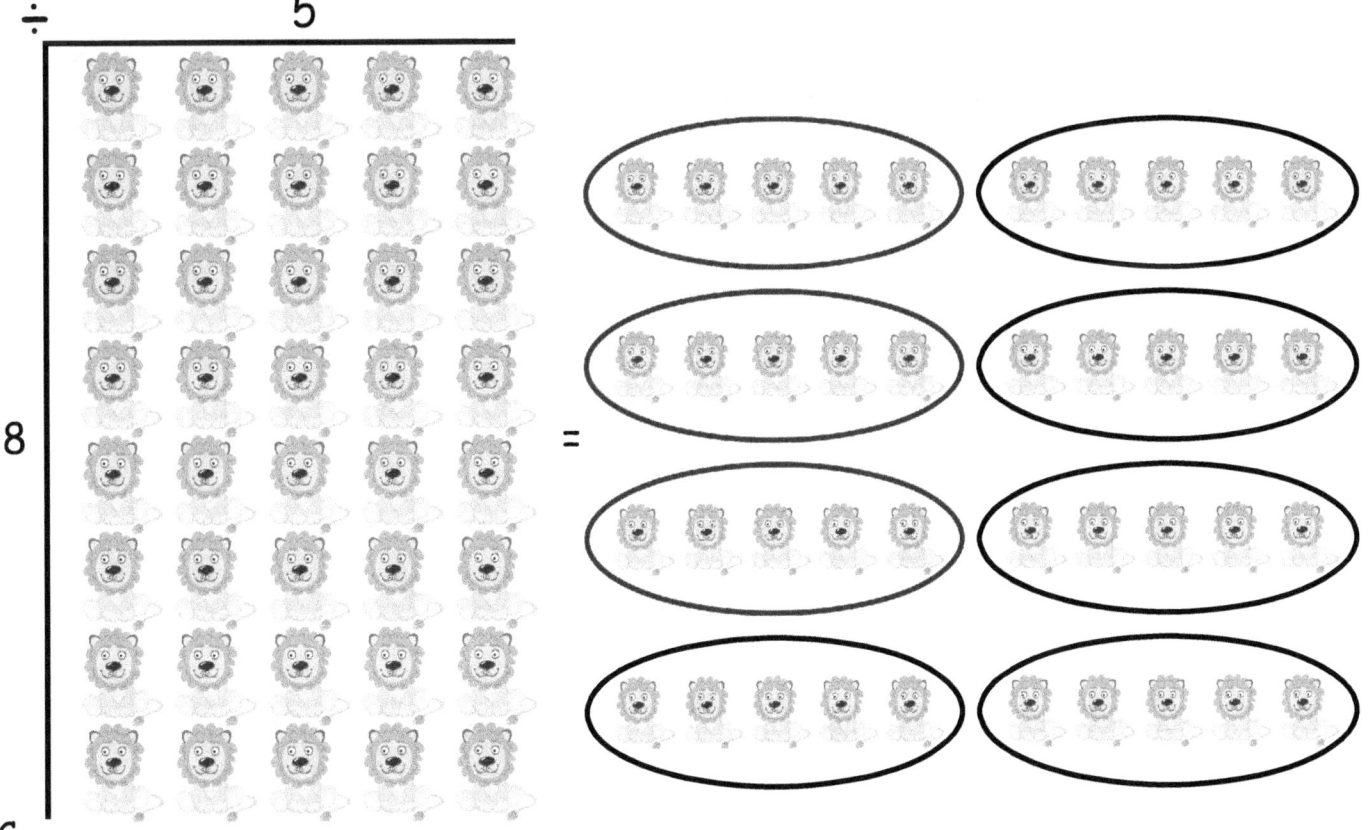

40 ÷ 8 = 5

# DIVISION FACTS

## Division by 8

6. Lets learn $48 \div 8 = 6$

A.

B. 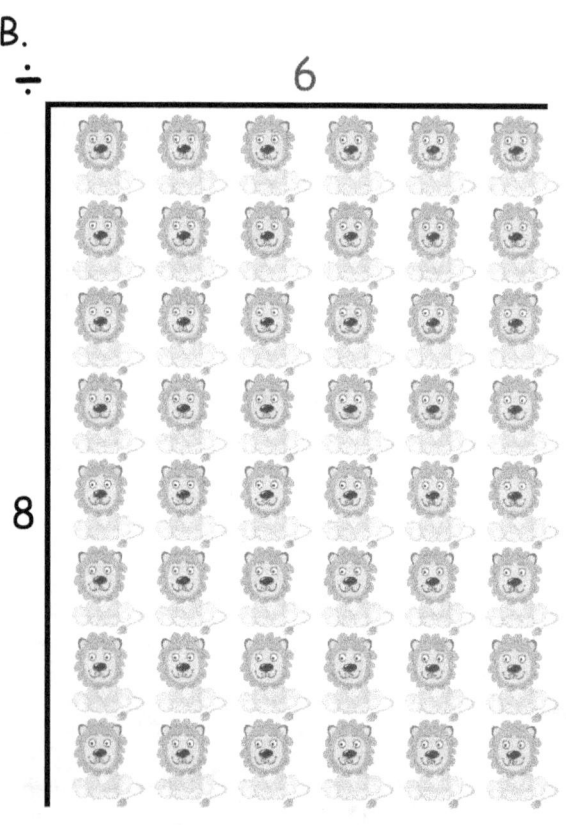 =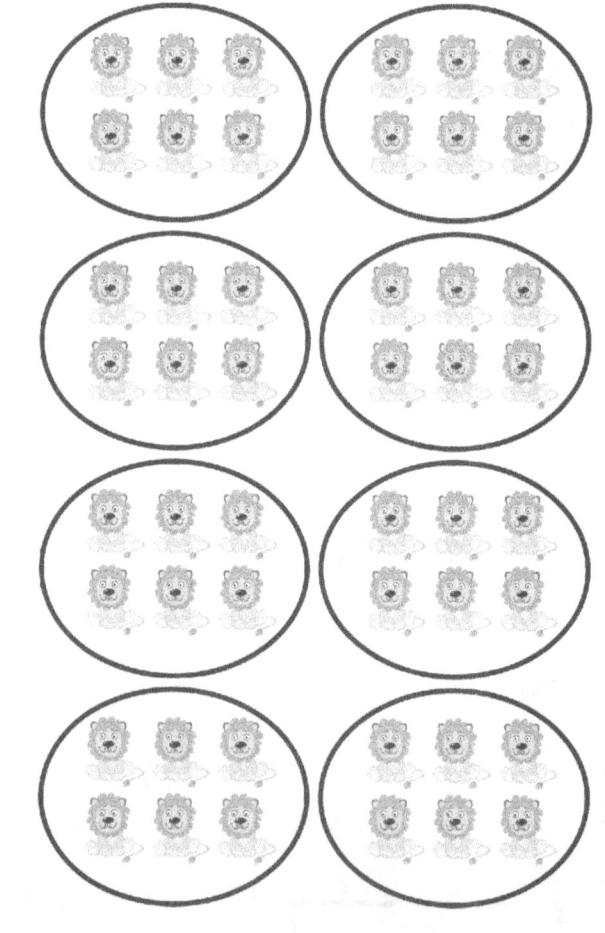

C. $\boxed{48 \div 8 = 6}$

**DIVISION FACTS**

**Division by 8**

7. Lets learn 56 ÷ 8 = 7

A.

B.

C.

$$56 \div 8 = 7$$

# DIVISION FACTS

## Division by 8

8. Let's learn $64 \div 8 = 8$

A.

B.

C. $64 \div 8 = 8$

# DIVISION FACTS

# Division by 8

9. Let's learn $72 \div 8 = 9$

A.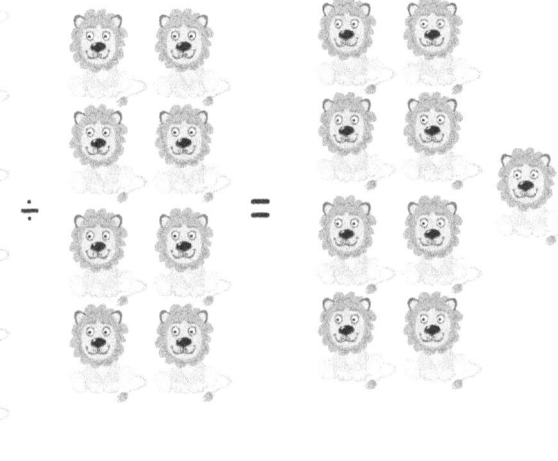

B.

C. $72 \div 8 = 9$

# DIVISION FACTS
## Division by 8

10. Lets learn 80 ÷ 8 = 10

A.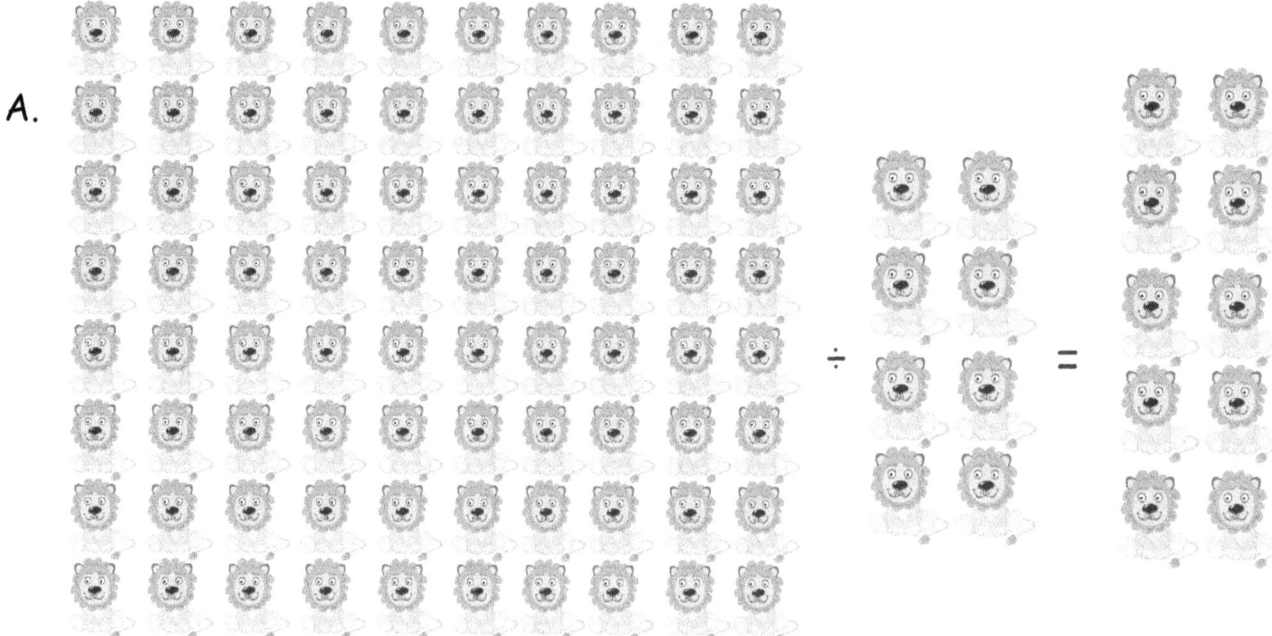

B.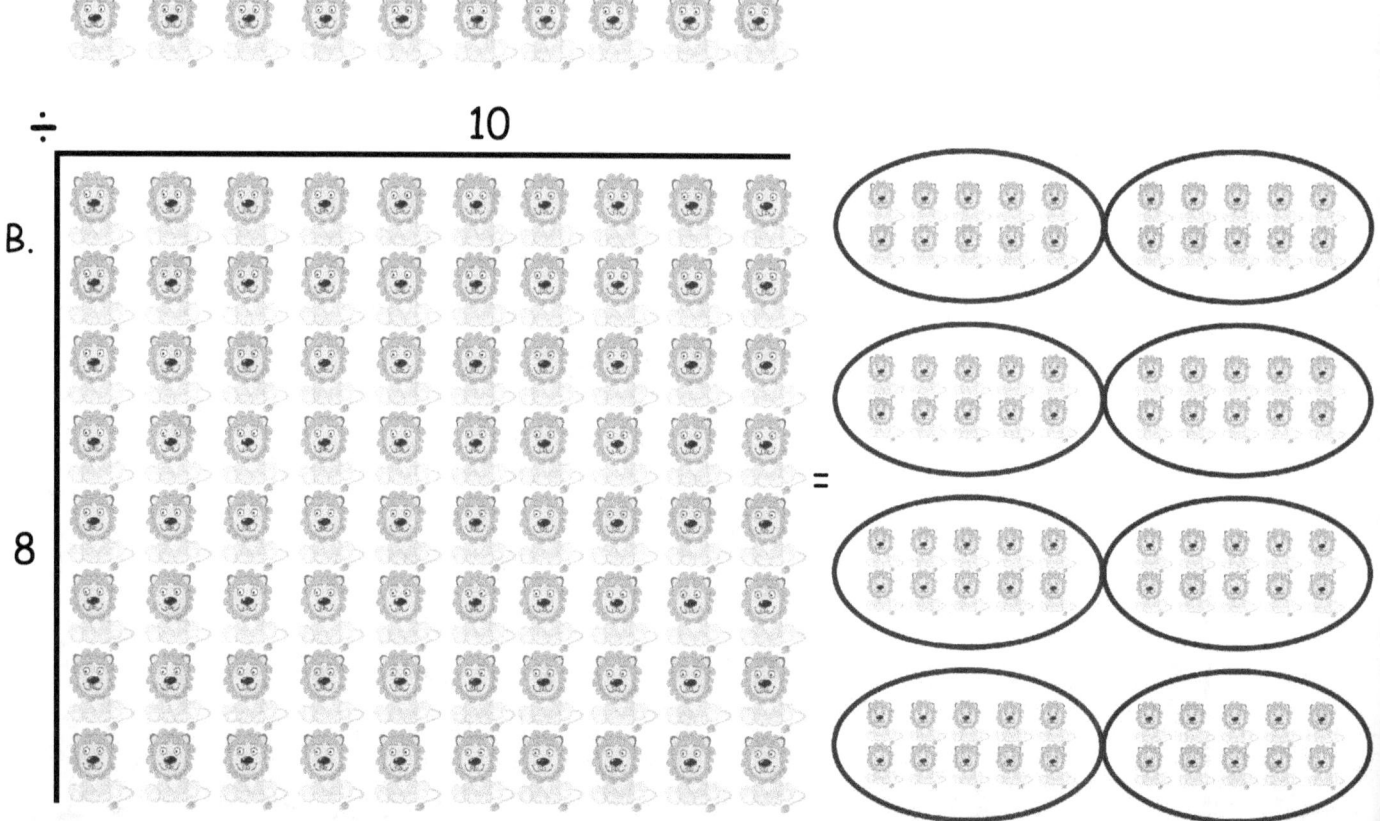

C. $\boxed{80 \div 8 = 10}$

# DIVISION FACTS

## Division by 8

11.  Lets learn 88 ÷ 8 = 11

A.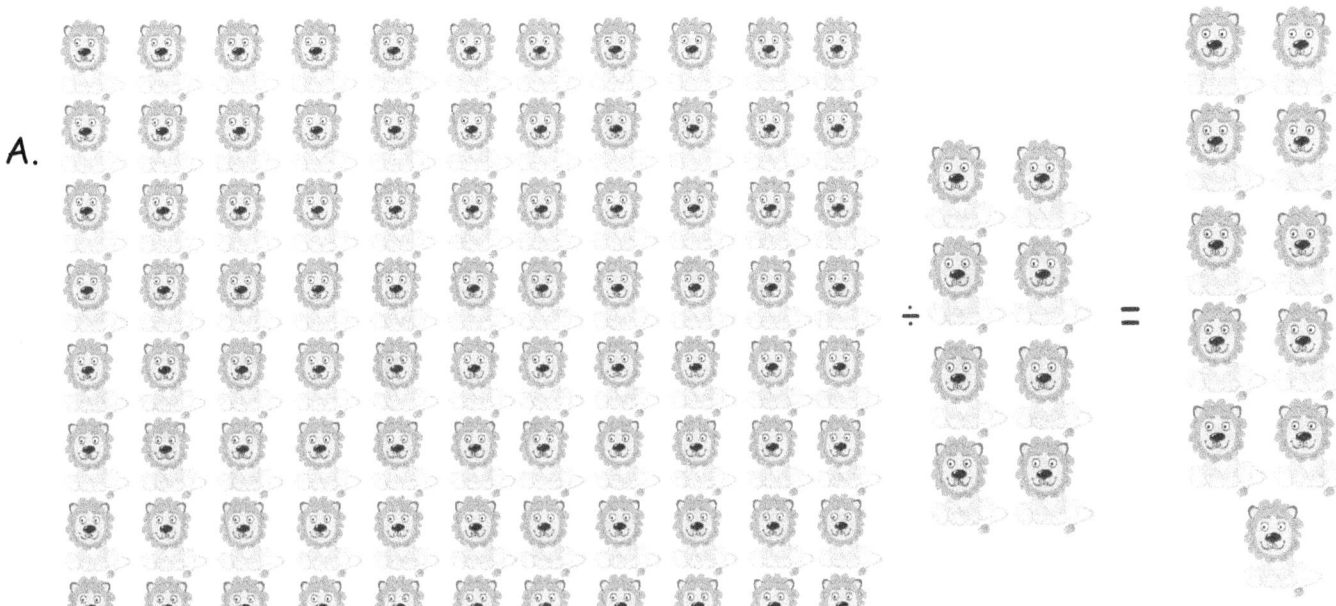

B.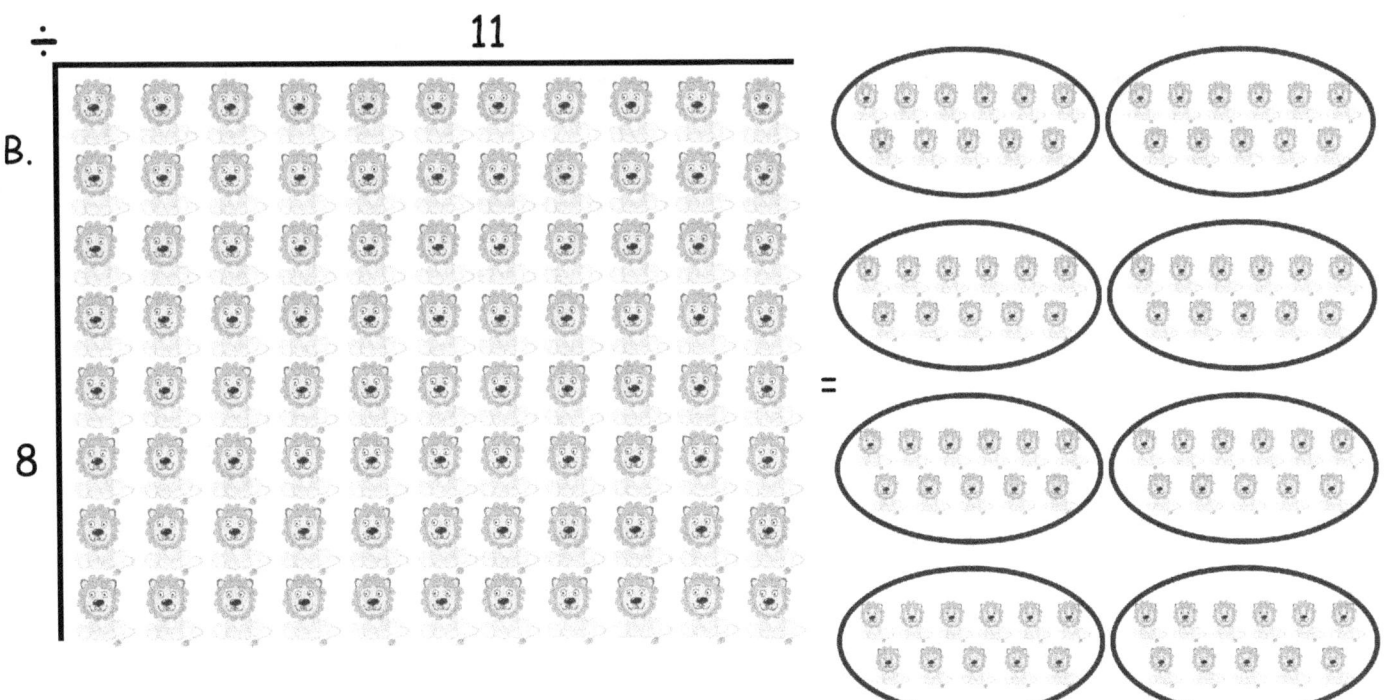

C.  $88 \div 8 = 11$

# DIVISION FACTS

## Division by 8

12. Lets learn 96 ÷ 8 = 12

A.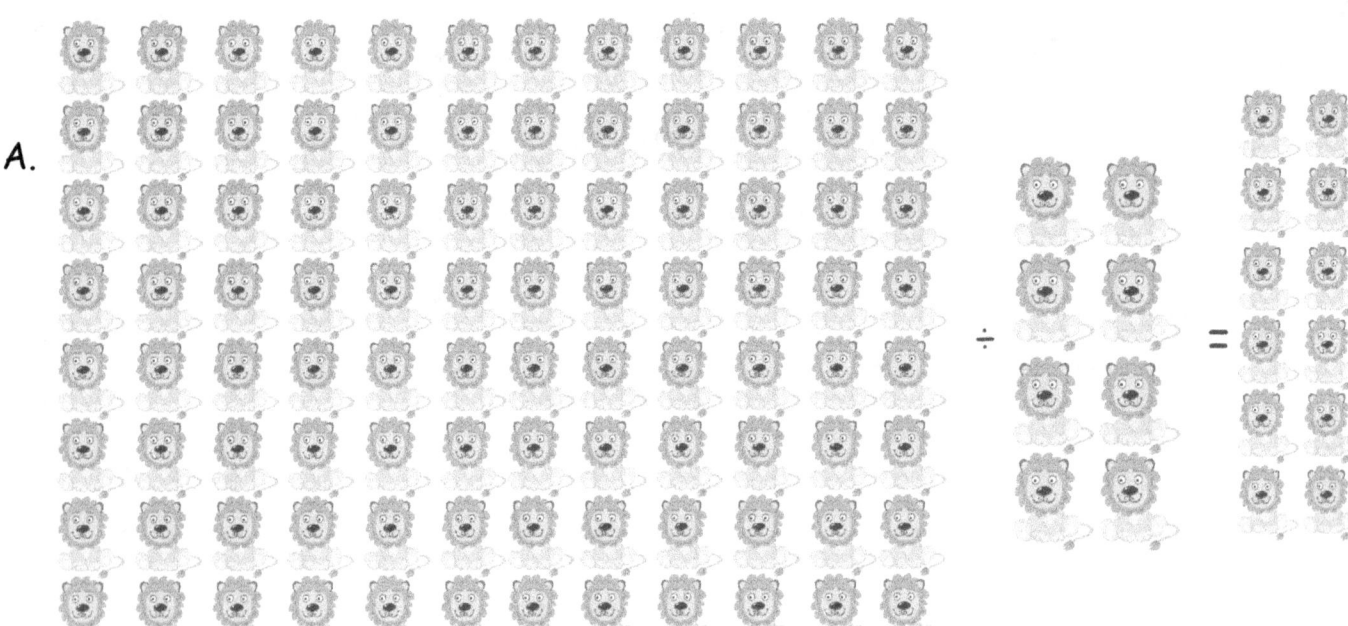

B.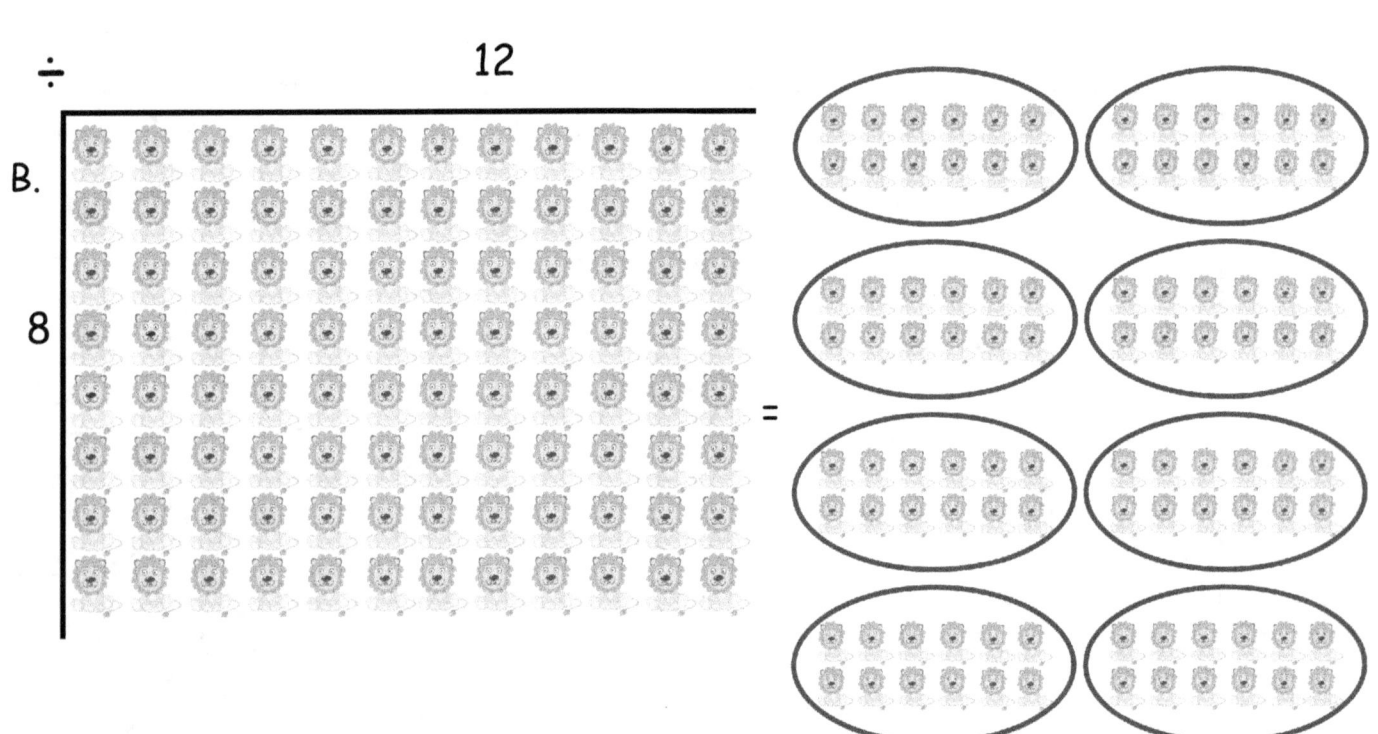

C. $\boxed{96 \div 8 = 12}$

**DIVISION FACTS**

**Division by 8**

# Exercise - 1

(A) 8)8  (F) 8)48  (K) 8)88

(B) 8)16  (G) 8)56  (L) 8)96

(C) 8)24  (H) 8)64  (M) 8)104

(D) 8)32  (I) 8)72  (N) 8)112

(E) 8)40  (J) 8)80  (O) 8)120

# Exercise - 2

| | | |
|---|---|---|
| 1. | 8 ÷ 8 = | _____ |
| 2. | 16 ÷ 8 = | _____ |
| 3. | 24 ÷ 8 = | _____ |
| 4. | 32 ÷ 8 = | _____ |
| 5. | 40 ÷ 8 = | _____ |
| 6. | 48 ÷ 8 = | _____ |
| 7. | 56 ÷ 8 = | _____ |
| 8. | 64 ÷ 8 = | _____ |
| 9. | 72 ÷ 8 = | _____ |
| 10. | 80 ÷ 8 = | _____ |
| 11. | 88 ÷ 8 = | _____ |
| 12. | 96 ÷ 8 = | _____ |

| | | |
|---|---|---|
| 1 × _____ | = | 8 |
| 2 × _____ | = | 16 |
| 3 × _____ | = | 24 |
| 4 × _____ | = | 32 |
| 5 × _____ | = | 40 |
| 6 × _____ | = | 48 |
| 7 × _____ | = | 56 |
| 8 × _____ | = | 64 |
| 9 × _____ | = | 72 |
| 10 × _____ | = | 80 |
| 11 × _____ | = | 88 |
| 12 × _____ | = | 96 |

Did you know division is splitting a number up by any give number.

# Exercise - 3

1. I am a number, I divide myself, into one equal group of 8. What am I ?

   (A)  0                    (B)  1

   (C)  10                   (D)  8

2. I am a number, I divide myself, into eight equal groups of 1. What am I ?

   (A)  1                    (B)  6

   (C)  8                    (D)  16

3. I am a number, I divide myself, into eight equal groups of 2. What am I ?

   (A)  16                   (B)  0

   (C)  8                    (D)  2

4. I am a number, I divide myself, into eight equal groups of 3. What am I ?

   (A)  8                    (B)  16

   (C)  18                   (D)  24

5. I am a number, I divide myself, into eight equal groups of 4. What am I ?

   (A)  16                   (B)  32

   (C)  8                    (D)  4

**DIVISION FACTS**

**Division by 8**

6. I am a number, I divide myself, into eight equal groups of 5. What am I?

    (A) 5      (B) 8

    (C) 32      (D) 40

7. I am a number, I divide myself, into eight equal groups of 6. What am I?

    (A) 48      (B) 6

    (C) 24      (D) 8

8. I am a number, I divide myself, into eight equal groups of 7. What am I?

    (A) 8      (B) 24

    (C) 56      (D) 7

9. I am a number, I divide myself, into eight equal groups of 8. What am I?

    (A) 18      (B) 8

    (C) 64      (D) 48

10. I am a number, I divide myself, into eight equal groups of 9. What am I?

    (A) 36      (B) 9

    (C) 28      (D) 72

| DIVISION FACTS | Division by 8 |

11. I am a number, I divide myself, into eight equal groups of 10. What am I?

   (A)  80               (B)  60

   (C)  24               (D)  36

12. I am a number, I divide myself, into eight equal groups of 11. What am I?

   (A)  66               (B)  48

   (C)  11               (D)  88

13. I am a number, I divide myself, into eight equal groups of 12. What am I?

   (A)  12               (B)  96

   (C)  72               (D)  60

14. I am a number, I divide myself, into eight equal groups of 13. What am I?

   (A)  13               (B)  104

   (C)  65               (D)  78

15. I am a number, I divide myself, into eight equal groups of 14. What am I?

   (A)  36               (B)  14

   (C)  112              (D)  70

# Exercise - 4

Solve the maze run below.

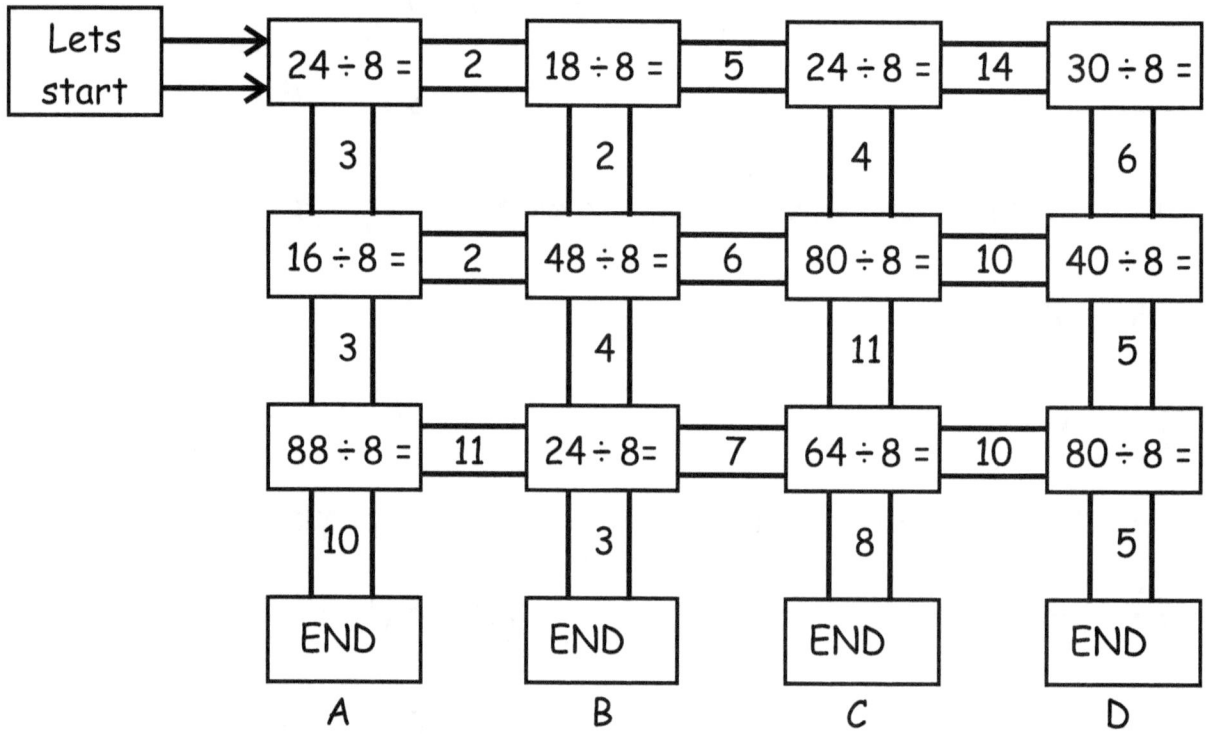

Who won the race? _____

# Exercise - 5

1. 8 ÷ ☐ = 1   then   ☐ = _____
2. 16 ÷ ☐ = 8   then   ☐ = _____
3. 24 ÷ ☐ = 8   then   ☐ = _____
4. 32 ÷ ☐ = 8   then   ☐ = _____
5. 40 ÷ ☐ = 8   then   ☐ = _____
6. 48 ÷ ☐ = 8   then   ☐ = _____
7. 56 ÷ ☐ = 8   then   ☐ = _____
8. 64 ÷ ☐ = 8   then   ☐ = _____
9. 72 ÷ ☐ = 8   then   ☐ = _____
10. 80 ÷ ☐ = 8   then   ☐ = _____
11. 88 ÷ ☐ = 8   then   ☐ = _____
12. 96 ÷ ☐ = 8   then   ☐ = _____

Hey you are an expert of division facts of #8 !!!

# DIVISION FACTS

## Division by 9

Division is opposite of Multiplication.
Division is splitting into equal parts or groups or equal sharing or equal partitioning.

**Dividend:** The dividend is the number that is being divided in the division process.

**Divisor:** The number by which dividend is being divided by is called divisor.

**Quotient:** A quotient is a result obtained in division process.

$$18 \div 9 = 2$$

Dividend. Divisor. Quotient

Let's learn division facts for #9

# DIVISION FACTS

## Division by 9

1. Lets learn 9 ÷ 1 = 9

A.

B. (diagram showing 9 balls ÷ 1 = 9 balls grouped together)

C. **9 ÷ 1 = 9**

# DIVISION FACTS

## Division by 9

2. Lets learn 18 ÷ 9 = 2

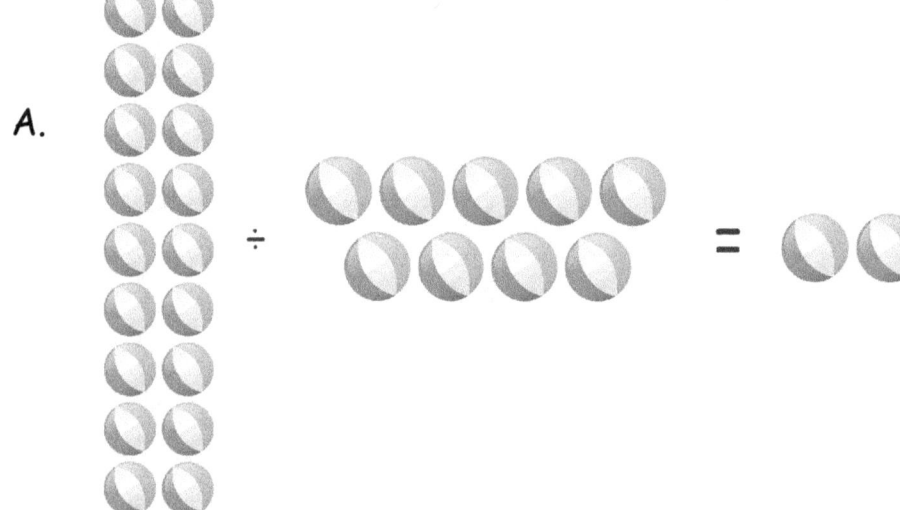

A.

B.

C. $\boxed{18 \div 9 = 2}$

**DIVISION FACTS**

**Division by 9**

3. Lets learn 27 ÷ 9 = 3

A.

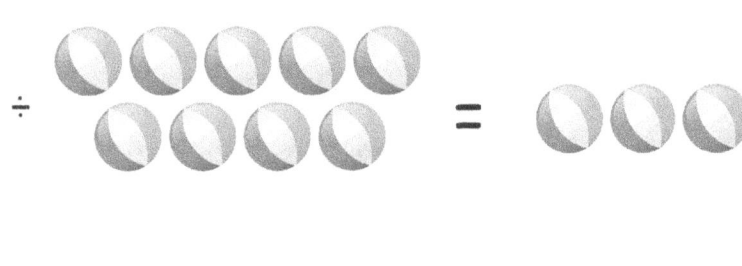

B.

$\div$ 3

9

=

C.

| 27 ÷ 9 = 3 |

# DIVISION FACTS

## Division by 9

4. Lets learn 36 ÷ 9 = 4

A.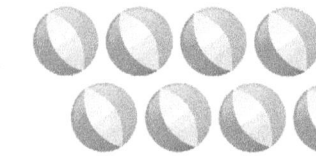

B. 

C. 36 ÷ 9 = 4

# DIVISION FACTS

## Division by 9

5. Lets learn $45 \div 9 = 5$

A.

B. 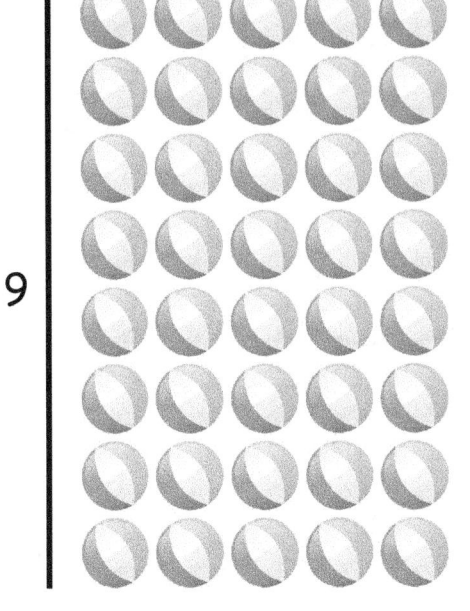 =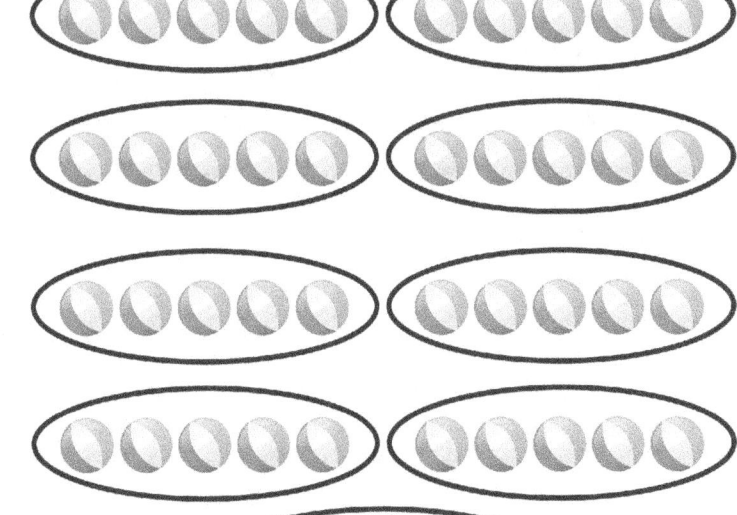

C. $\boxed{45 \div 9 = 5}$

# DIVISION FACTS

# Division by 9

6. Lets learn 54 ÷ 9 = 6

A.

B.

C.  $\boxed{54 \div 9 = 6}$

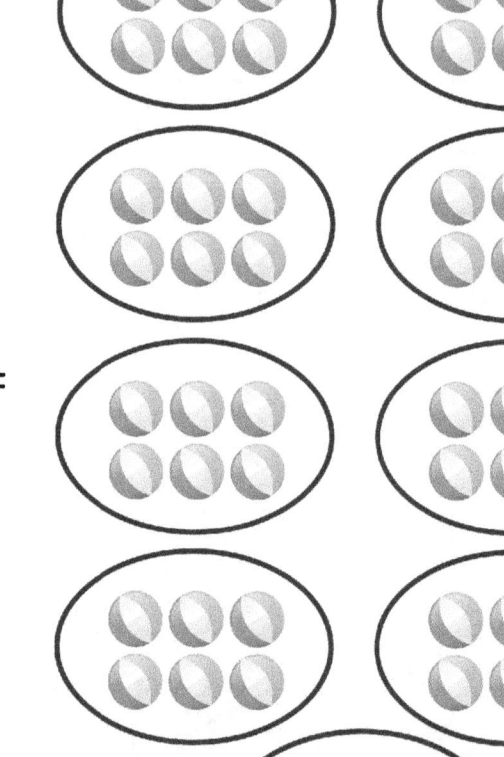

# DIVISION FACTS

## Division by 9

7. Lets learn 63 ÷ 9 = 7

A.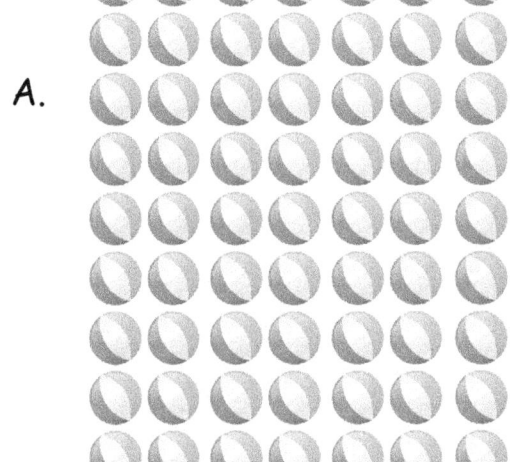

B. 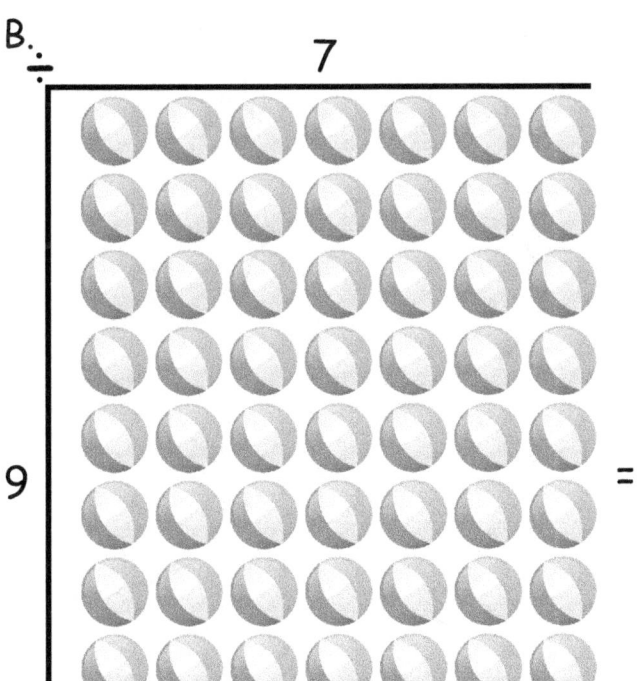 =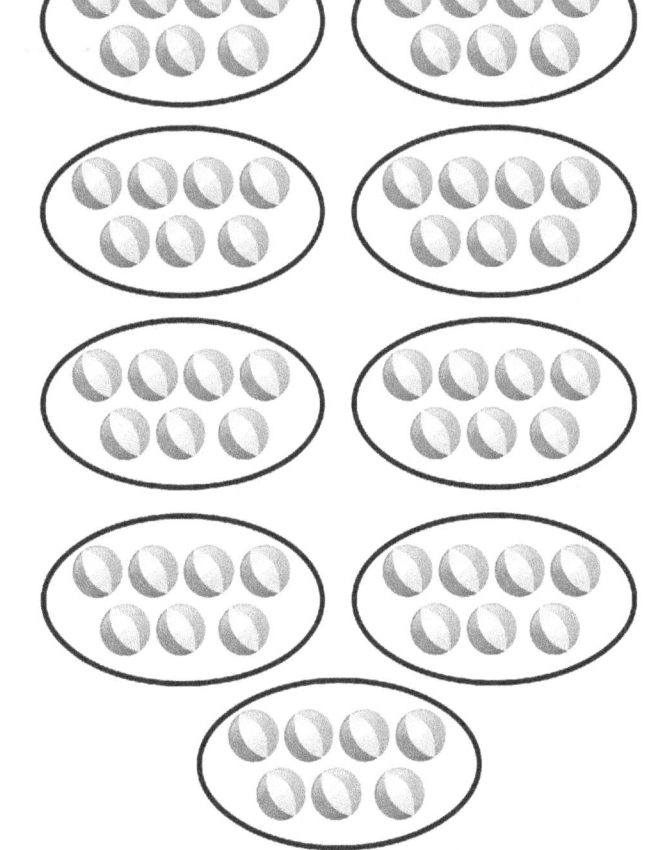

C. $\boxed{9 \div 7 = 63}$

# DIVISION FACTS

## Division by 9

8.  Lets learn 72 ÷ 9 = 8

A.  ÷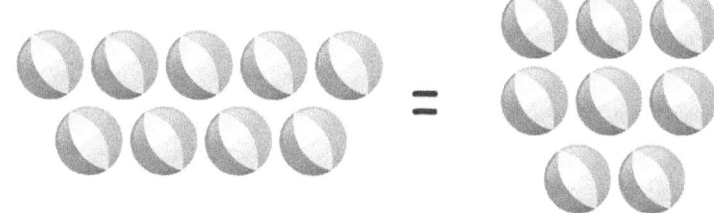

B.
÷ 8
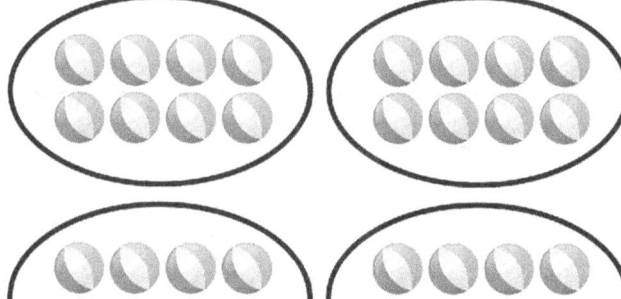
9
=

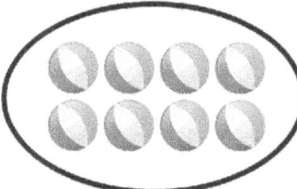

C.  $72 \div 9 = 8$

**DIVISION FACTS**

**Division by 9**

9. Lets learn 81 ÷ 9 = 9

A.

B.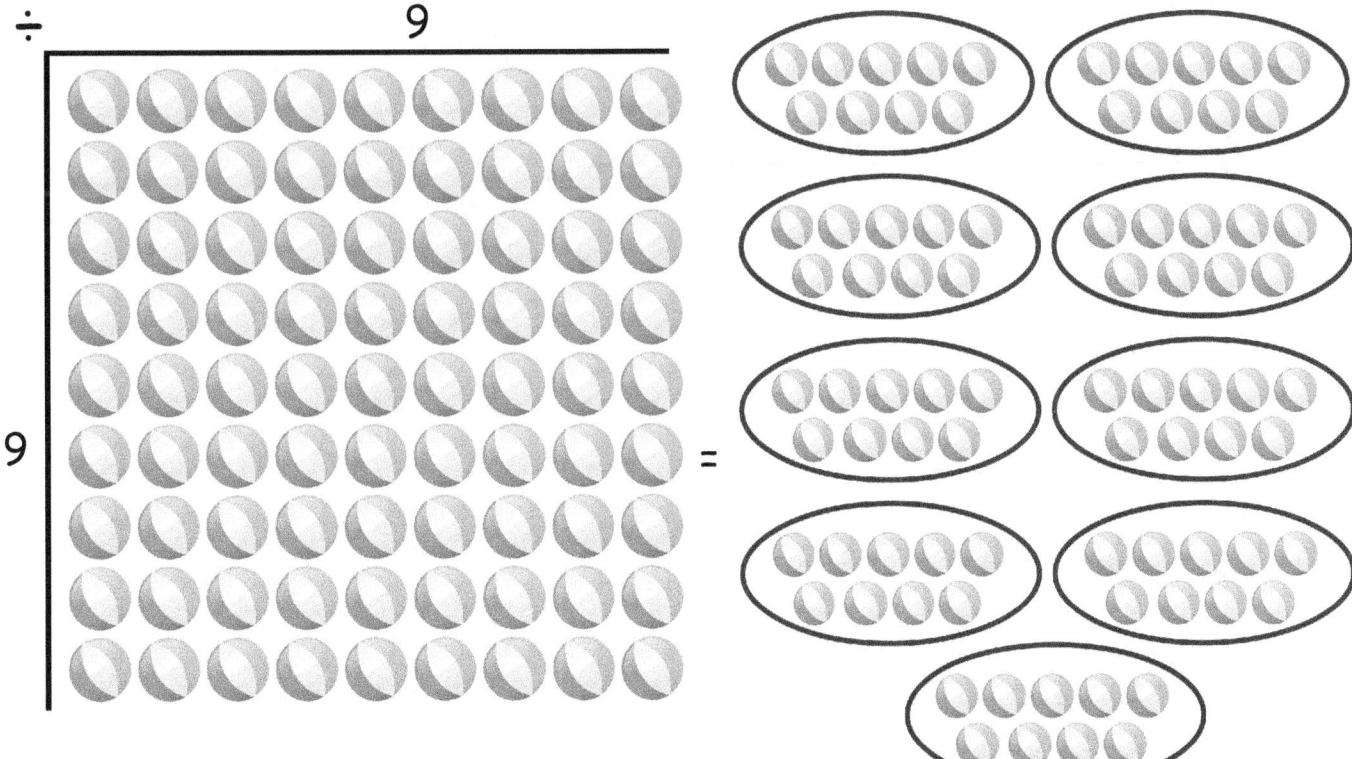

C. $\boxed{81 \div 9 = 9}$

# DIVISION FACTS

## Division by 9

10. Let's learn $90 \div 9 = 10$

A.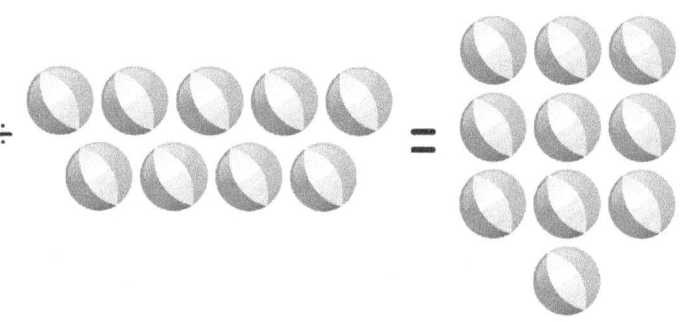

B.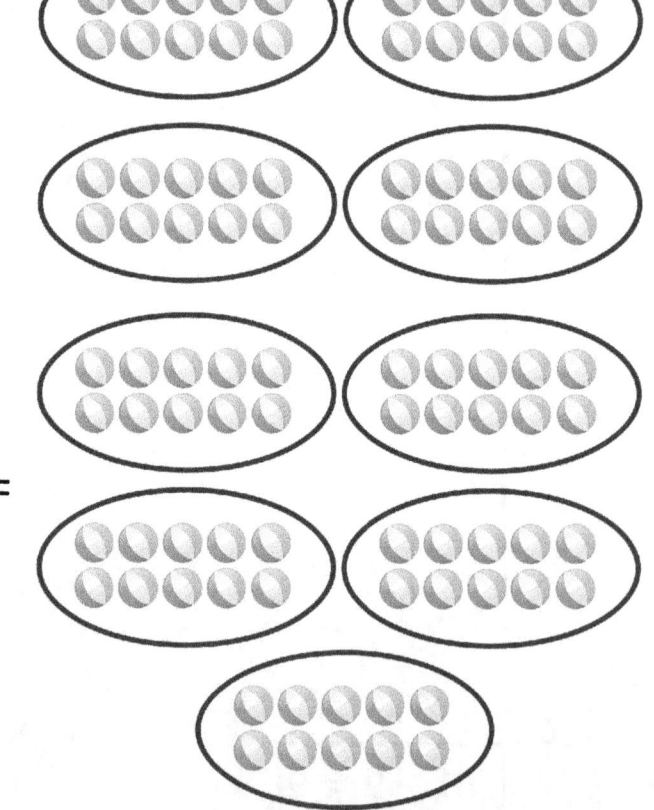

C. $\boxed{90 \div 9 = 10}$

# DIVISION FACTS

## Division by 9

11. Lets learn 99 ÷ 9 = 11

A.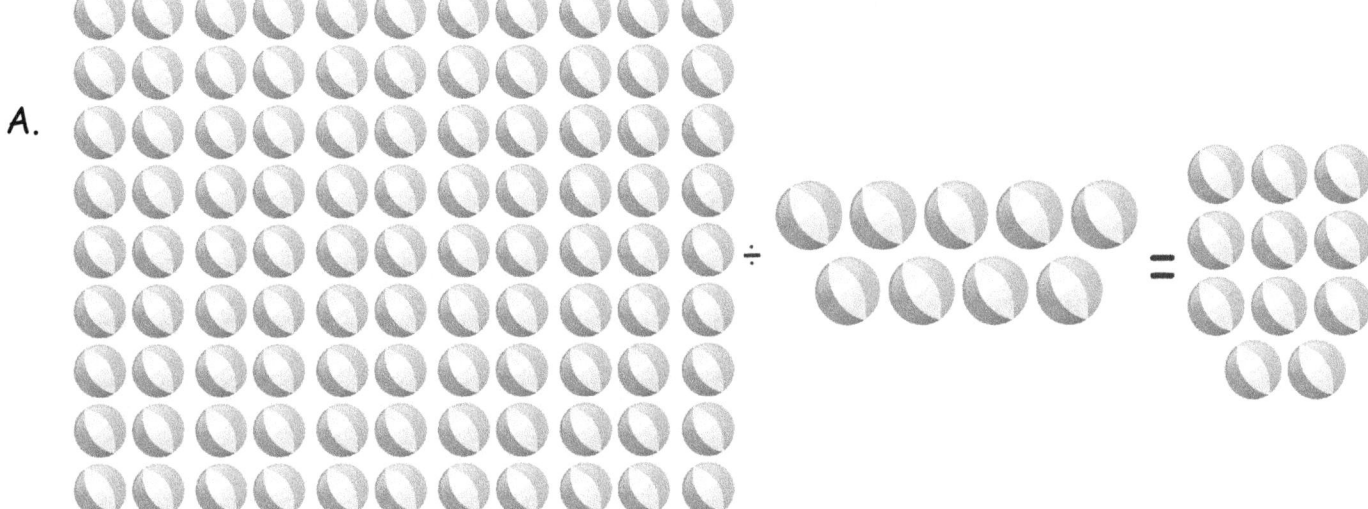

B.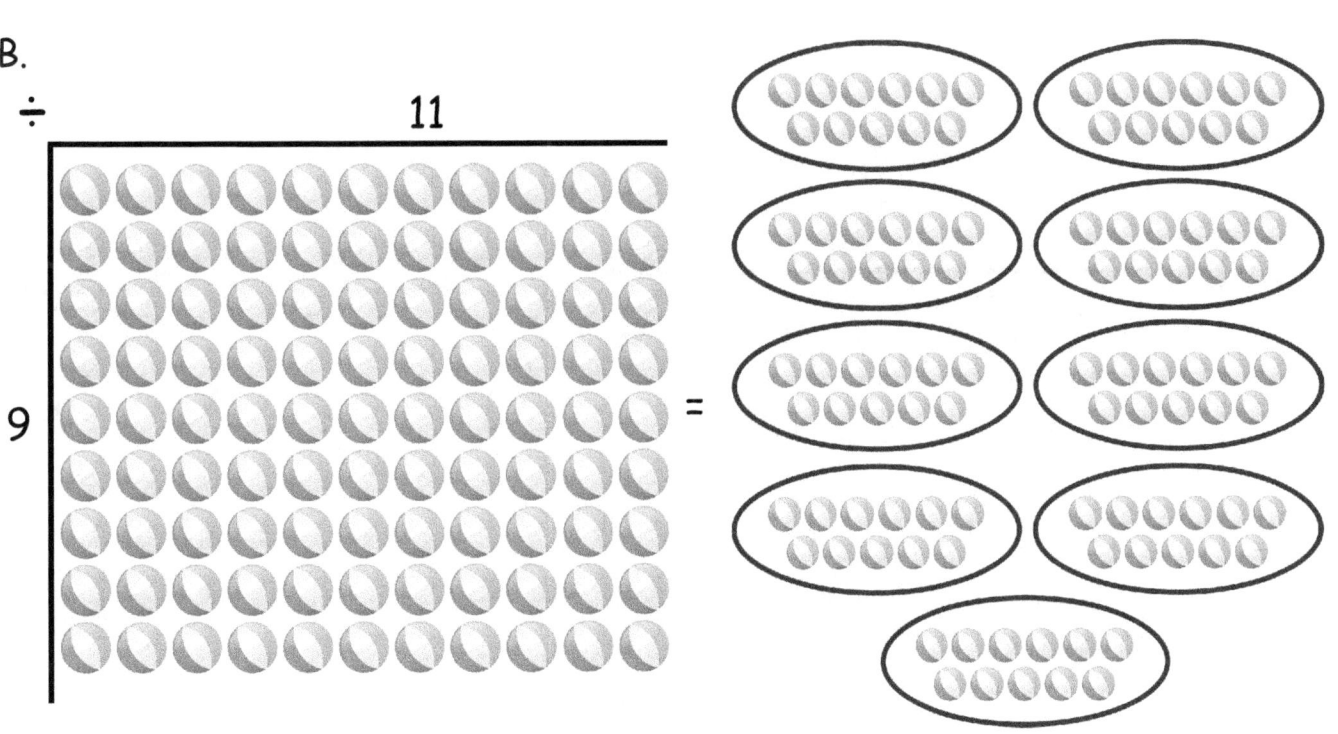

C. $\boxed{99 \div 9 = 11}$

# DIVISION FACTS

## Division by 9

12. Lets learn 108 ÷ 9 = 12

A.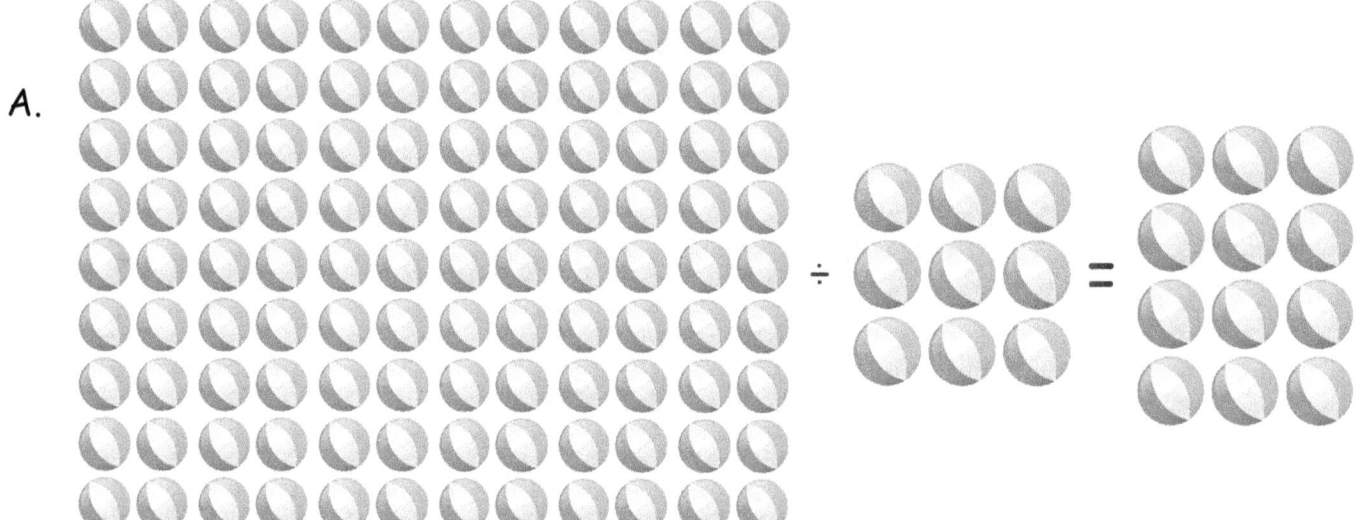

B.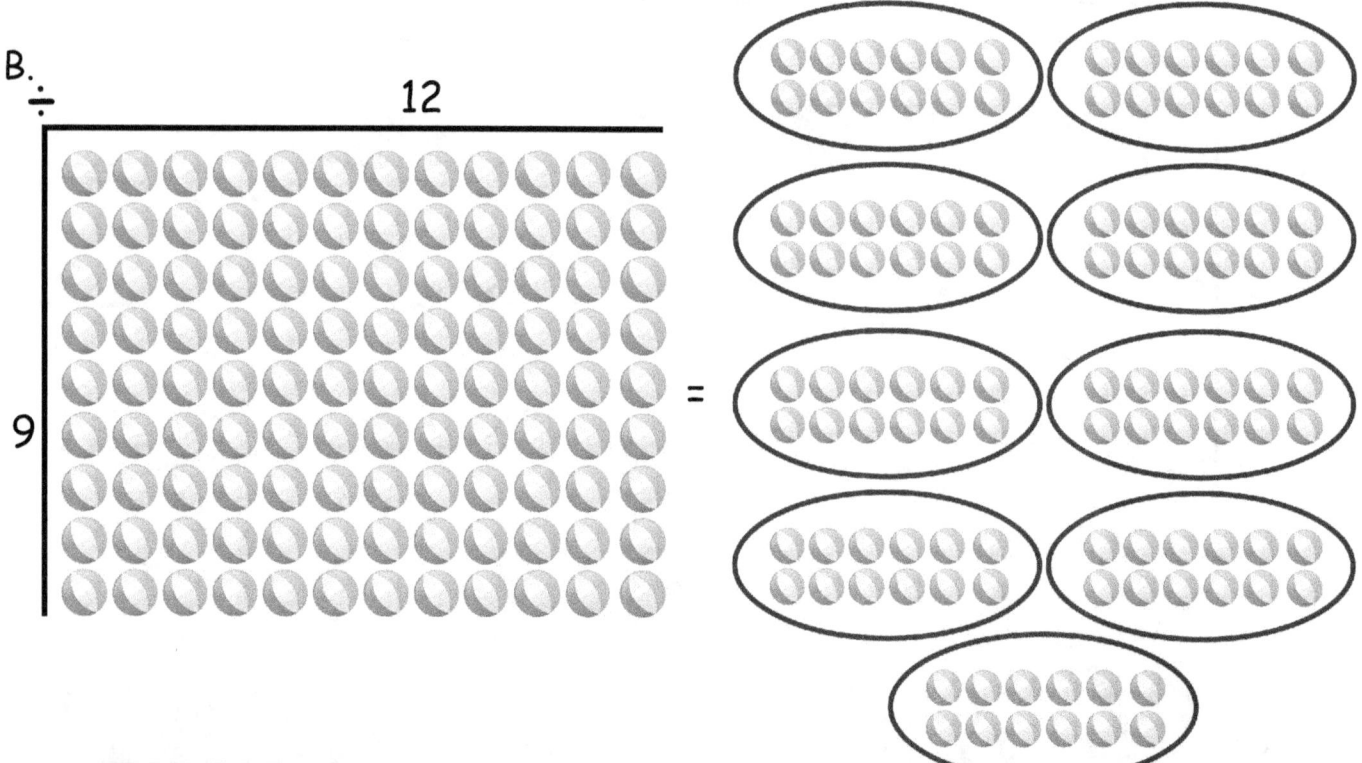

C. $\boxed{108 \div 9 = 12}$

# Exercise - 1

(A) 9)9    (F) 9)54   (K) 9)99

(B) 9)18   (G) 9)63   (L) 9)108

(C) 9)27   (H) 9)72   (M) 9)117

(D) 9)36   (I) 9)81   (N) 9)126

(E) 9)45   (J) 9)90   (O) 9)135

# Exercise - 2

| | | |
|---|---|---|
| 1. | 9 ÷ 9 = | _____ |
| 2. | 18 ÷ 9 = | _____ |
| 3. | 27 ÷ 9 = | _____ |
| 4. | 36 ÷ 9 = | _____ |
| 5. | 45 ÷ 9 = | _____ |
| 6. | 54 ÷ 9 = | _____ |
| 7. | 63 ÷ 9 = | _____ |
| 8. | 72 ÷ 9 = | _____ |
| 9. | 81 ÷ 9 = | _____ |
| 10. | 90 ÷ 9 = | _____ |
| 11. | 99 ÷ 9 = | _____ |
| 12. | 108 ÷ 9 = | _____ |

| | | |
|---|---|---|
| 1 | × \_\_\_\_ = | 9 |
| 2 | × \_\_\_\_ = | 18 |
| 3 | × \_\_\_\_ = | 27 |
| 4 | × \_\_\_\_ = | 36 |
| 5 | × \_\_\_\_ = | 45 |
| 6 | × \_\_\_\_ = | 54 |
| 7 | × \_\_\_\_ = | 63 |
| 8 | × \_\_\_\_ = | 72 |
| 9 | × \_\_\_\_ = | 81 |
| 10 | × \_\_\_\_ = | 90 |
| 11 | × \_\_\_\_ = | 99 |
| 12 | × \_\_\_\_ = | 108 |

Did you know division is splitting a number up by any give number.

# DIVISION FACTS

## Division by 9

  **Exercise - 3**

1. I am a number, I divide myself, into one equal group of 9. What am I ?

   (A)  9           (B)  10

   (C)  1           (D)  18

2. I am a number, I divide myself, into nine equal group of 1. What am I ?

   (A)  1           (B)  27

   (C)  0           (D)  9

3. I am a number, I divide myself, into nine equal group of 2. What am I ?

   (A)  18          (B)  15

   (C)  9           (D)  2

4. I am a number, I divide myself, into nine equal group of 3. What am I ?

   (A)  21          (B)  3

   (C)  27          (D)  18

5. I am a number, I divide myself, into nine equal group of 4. What am I ?

   (A)  27          (B)  63

   (C)  36          (D)  45

**DIVISION FACTS**

**Division by 9**

6. I am a number, I divide myself, into nine equal group of 5. What am I?

   (A) 18  (B) 45

   (C) 36  (D) 5

7. I am a number, I divide myself, into nine equal group of 6. What am I?

   (A) 19  (B) 27

   (C) 54  (D) 6

8. I am a number, I divide myself, into nine equal group of 7. What am I?

   (A) 45  (B) 72

   (C) 63  (D) 7

9. I am a number, I divide myself, into nine equal group of 8. What am I?

   (A) 72  (B) 54

   (C) 45  (D) 8

10. I am a number, I divide myself, into nine equal group of 9. What am I?

    (A) 9   (B) 45

    (C) 81  (D) 36

# DIVISION FACTS

**Division by 9**

11. I am a number, I divide myself, into nine equal group of 10. What am I?

    (A) 10  (B) 50

    (C) 54  (D) 90

12. I am a number, I divide myself, into nine equal group of 11. What am I?

    (A) 45  (B) 99

    (C) 11  (D) 33

13. I am a number, I divide myself, into nine equal group of 12. What am I?

    (A) 108  (B) 60

    (C) 91   (D) 12

14. I am a number, I divide myself, into nine equal group of 13. What am I?

    (A) 117  (B) 21

    (C) 13   (D) 63

15. I am a number, I divide myself, into nine equal group of 14. What am I?

    (A) 70   (B) 14

    (C) 108  (D) 126

# Exercise - 4

Solve the maze run below.

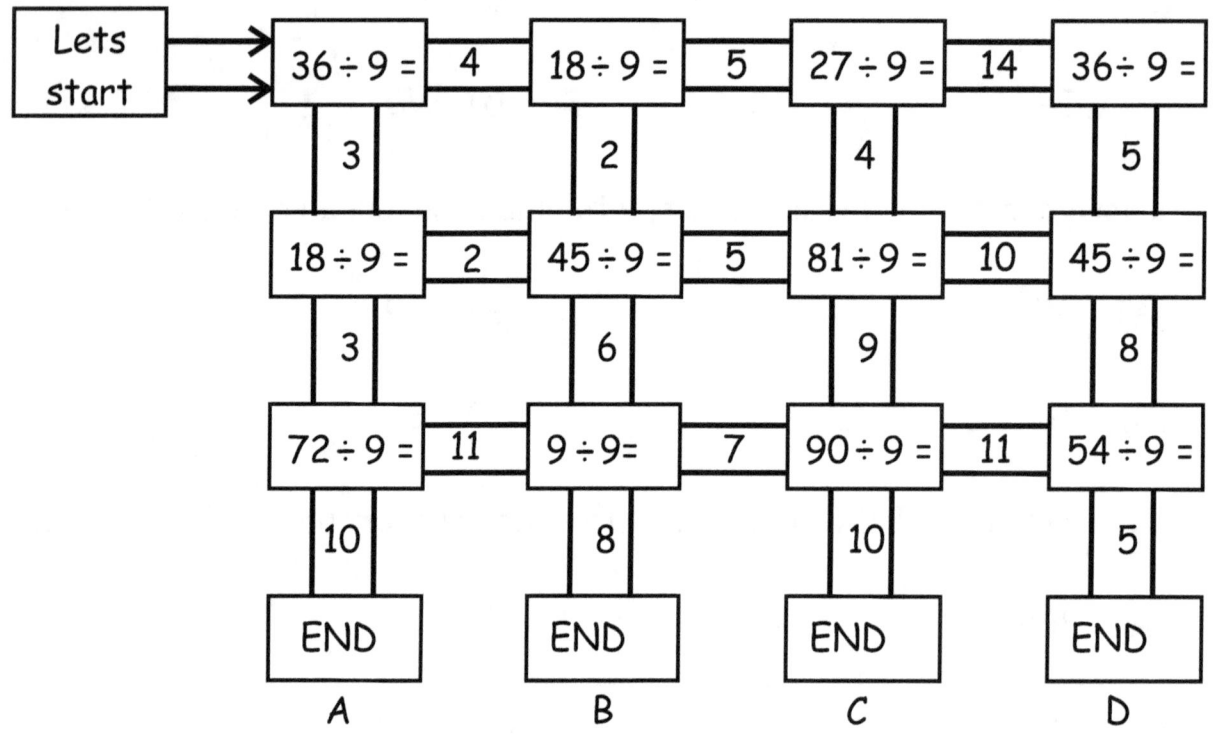

Who won the race? _____

# Exercise - 5

1. 9 ÷ ☐ = 1   then   ☐ = _____

2. 18 ÷ ☐ = 9   then   ☐ = _____

3. 27 ÷ ☐ = 9   then   ☐ = _____

4. 36 ÷ ☐ = 9   then   ☐ = _____

5. 45 ÷ ☐ = 9   then   ☐ = _____

6. 54 ÷ ☐ = 9   then   ☐ = _____

7. 63 ÷ ☐ = 9   then   ☐ = _____

8. 72 ÷ ☐ = 9   then   ☐ = _____

9. 81 ÷ ☐ = 9   then   ☐ = _____

10. 90 ÷ ☐ = 9   then   ☐ = _____

11. 99 ÷ ☐ = 9   then   ☐ = _____

12. 108 ÷ ☐ = 9   then   ☐ = _____

Hey you are an expert of division facts of #9 !!!

# DIVISION FACTS

## Division by 10

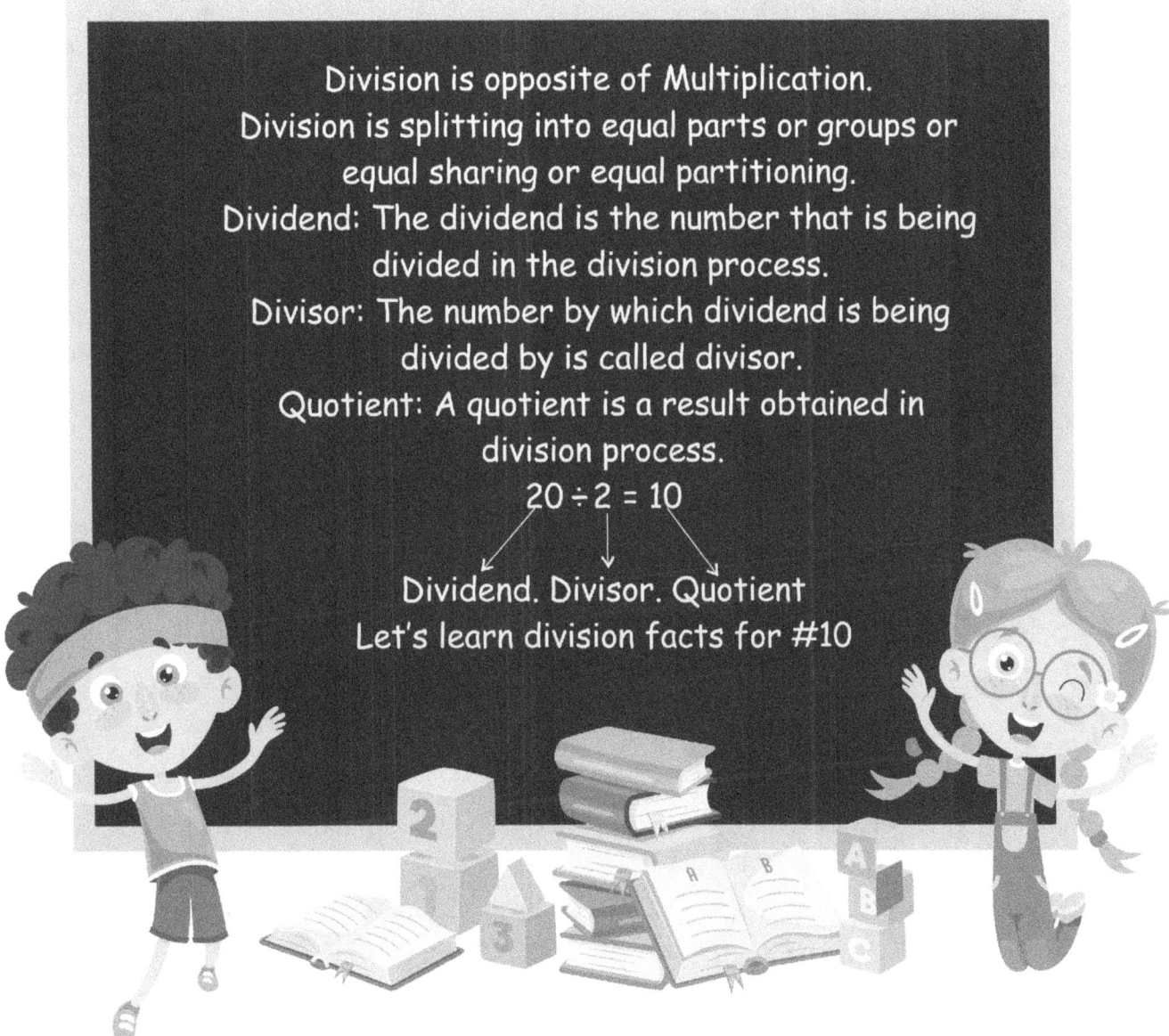

Division is opposite of Multiplication.
Division is splitting into equal parts or groups or equal sharing or equal partitioning.

Dividend: The dividend is the number that is being divided in the division process.

Divisor: The number by which dividend is being divided by is called divisor.

Quotient: A quotient is a result obtained in division process.

$$20 \div 2 = 10$$

Dividend. Divisor. Quotient

Let's learn division facts for #10

# DIVISION FACTS

## Division by 10

1. Lets learn $10 \div 1 = 10$

A.

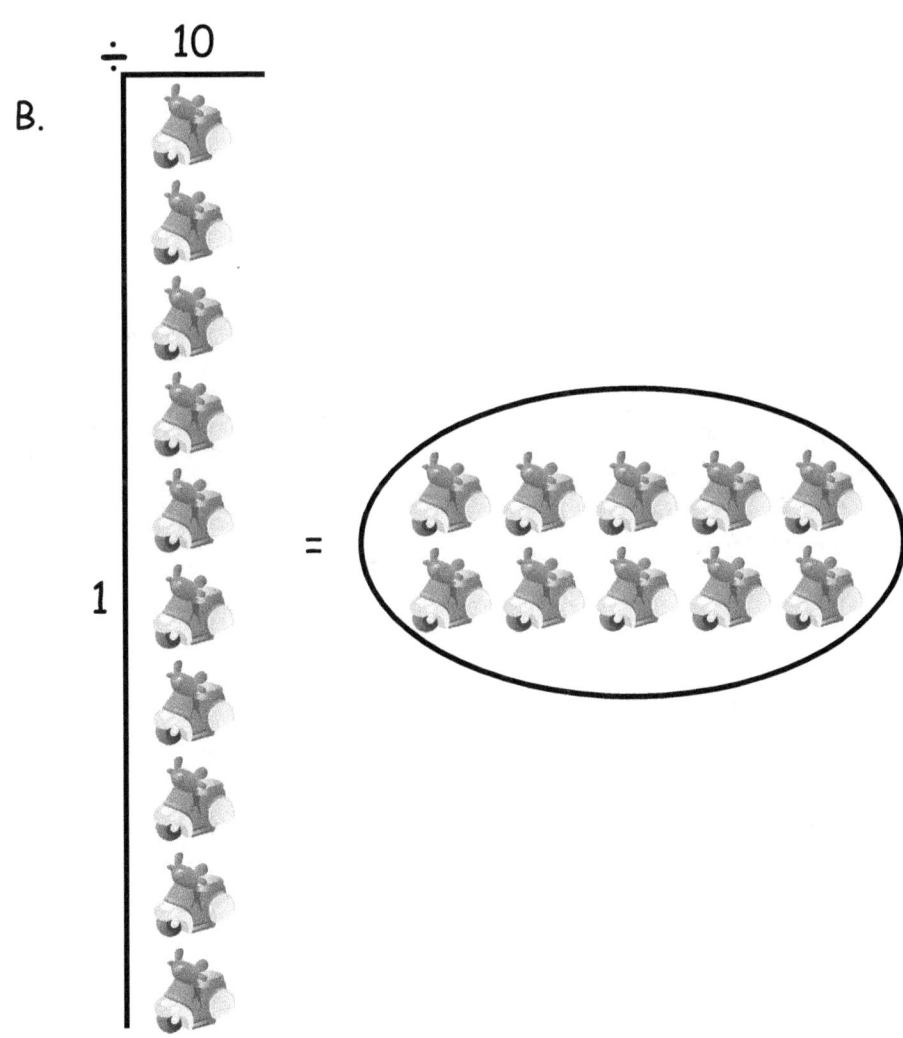

B.

C. $\boxed{10 \div 1 = 10}$

2. Lets learn 20 ÷ 10 = 2

A.

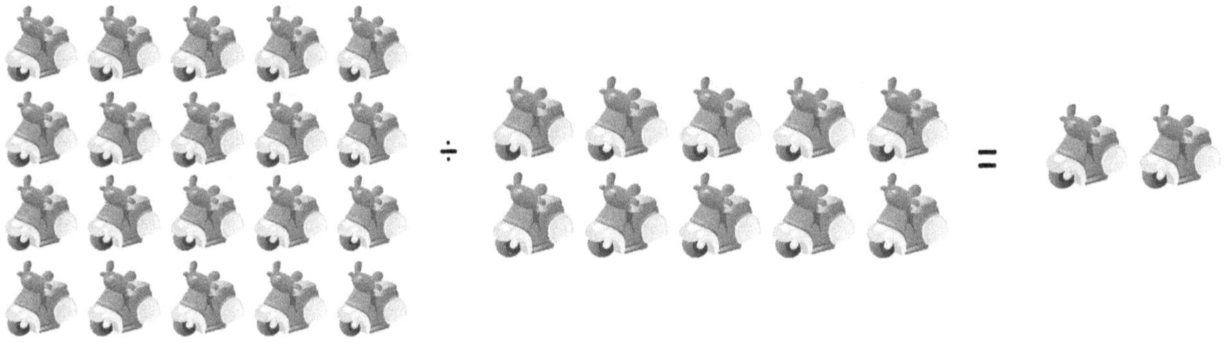


B.

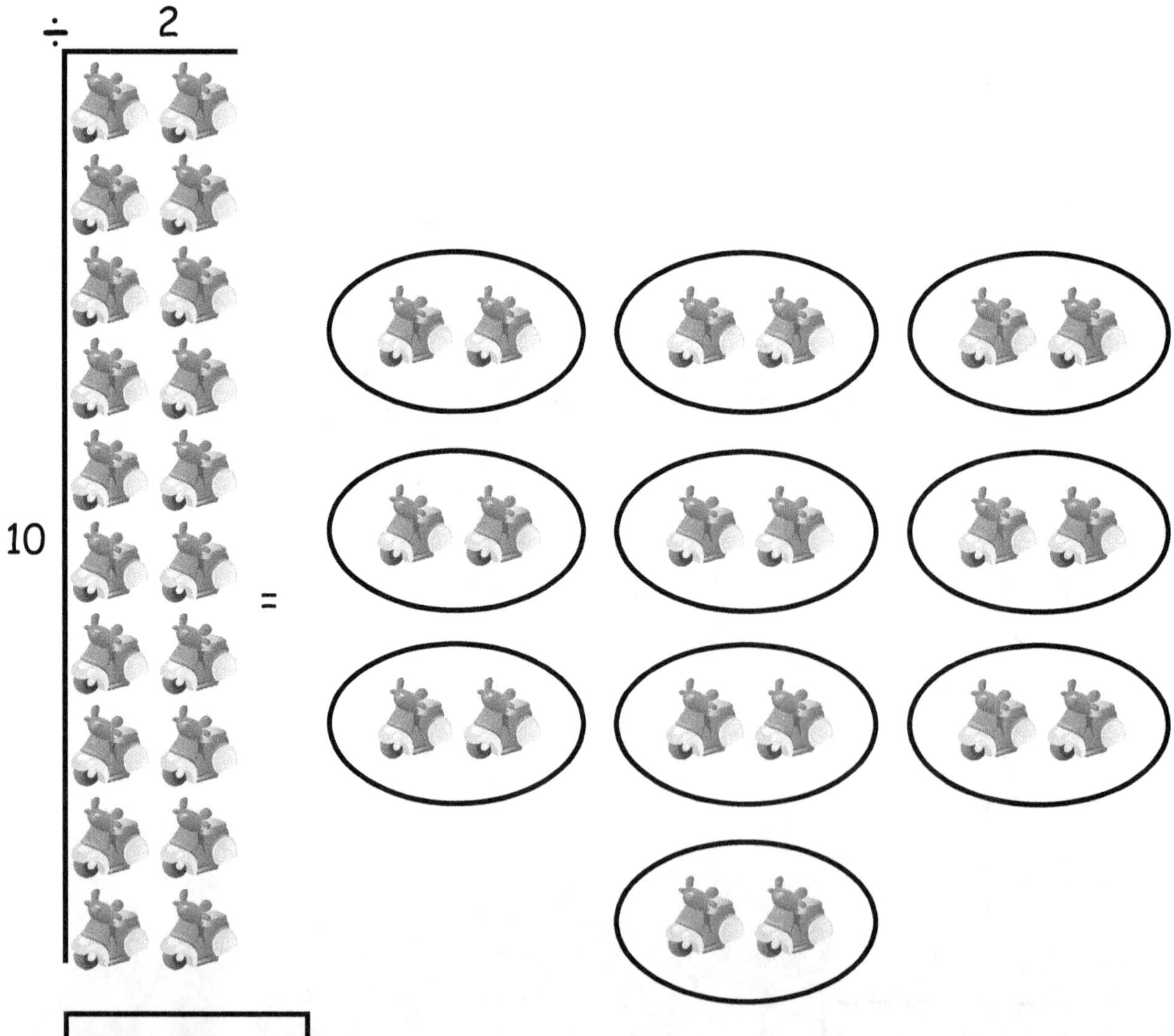


C. **20 ÷ 10 = 2**

# DIVISION FACTS

## Division by 10

3. Lets learn $30 \div 10 = 3$

A.

B.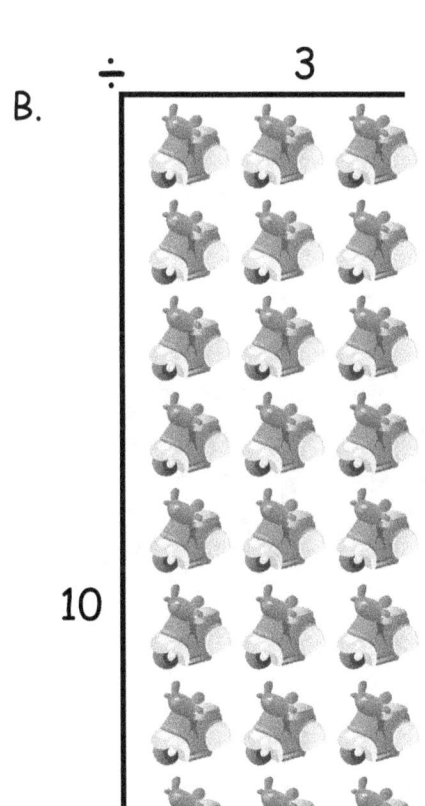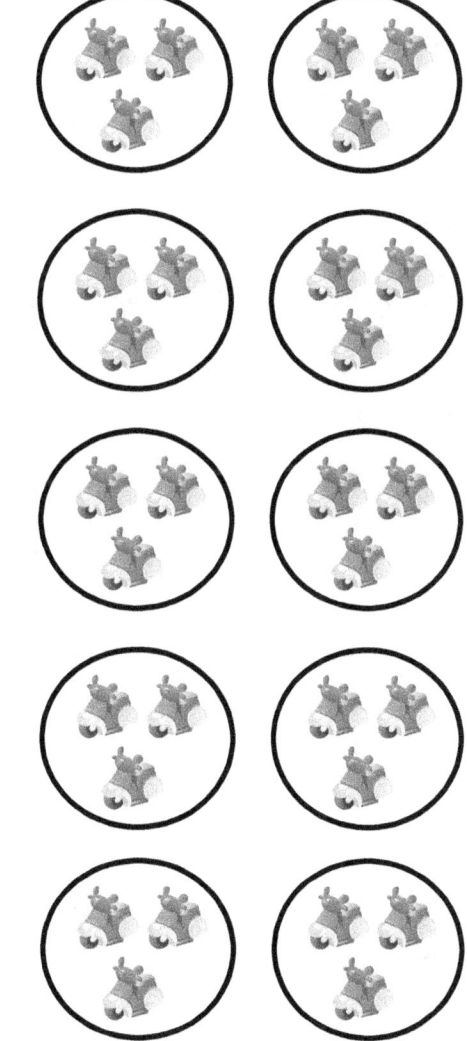

C. $30 \div 10 = 3$

# DIVISION FACTS

## Division by 10

4. Lets learn $40 \div 10 = 4$

A.

B. (diagram showing 10 × 4 array = 10 groups of 4)

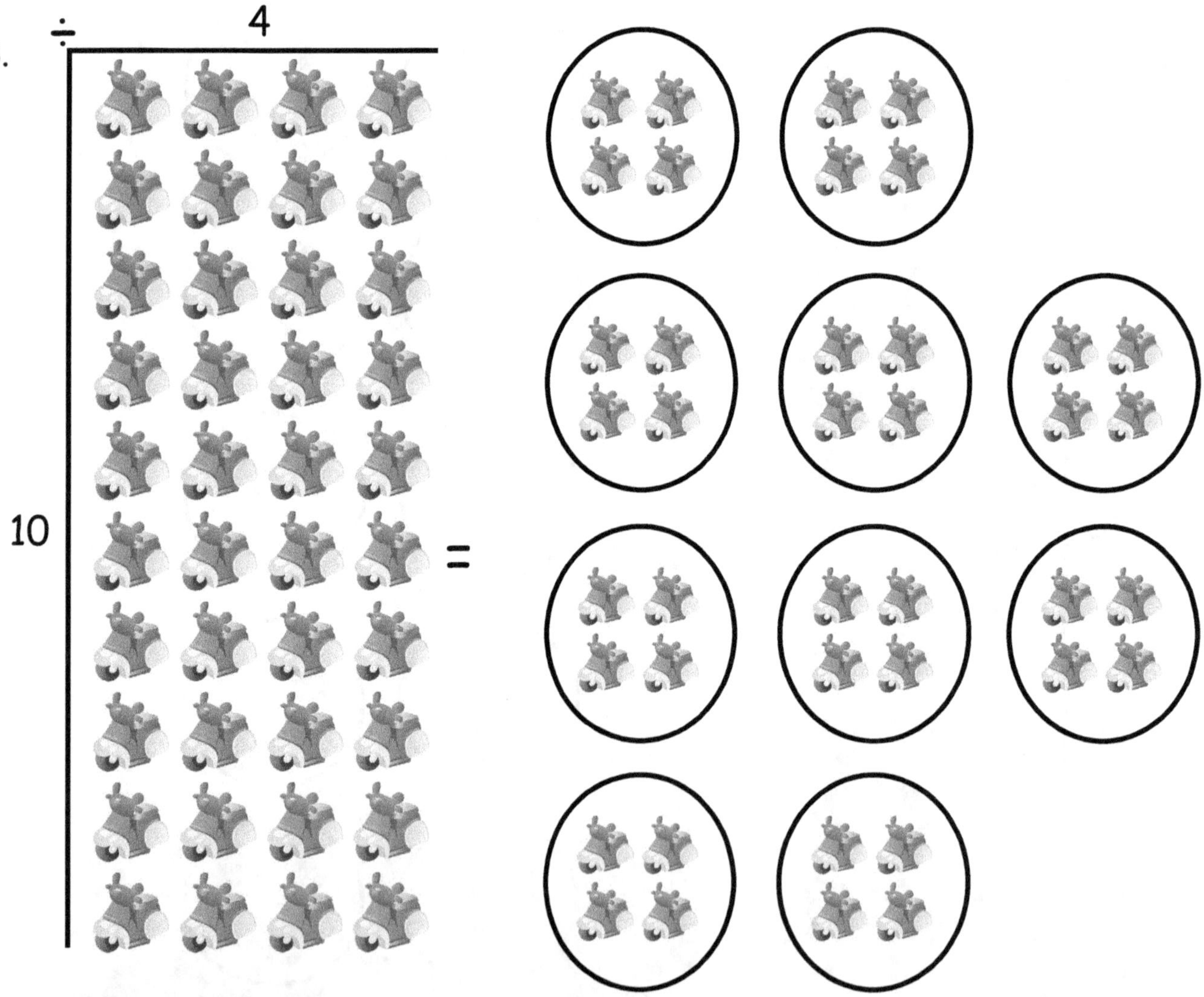

C. $\boxed{40 \div 10 = 4}$

# DIVISION FACTS
## Division by 10

5. Lets learn 50 ÷ 10 = 5

A.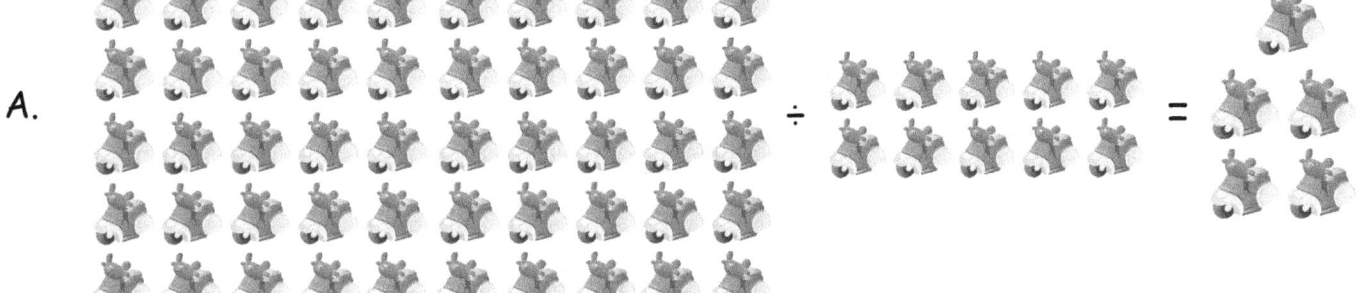

B.

C. 50 ÷ 10 = 5

# DIVISION FACTS

## Division by 10

6. Lets learn $60 \div 10 = 6$

A.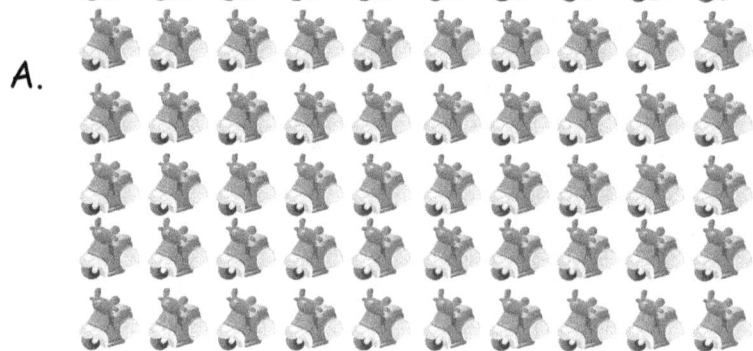

B.

÷ 6

10

=

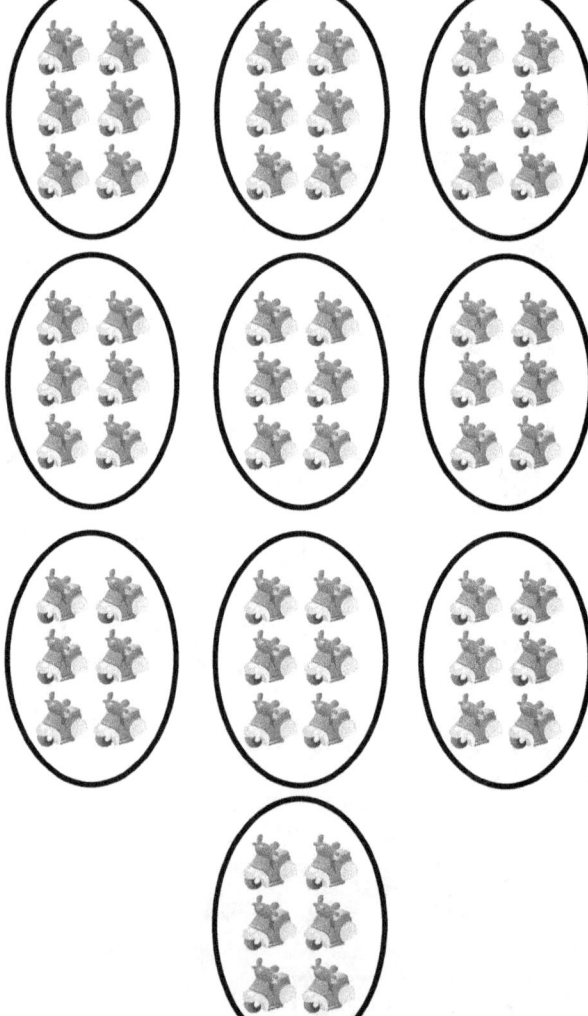

C. $\boxed{60 \div 10 = 6}$

# DIVISION FACTS

## Division by 10

7. Lets learn 70 ÷ 10 = 7

A.

B.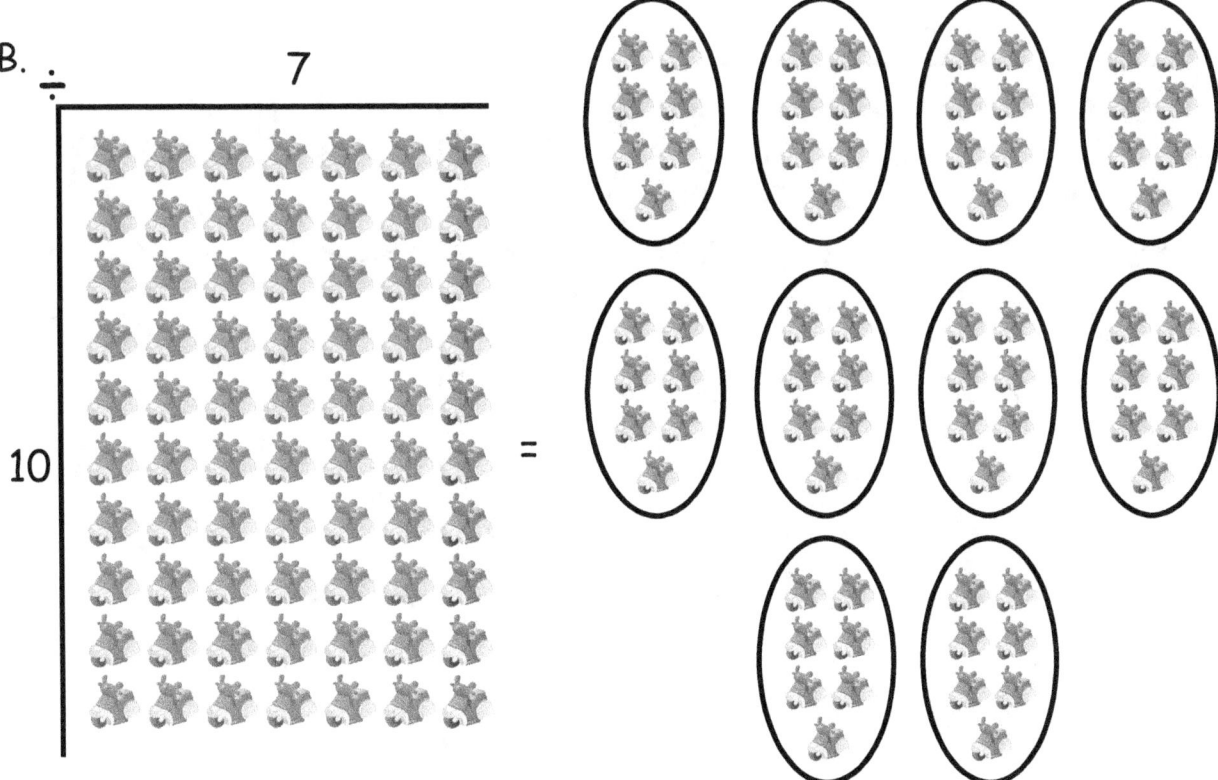

C. $\boxed{70 \div 10 = 7}$

# DIVISION FACTS

## Division by 10

8. Lets learn 80 ÷ 10 = 8

A.

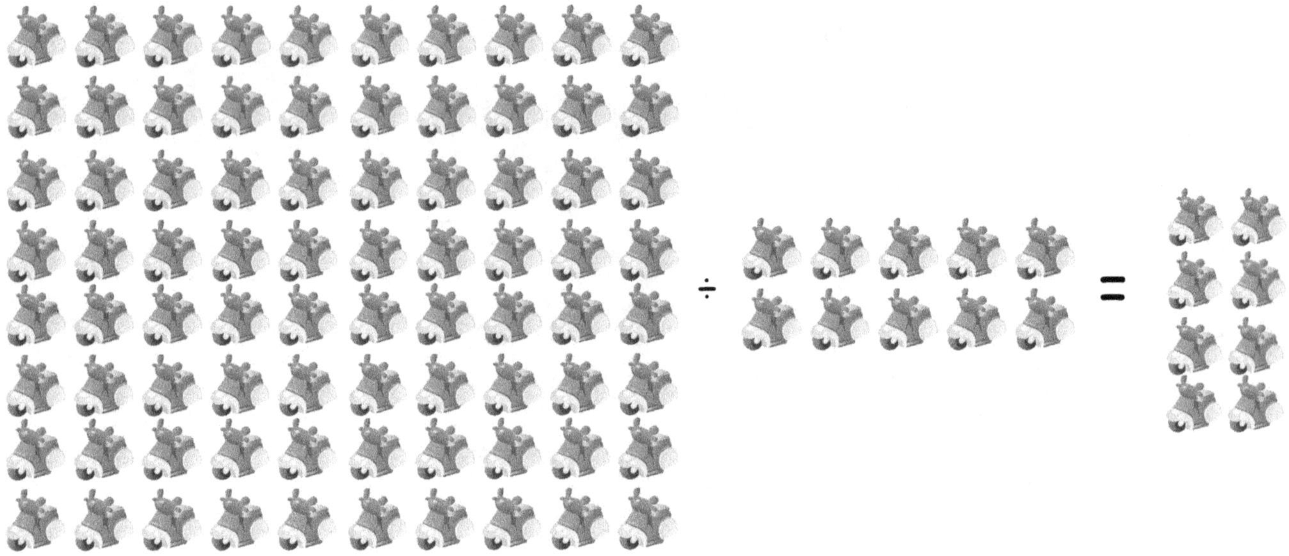

B.

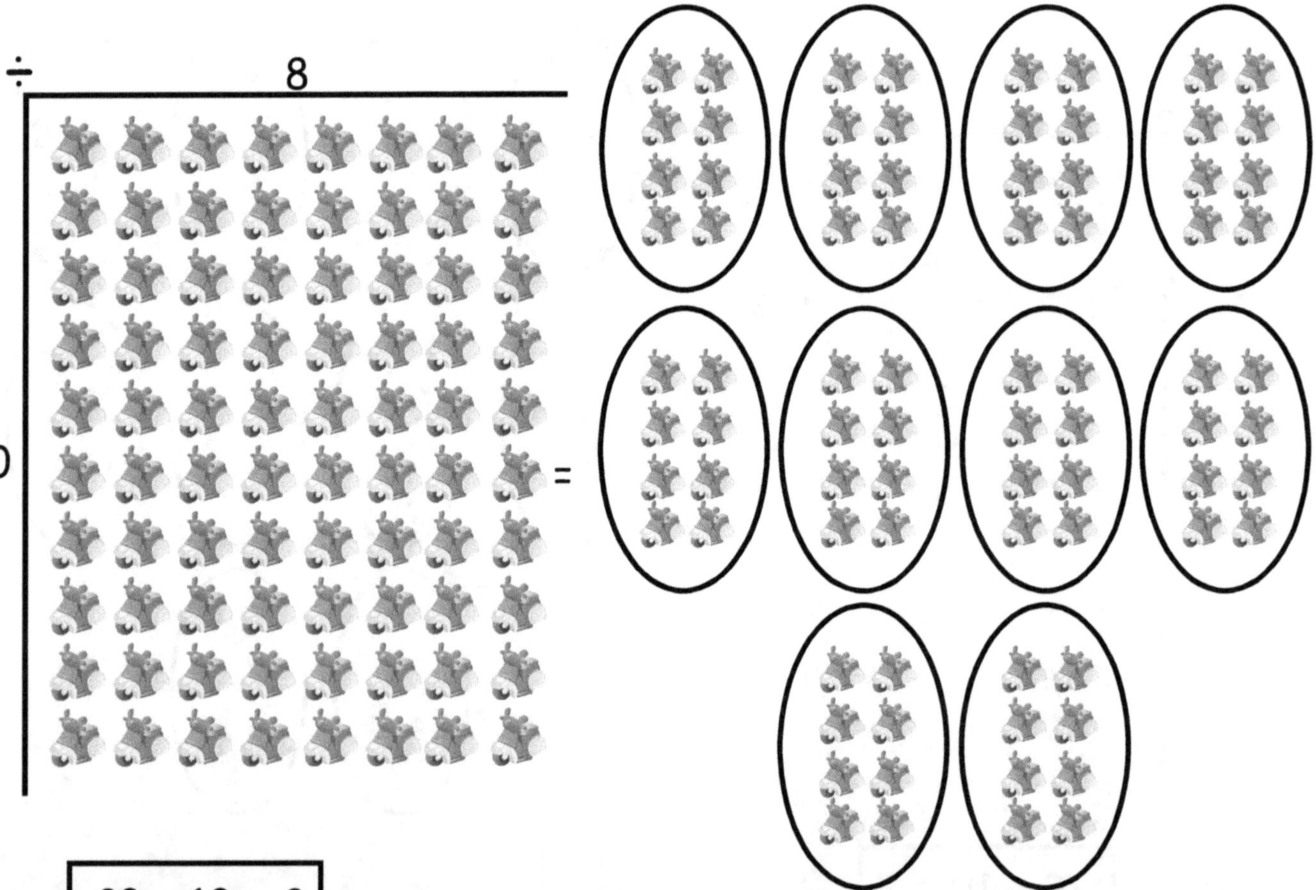

C. $\boxed{80 \div 10 = 8}$

# DIVISION FACTS

# Division by 10

9. Let's learn $90 \div 10 = 9$

A.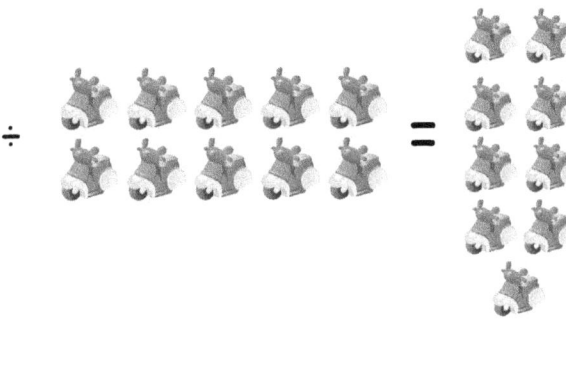

B.

C. $\boxed{90 \div 10 = 9}$

# DIVISION FACTS

## Division by 10

10. Let's learn $100 \div 10 = 10$

A.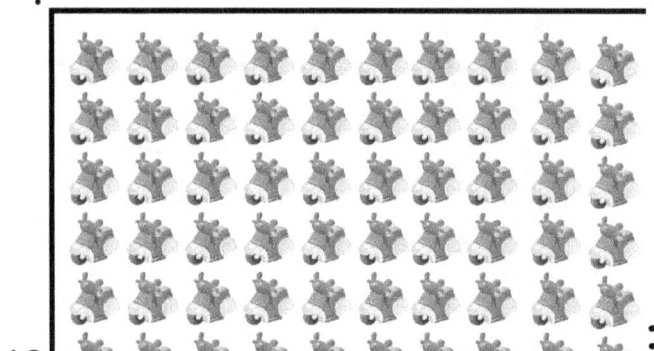

B.

C. $100 \div 10 = 10$

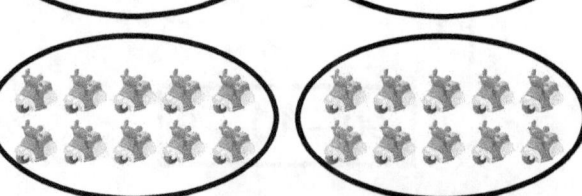

# DIVISION FACTS

## Division by 10

11. Lets learn 110 ÷ 10 = 11

A.

B.

$$110 \div 10 = 11$$

C.

# DIVISION FACTS

## Division by 10

12. Let's learn $120 \div 10 = 12$

A.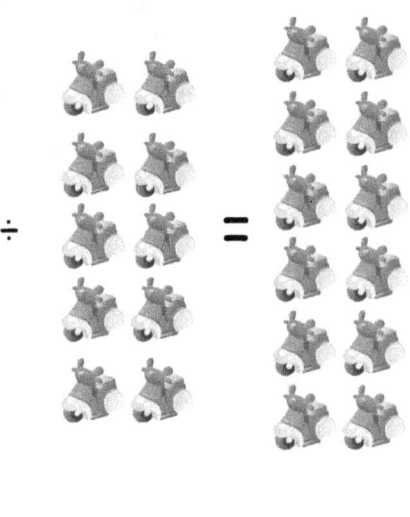

B.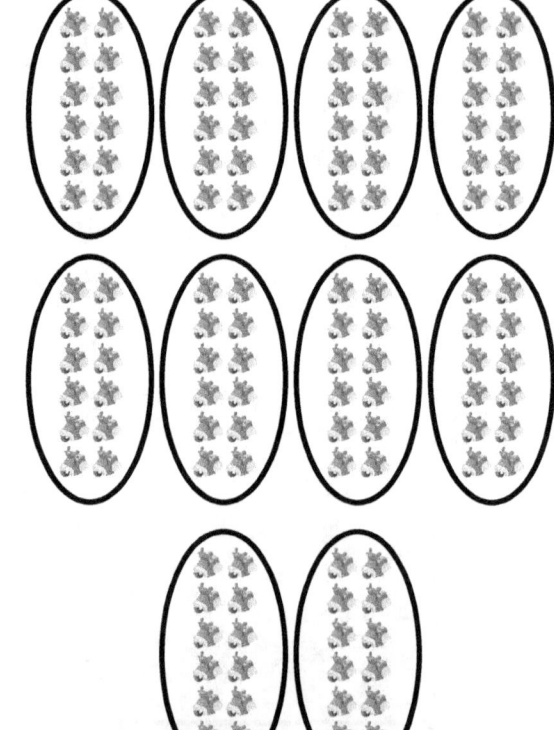

C. $\boxed{120 \div 10 = 12}$

# Exercise - 1

(A) 10)10       (F) 10)60       (K) 10)110

(B) 10)20       (G) 10)70       (L) 10)120

(C) 10)30       (H) 10)80       (M) 10)130

(D) 10)40       (I) 10)90       (N) 10)140

(E) 10)50       (J) 10)100      (O) 10)150

# Exercise - 2

| | | | |
|---|---|---|---|
| 1. | 10 ÷ 10 = | _____ |
| 2. | 20 ÷ 10 = | _____ |
| 3. | 30 ÷ 10 = | _____ |
| 4. | 40 ÷ 10 = | _____ |
| 5. | 50 ÷ 10 = | _____ |
| 6. | 60 ÷ 10 = | _____ |
| 7. | 70 ÷ 10 = | _____ |
| 8. | 80 ÷ 10 = | _____ |
| 9. | 90 ÷ 10 = | _____ |
| 10. | 100 ÷ 10 = | _____ |
| 11. | 110 ÷ 10 = | _____ |
| 12. | 120 ÷ 10 = | _____ |

| | | |
|---|---|---|
| 1 × _____ | = 10 |
| 2 × _____ | = 20 |
| 3 × _____ | = 30 |
| 4 × _____ | = 40 |
| 5 × _____ | = 50 |
| 6 × _____ | = 60 |
| 7 × _____ | = 70 |
| 8 × _____ | = 80 |
| 9 × _____ | = 90 |
| 10 × _____ | = 100 |
| 11 × _____ | = 110 |
| 12 × _____ | = 120 |

Did you know division is splitting a number up by any give number.

# Exercise - 3

1. I am a number, I divide myself, into one equal group of 10. What am I ?

    (A)  0  (B)  1

    (C)  10  (D)  6

2. I am a number, I divide myself, into ten equal groups of 1. What am I ?

    (A)  10  (B)  50

    (C)  1  (D)  2

3. I am a number, I divide myself, into ten equal groups of 2. What am I ?

    (A)  60  (B)  10

    (C)  20  (D)  2

4. I am a number, I divide myself, into ten equal groups of 3. What am I ?

    (A)  10  (B)  3

    (C)  18  (D)  30

5. I am a number, I divide myself, into ten equal groups of 4. What am I ?

    (A)  40  (B)  16

    (C)  4  (D)  10

**DIVISION FACTS**

**Division by 10**

6. I am a number, I divide myself, into ten equal groups of 5. What am I ?

   (A) 12  (B) 5

   (C) 10  (D) 50

7. I am a number, I divide myself, into ten equal groups of 6. What am I ?

   (A) 36  (B) 60

   (C) 6  (D) 10

8. I am a number, I divide myself, into ten equal groups of 7. What am I ?

   (A) 10  (B) 70

   (C) 16  (D) 7

9. I am a number, I divide myself, into ten equal groups of 8. What am I ?

   (A) 80  (B) 8

   (C) 10  (D) 48

10. I am a number, I divide myself, into ten equal groups of 9. What am I ?

    (A) 40  (B) 9

    (C) 90  (D) 110

# DIVISION FACTS

## Division by 10

11. I am a number, I divide myself, into ten equal groups of 10. What am I ?

    (A) 20          (B) 60

    (C) 10          (D) 100

12. I am a number, I divide myself, into ten equal groups of 11. What am I ?

    (A) 110         (B) 30

    (C) 11          (D) 10

13. I am a number, I divide myself, into ten equal groups of 12. What am I ?

    (A) 32          (B) 60

    (C) 70          (D) 120

14. I am a number, I divide myself, into ten equal groups of 13. What am I ?

    (A) 10          (B) 40

    (C) 130         (D) 13

15. I am a number, I divide myself, into ten equal groups of 14. What am I ?

    (A) 10          (B) 52

    (C) 140         (D) 70

# Exercise - 4

Solve the maze run below.

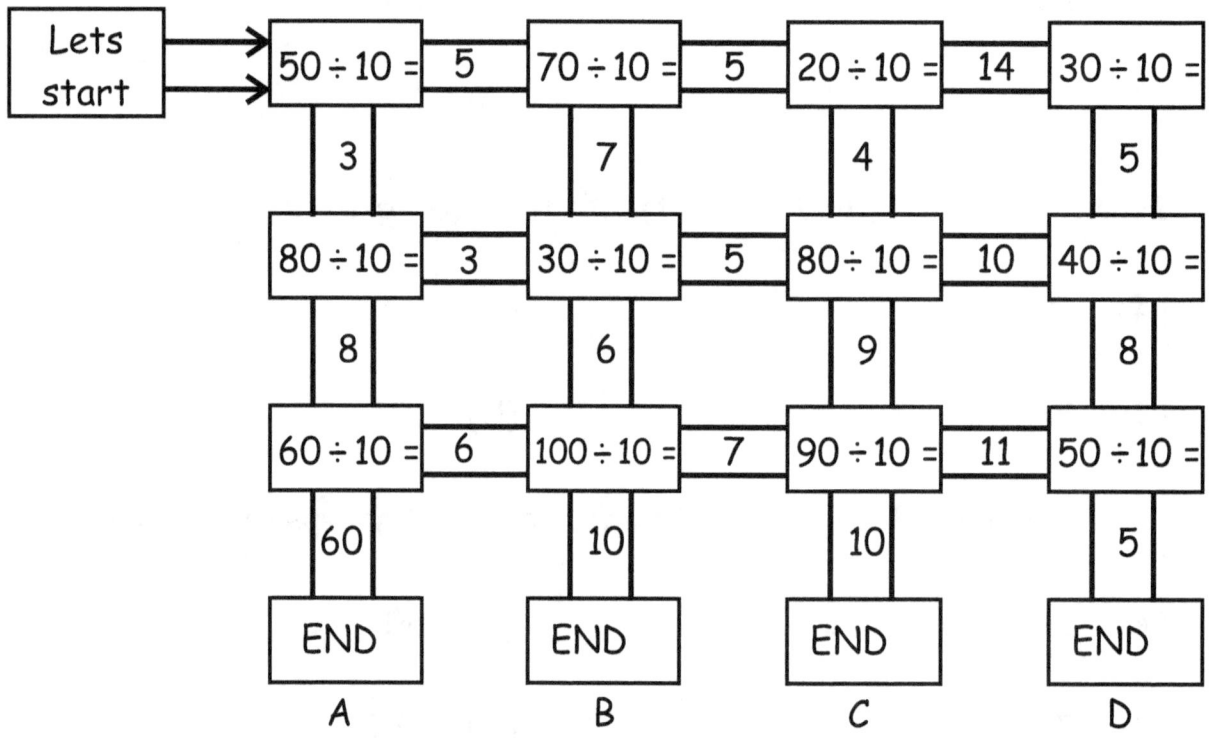

Who won the race? _____

# Exercise - 5

1. 10 ÷ ☐ = 1 then ☐ = _____
2. 20 ÷ ☐ = 10 then ☐ = _____
3. 30 ÷ ☐ = 10 then ☐ = _____
4. 40 ÷ ☐ = 10 then ☐ = _____
5. 50 ÷ ☐ = 10 then ☐ = _____
6. 60 ÷ ☐ = 10 then ☐ = _____
7. 70 ÷ ☐ = 10 then ☐ = _____
8. 80 ÷ ☐ = 10 then ☐ = _____
9. 90 ÷ ☐ = 10 then ☐ = _____
10. 100 ÷ ☐ = 10 then ☐ = _____
11. 110 ÷ ☐ = 10 then ☐ = _____
12. 120 ÷ ☐ = 10 then ☐ = _____

Hey you are an expert of division facts #10 !!!

# DIVISION FACTS

## Division by 11

Division is opposite of Multiplication.
Division is splitting into equal parts or groups or equal sharing or equal partitioning.

**Dividend:** The dividend is the number that is being divided in the division process.

**Divisor:** The number by which dividend is being divided by is called divisor.

**Quotient:** A quotient is a result obtained in division process.

$$22 \div 11 = 2$$

Dividend. Divisor. Quotient

Let's learn division facts for #11

# DIVISION FACTS

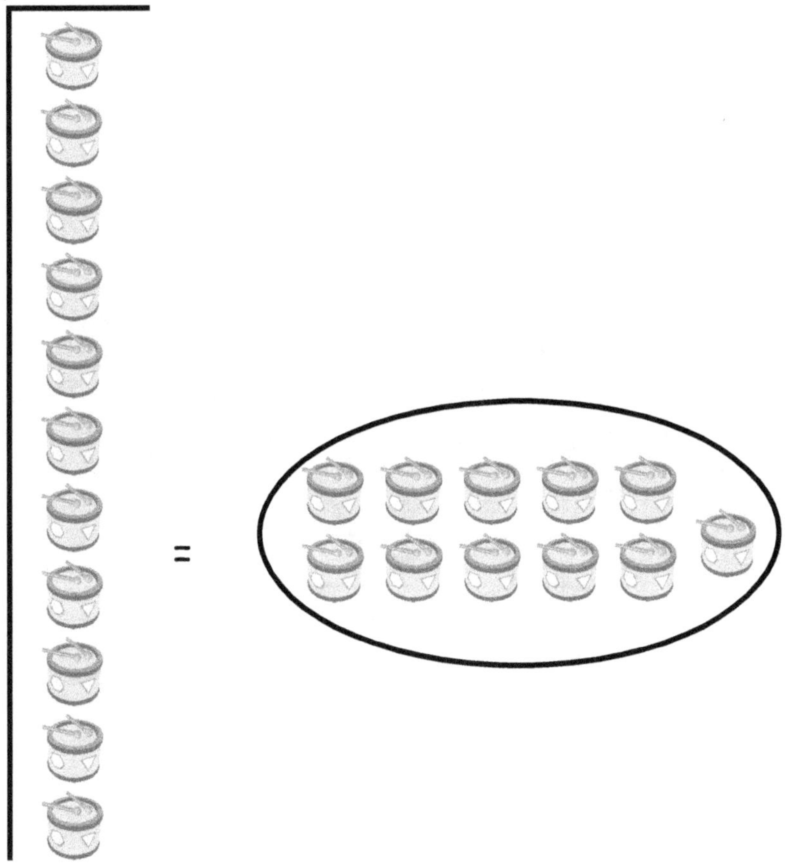

## Division by 11

1. Lets learn  11 ÷ 1 = 11

A.

B.

C.   11 ÷ 1 = 11

**DIVISION FACTS**

**Division by 11**

2. Lets learn 22 ÷ 11 = 2

A.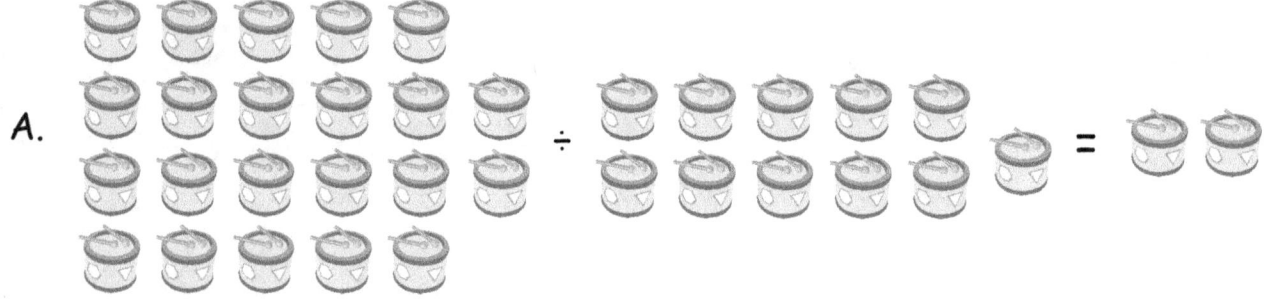

B.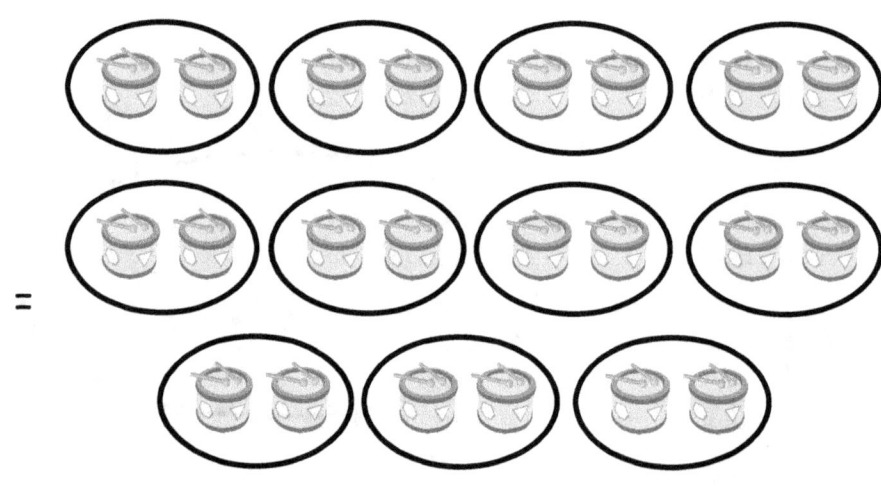

C. $22 \div 11 = 2$

**Division by 11**

3. Lets learn 33 ÷ 11 = 3

A.

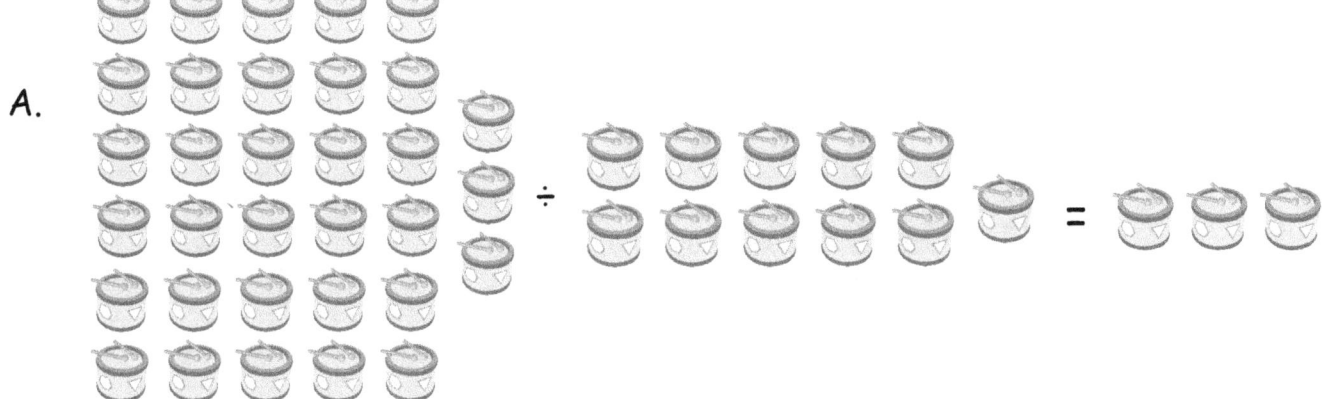

B.

÷ 3

11

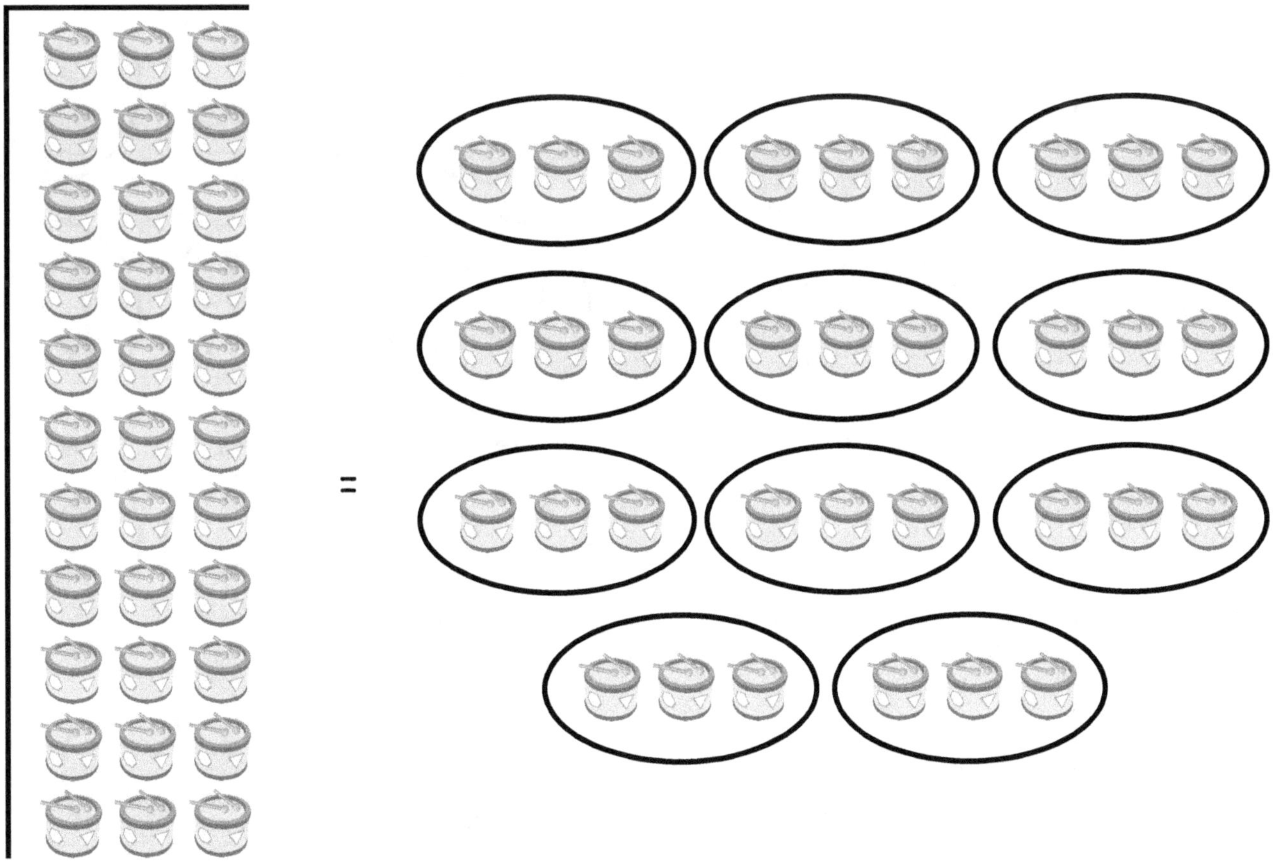

=

C. $\boxed{33 \div 11 = 3}$

# DIVISION FACTS

## Division by 11

4. Let's learn 44 ÷ 11 = 4

A.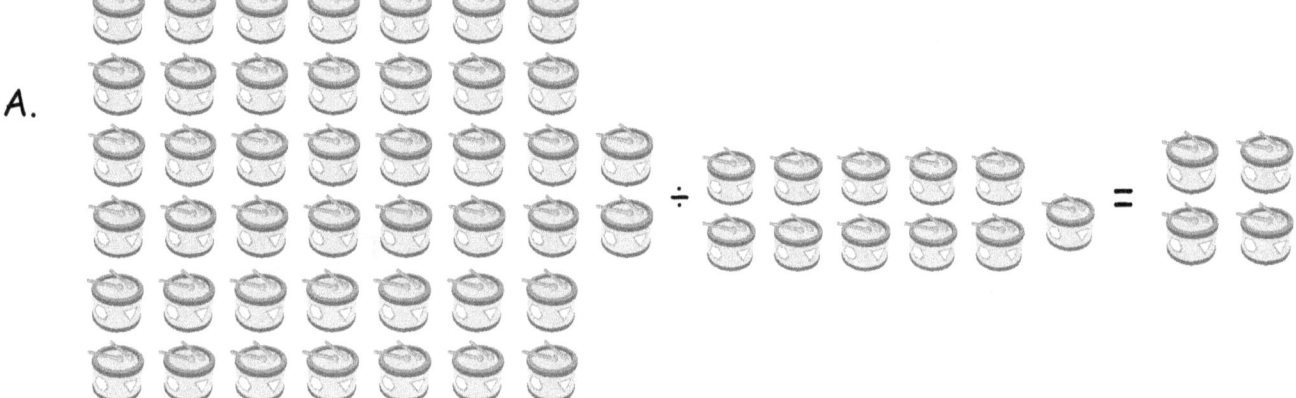

B. 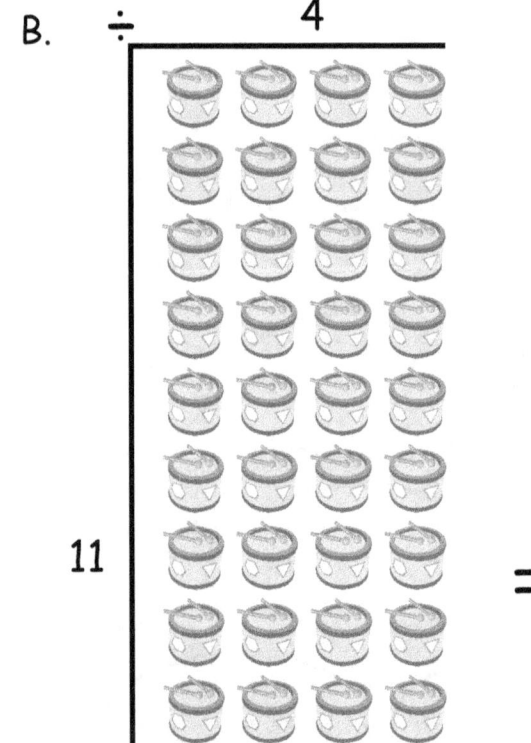 =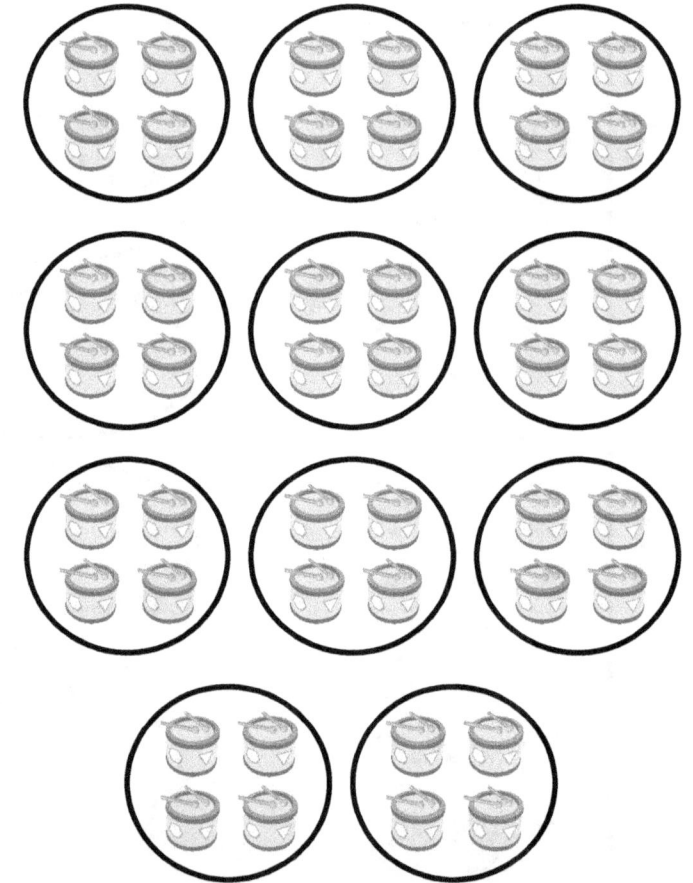

C. $\boxed{44 \div 11 = 4}$

# DIVISION FACTS

## Division by 11

5.  Lets learn 55 ÷ 11 = 5

A.

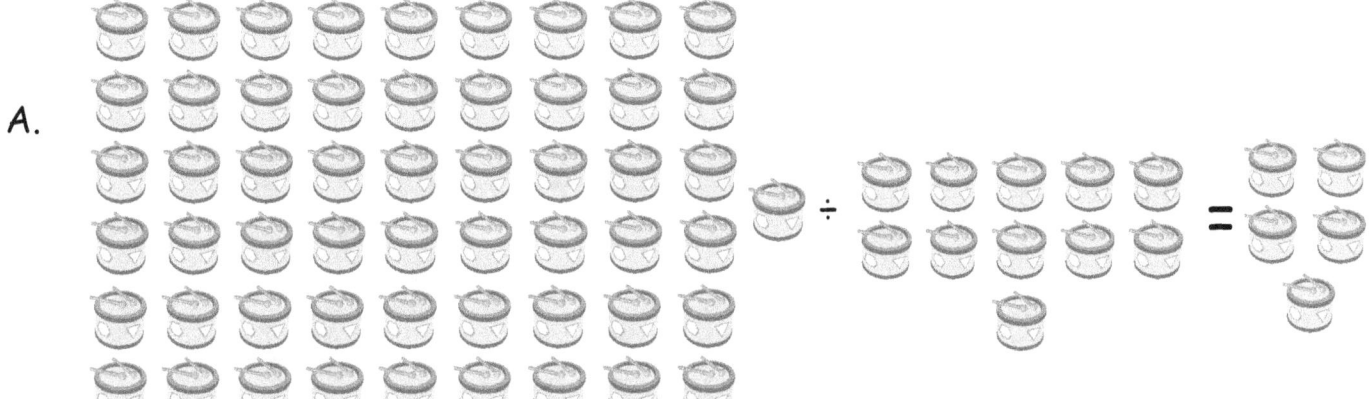

B. ÷ 5

11 =

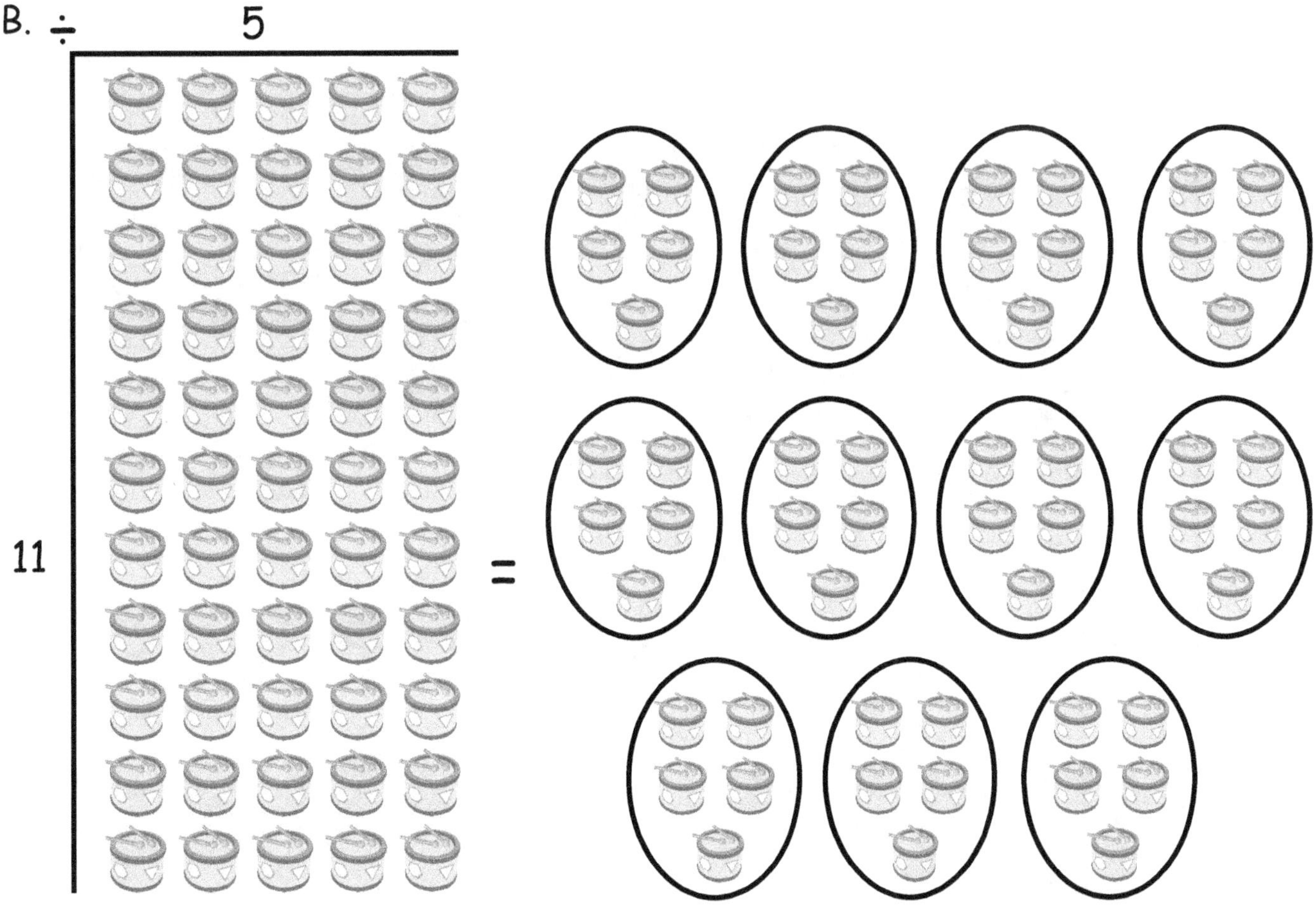

C.  $\boxed{55 \div 11 = 5}$

# DIVISION FACTS
## Division by 11

6. Lets learn 66 ÷ 11 = 6

A.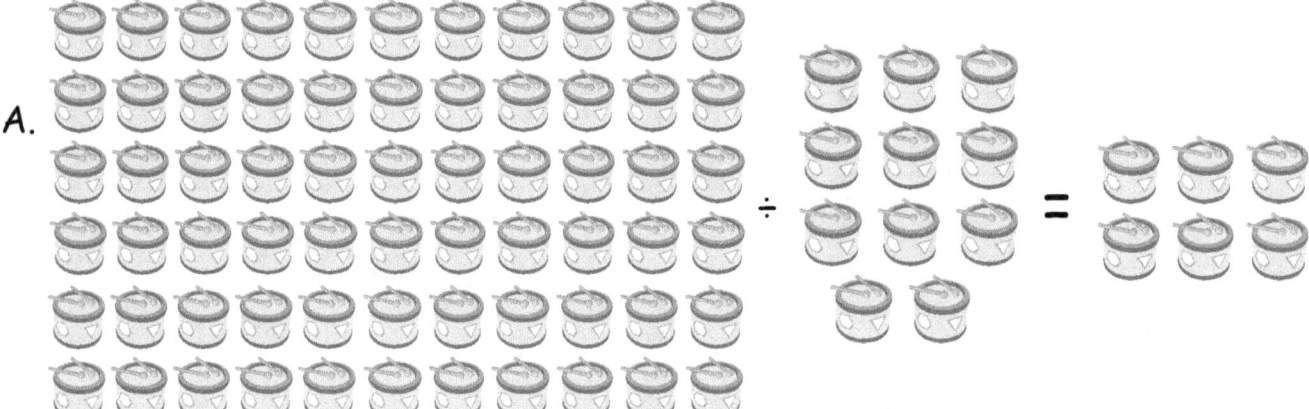

B.

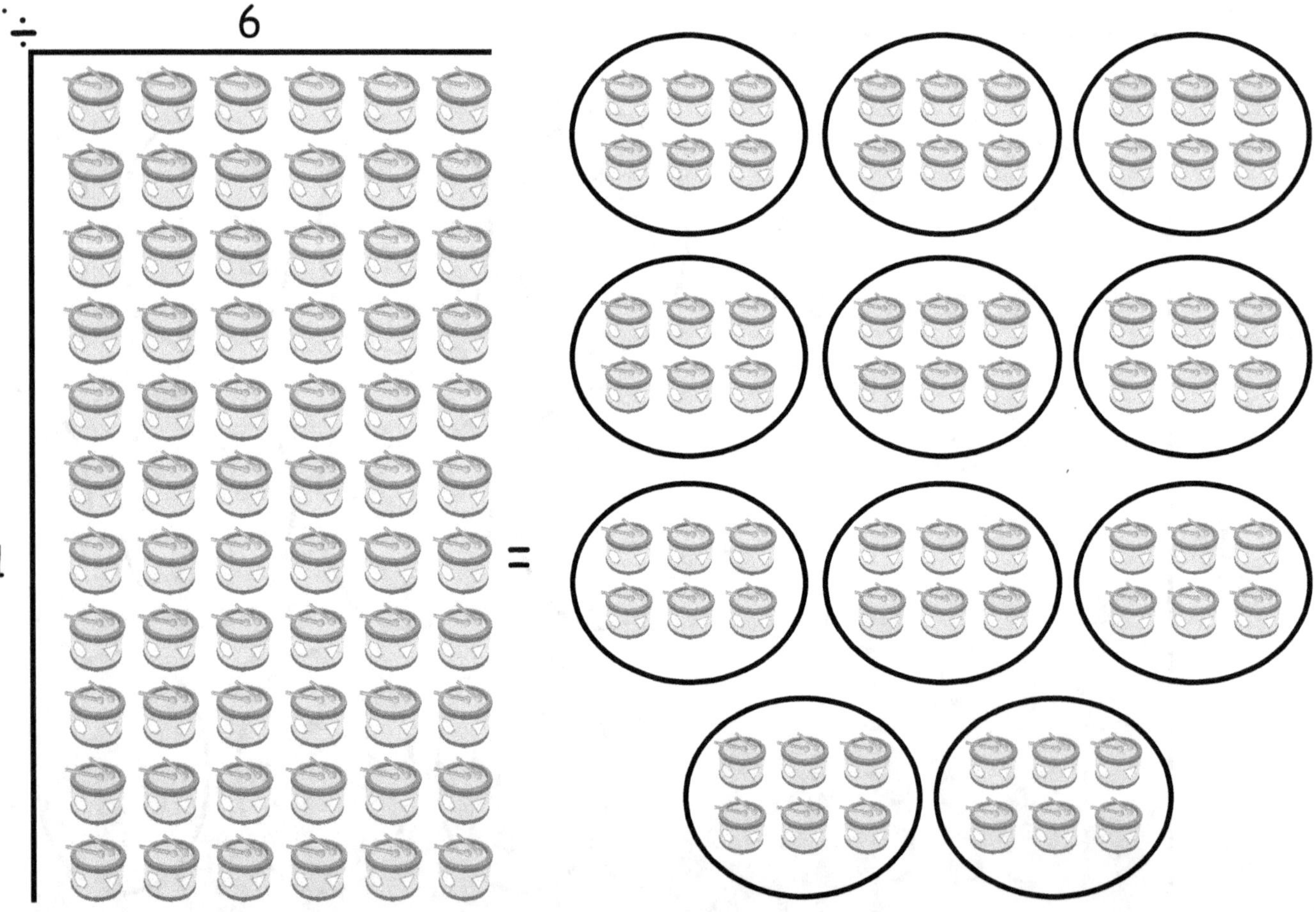

C. $66 \div 11 = 6$

# DIVISION FACTS

## Division by 11

7. Lets learn 77 ÷ 11 = 7

A.

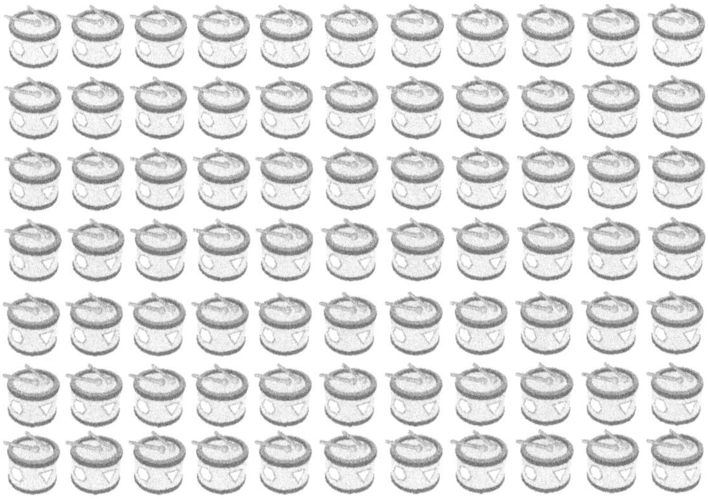

B. ÷

   7

   11

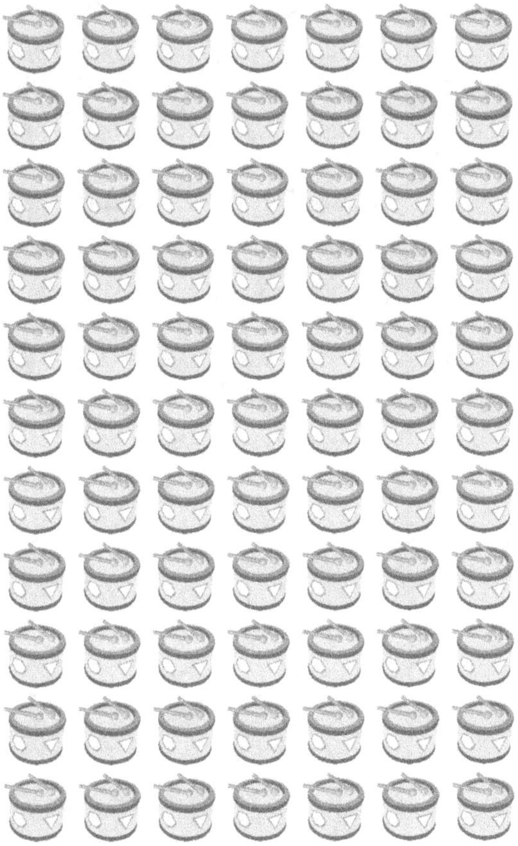

   =

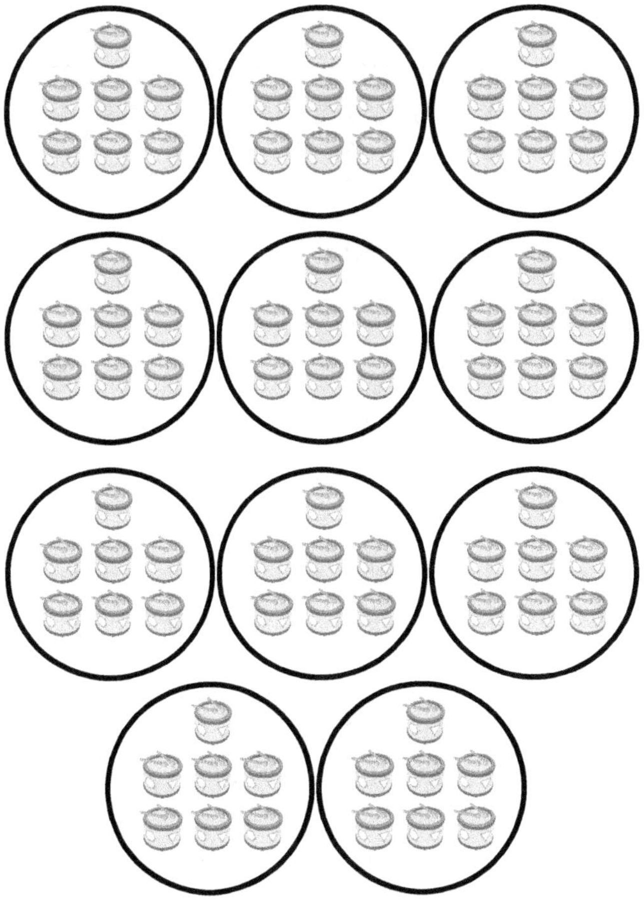

C. $77 \div 11 = 7$

# DIVISION FACTS

## Division by 11

8. Lets learn 88 ÷ 11 = 8

A.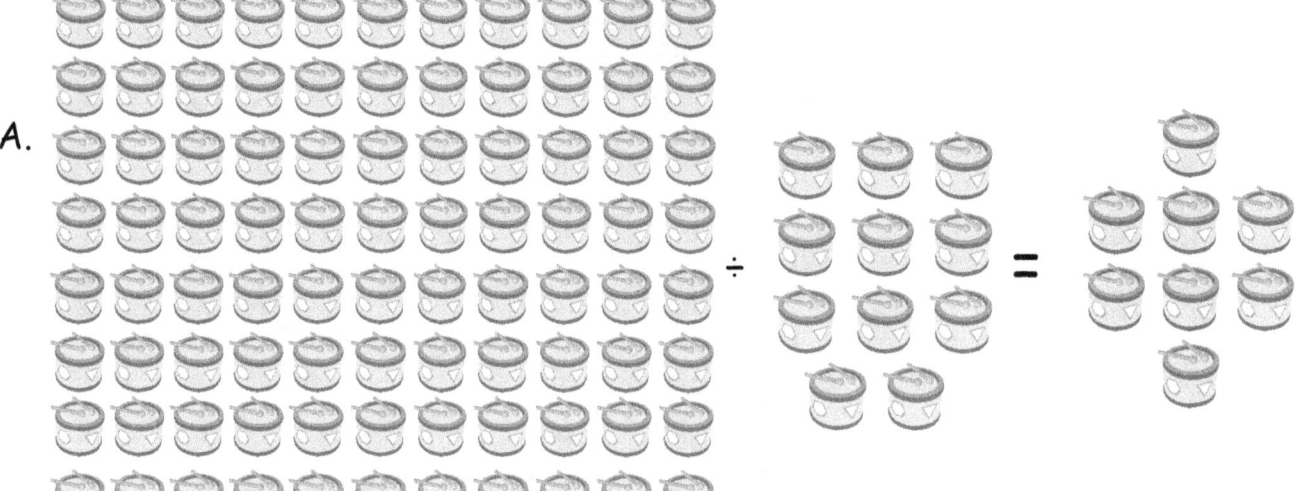

B.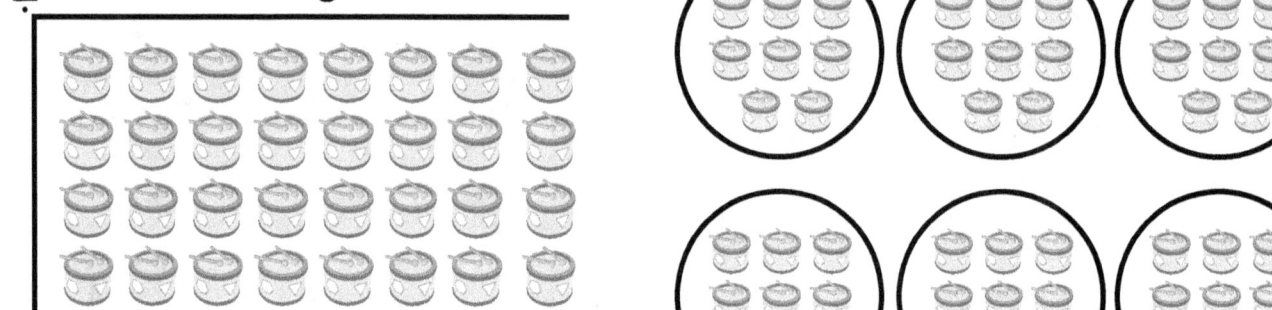

C. $88 \div 11 = 8$

**DIVISION FACTS**

**Division by 11**

9. Lets learn 99 ÷ 11 = 9

A.
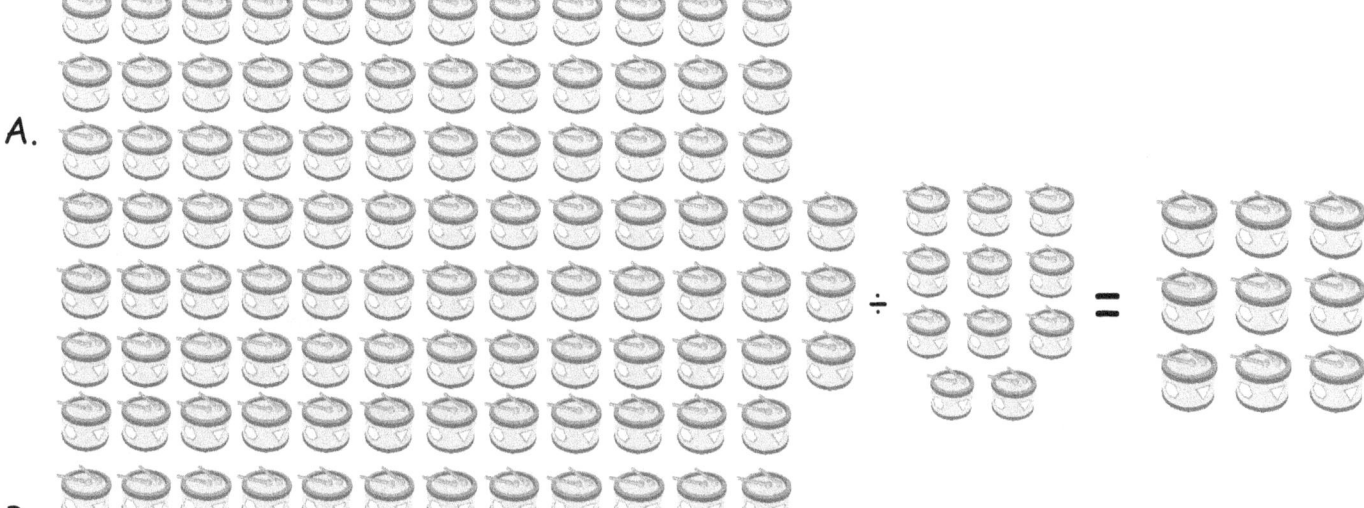

B.

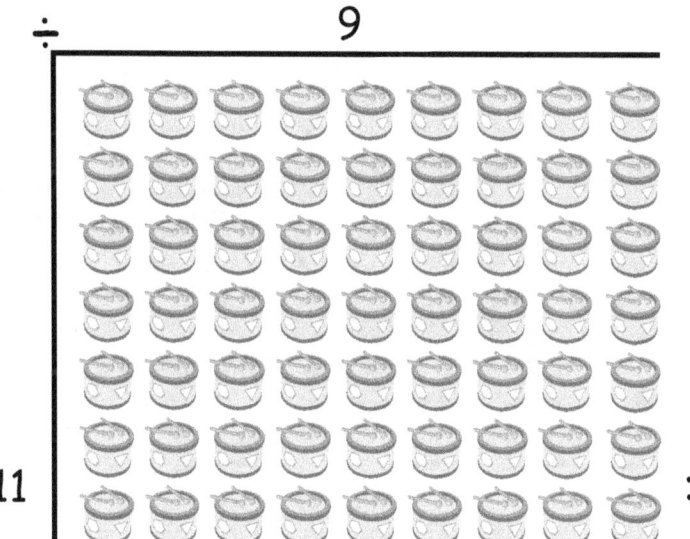

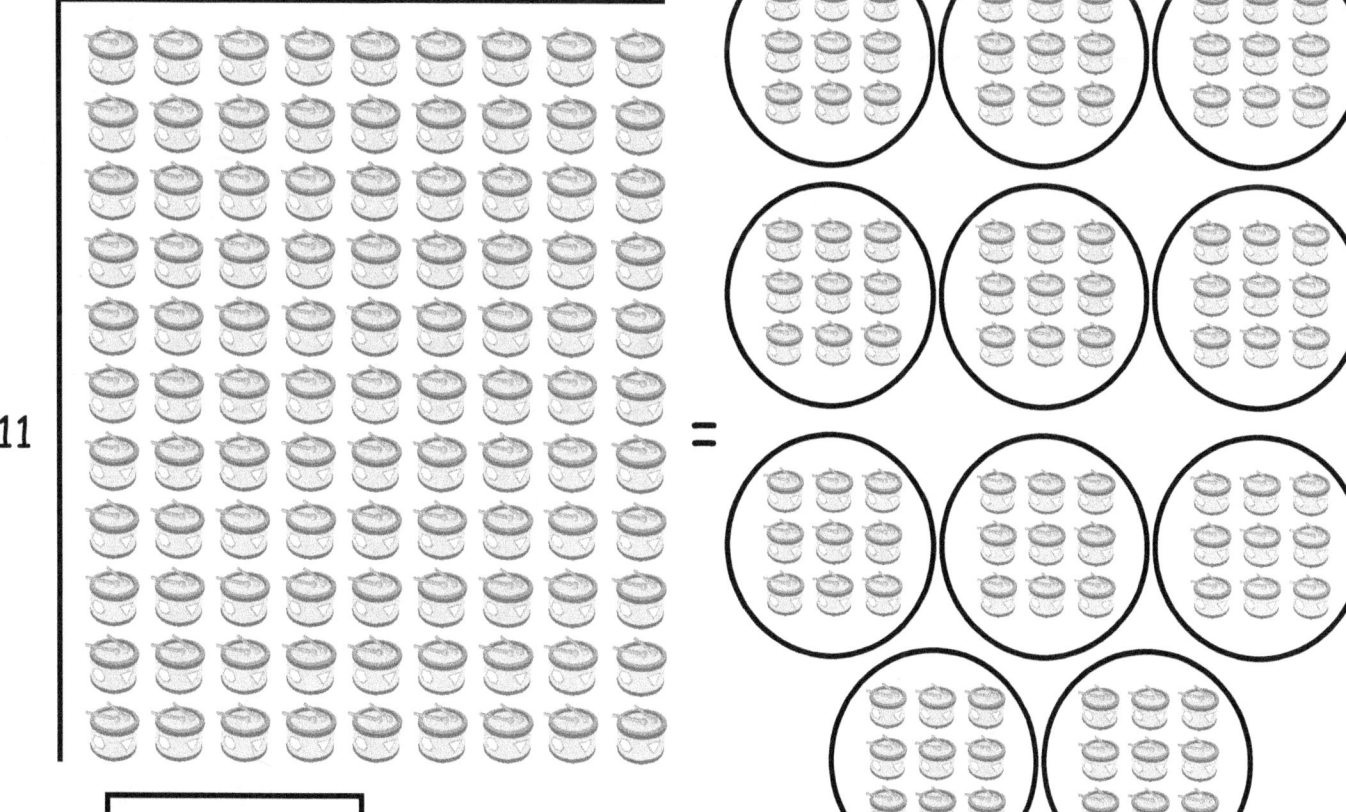

C. $\boxed{99 \div 11 = 9}$

# DIVISION FACTS
## Division by 11

10. Let's learn 110 ÷ 11 = 10

A.

B.

C. $\boxed{110 \div 11 = 10}$

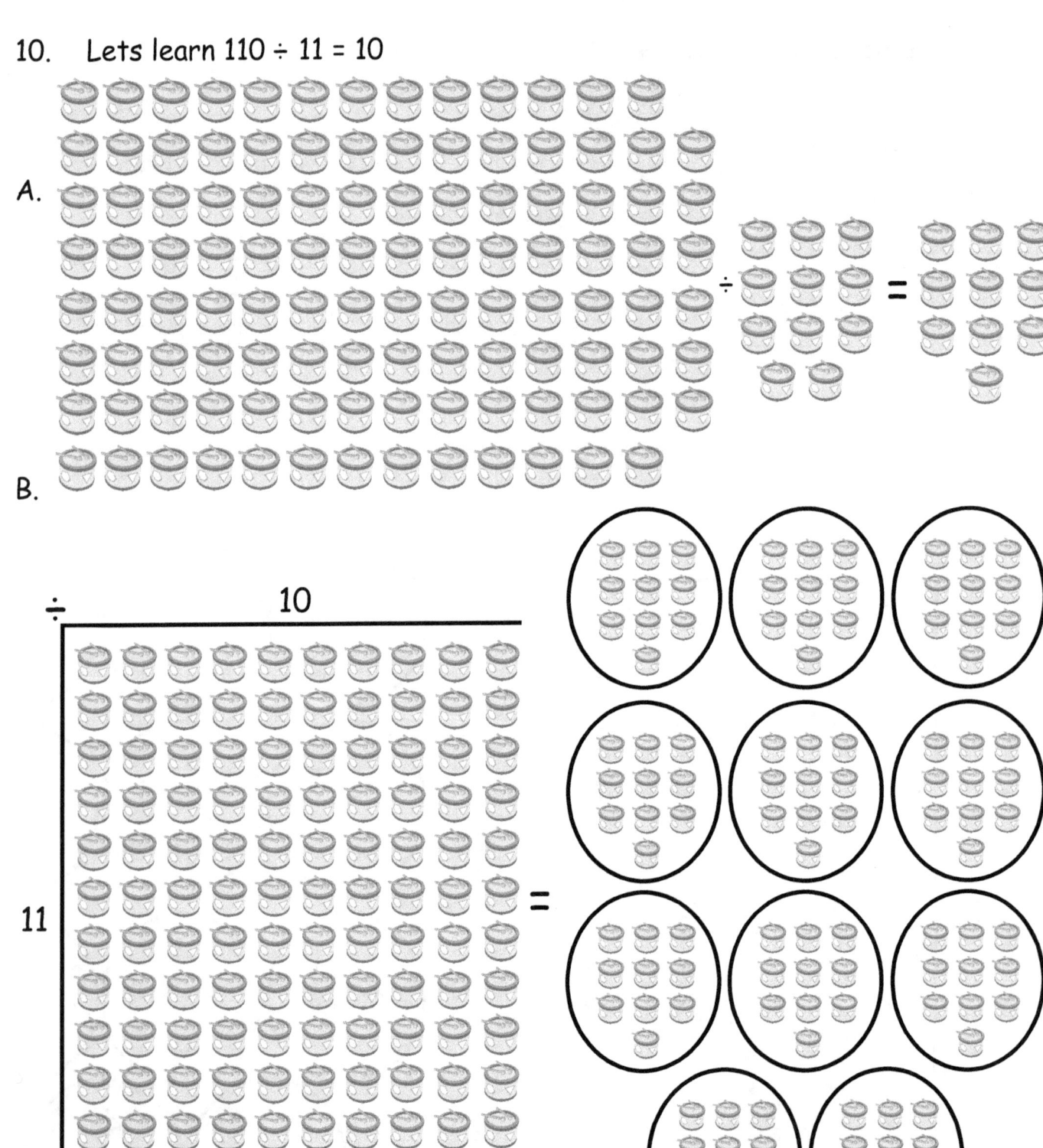

# DIVISION FACTS

## Division by 11

11. Lets learn 121 ÷ 11 = 11

A.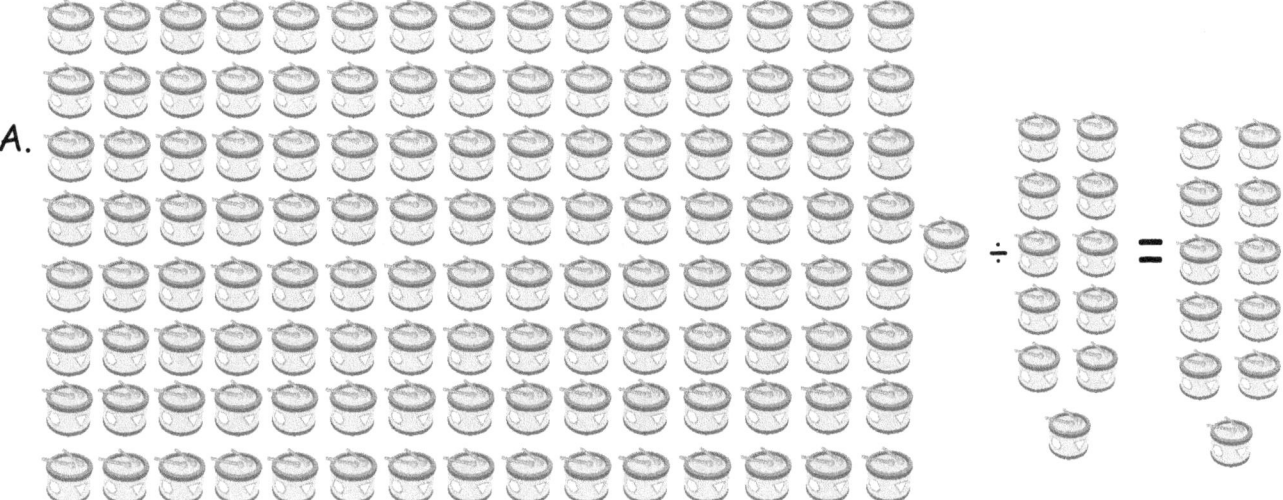

B.

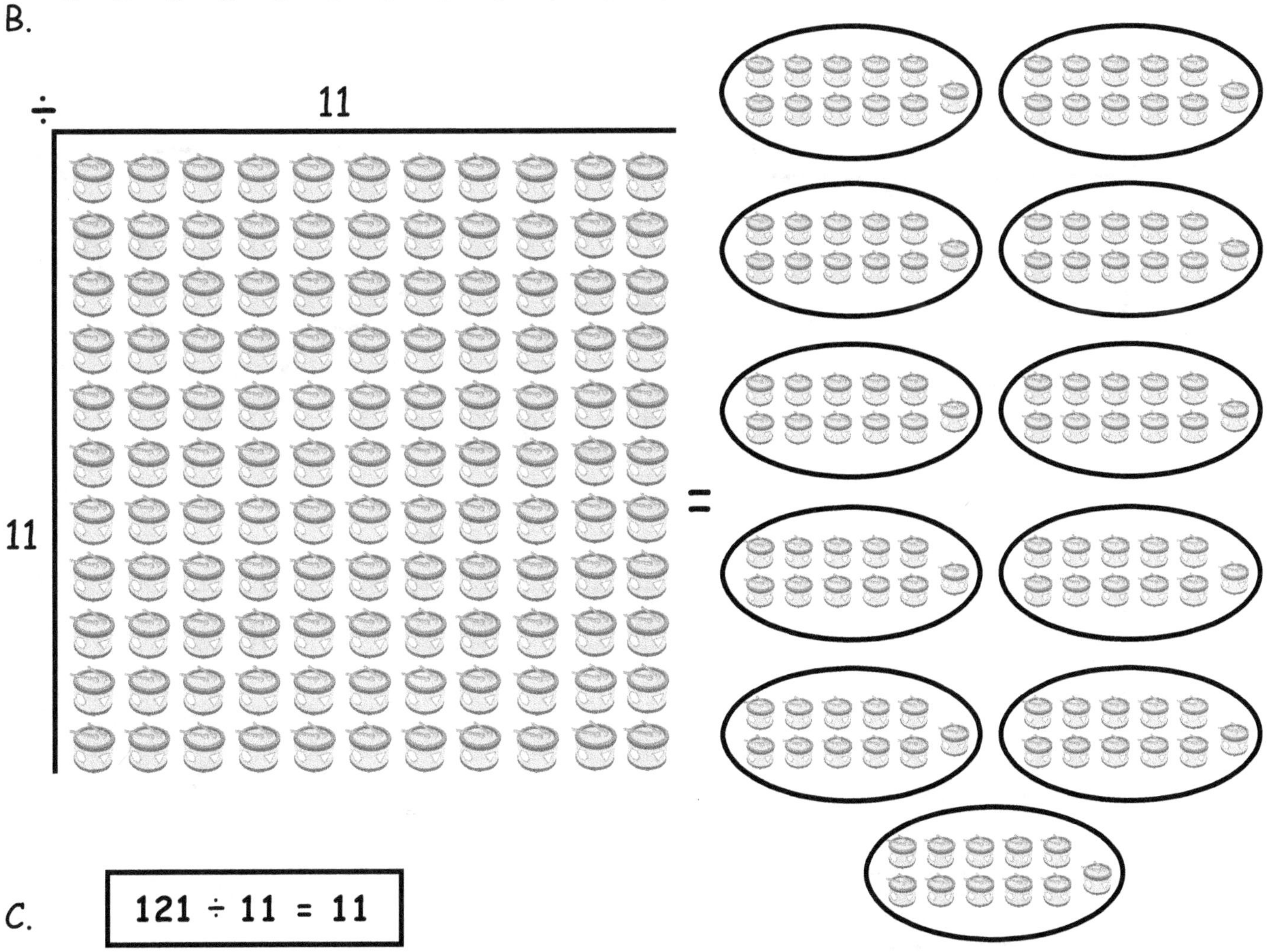

C. 121 ÷ 11 = 11

# DIVISION FACTS

## Division by 11

12. Let's learn 132 ÷ 11 = 12

A.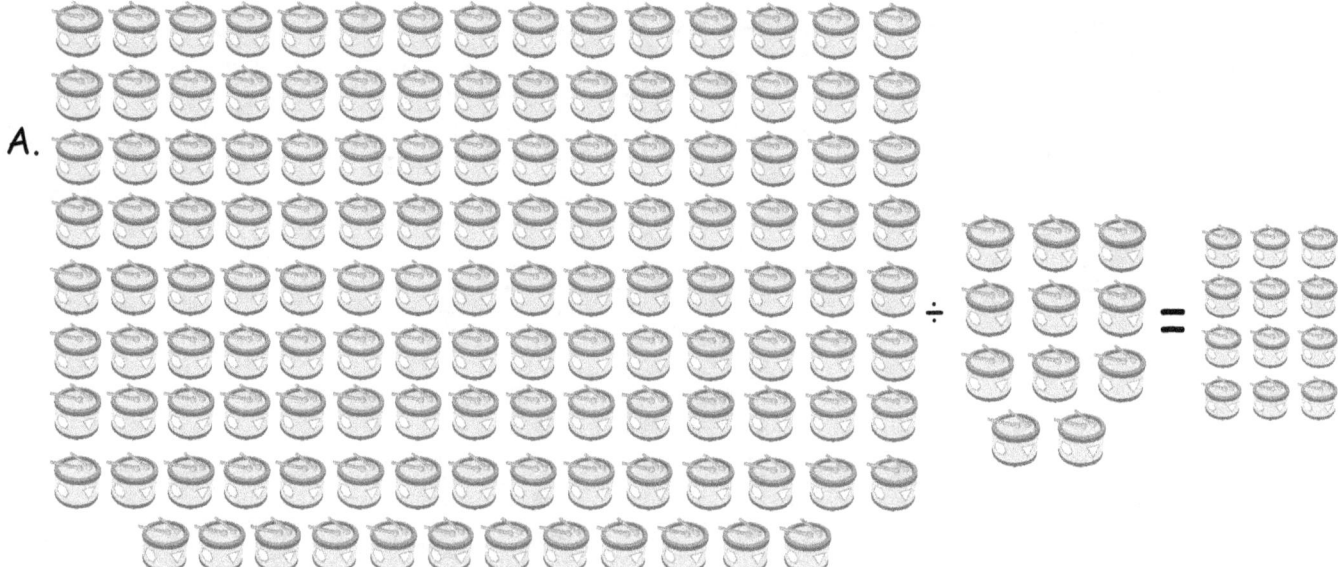

B.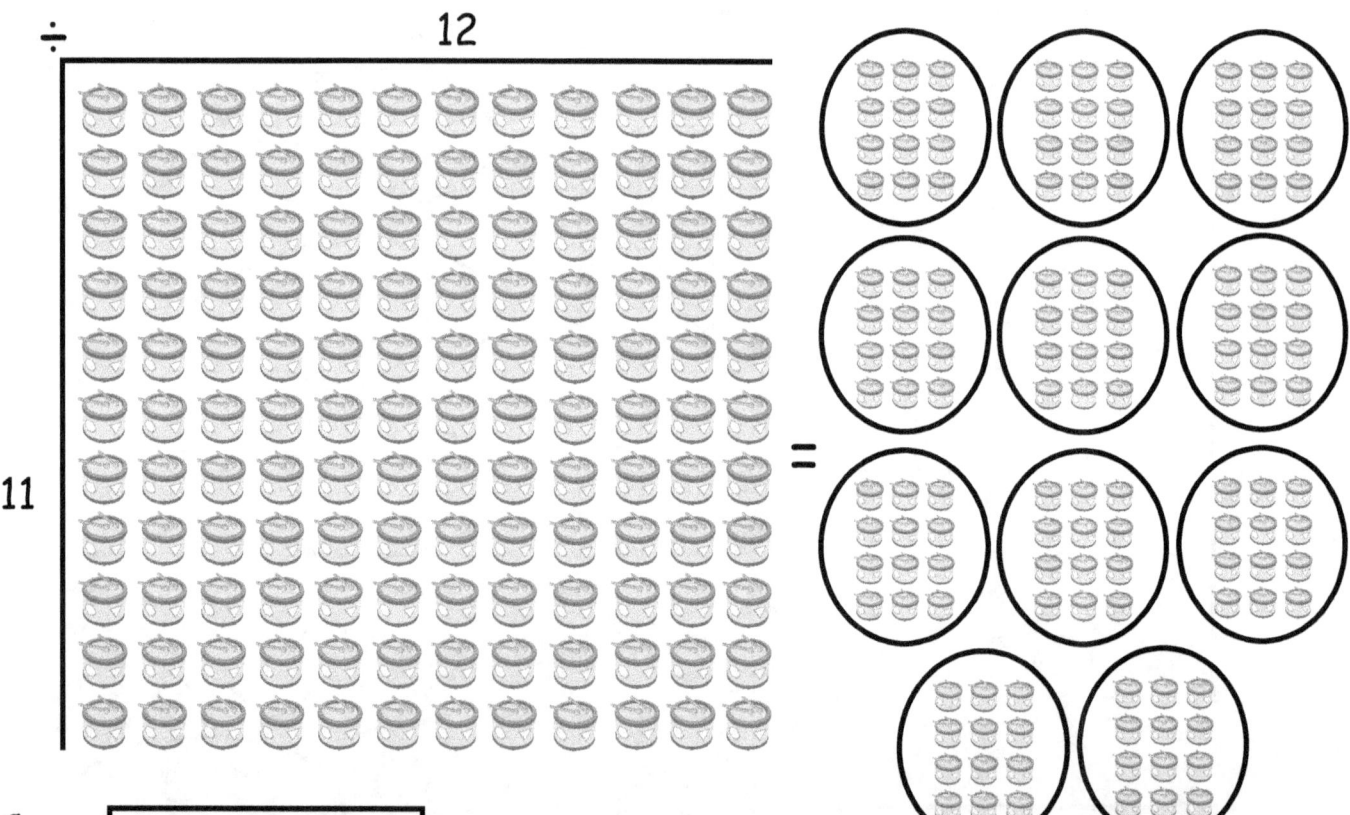

C. $\boxed{132 \div 11 = 12}$

# Exercise - 1

(A) 11)̄11̄   (F) 11)̄66̄   (K) 11)̄121̄

(B) 11)̄22̄   (G) 11)̄77̄   (L) 11)̄132̄

(C) 11)̄33̄   (H) 11)̄88̄   (M) 11)̄143̄

(D) 11)̄44̄   (I) 11)̄99̄   (N) 11)̄154̄

(E) 11)̄55̄   (J) 11)̄110̄   (O) 11)̄165̄

# Exercise - 2

| # | Division | | # | Multiplication |
|---|---|---|---|---|
| 1. | 11 ÷ 11 = _____ | | 1 | 1 × ____ = 11 |
| 2. | 22 ÷ 11 = _____ | | 2 | 2 × ____ = 22 |
| 3. | 33 ÷ 11 = _____ | | 3 | 3 × ____ = 33 |
| 4. | 44 ÷ 11 = _____ | | 4 | 4 × ____ = 44 |
| 5. | 55 ÷ 11 = _____ | | 5 | 5 × ____ = 55 |
| 6. | 66 ÷ 11 = _____ | | 6 | 6 × ____ = 66 |
| 7. | 77 ÷ 11 = _____ | | 7 | 7 × ____ = 77 |
| 8. | 88 ÷ 11 = _____ | | 8 | 8 × ____ = 88 |
| 9. | 99 ÷ 11 = _____ | | 9 | 9 × ____ = 99 |
| 10. | 110 ÷ 11 = _____ | | 10 | 10 × ____ = 110 |
| 11. | 121 ÷ 11 = _____ | | 11 | 11 × ____ = 121 |
| 12. | 132 ÷ 11 = _____ | | 12 | 12 × ____ = 132 |

Did you know division is splitting a number up by any give number.

**DIVISION FACTS**

## Exercise - 3

1. I am a number, I divide myself, into one equal group of 11. What am I ?

    (A)  0                    (B)  11

    (C)  10                   (D)  6

2. I am a number, I divide myself, into eleven equal groups of 1. What am I ?

    (A)  11                   (B)  6

    (C)  6                    (D)  2

3. I am a number, I divide myself, into eleven equal groups of 2. What am I ?

    (A)  6                    (B)  12

    (C)  22                   (D)  4

4. I am a number, I divide myself, into eleven equal groups of 3. What am I ?

    (A)  33                   (B)  4

    (C)  18                   (D)  2

5. I am a number, I divide myself, into eleven equal groups of 4. What am I ?

    (A)  24                   (B)  16

    (C)  8                    (D)  44

**DIVISION FACTS**

**Division by 11**

6. I am a number, I divide myself, into eleven equal groups of 5. What am I?

    (A) 55   (B) 5

    (C) 30   (D) 11

7. I am a number, I divide myself, into eleven equal groups of 6. What am I?

    (A) 36   (B) 6

    (C) 11   (D) 66

8. I am a number, I divide myself, into eleven equal groups of 7. What am I?

    (A) 11   (B) 7

    (C) 77   (D) 44

9. I am a number, I divide myself, into eleven equal groups of 8. What am I?

    (A) 11   (B) 8

    (C) 22   (D) 88

10. I am a number, I divide myself, into eleven equal groups of 9. What am I?

    (A) 36   (B) 99

    (C) 9    (D) 54

**DIVISION FACTS**

**Division by 11**

11. I am a number, I divide myself, into eleven equal groups of 10. What am I?

    (A) 110    (B) 66

    (C) 22     (D) 11

12. I am a number, I divide myself, into eleven equal groups of 11. What am I?

    (A) 55     (B) 44

    (C) 22     (D) 121

13. I am a number, I divide myself, into eleven equal groups of 12. What am I?

    (A) 132    (B) 11

    (C) 12     (D) 66

14. I am a number, I divide myself, into eleven equal groups of 13. What am I?

    (A) 36     (B) 13

    (C) 143    (D) 77

15. I am a number, I divide myself, into eleven equal groups of 14. What am I?

    (A) 14     (B) 55

    (C) 88     (D) 154

# Exercise - 4

Solve the maze run below.

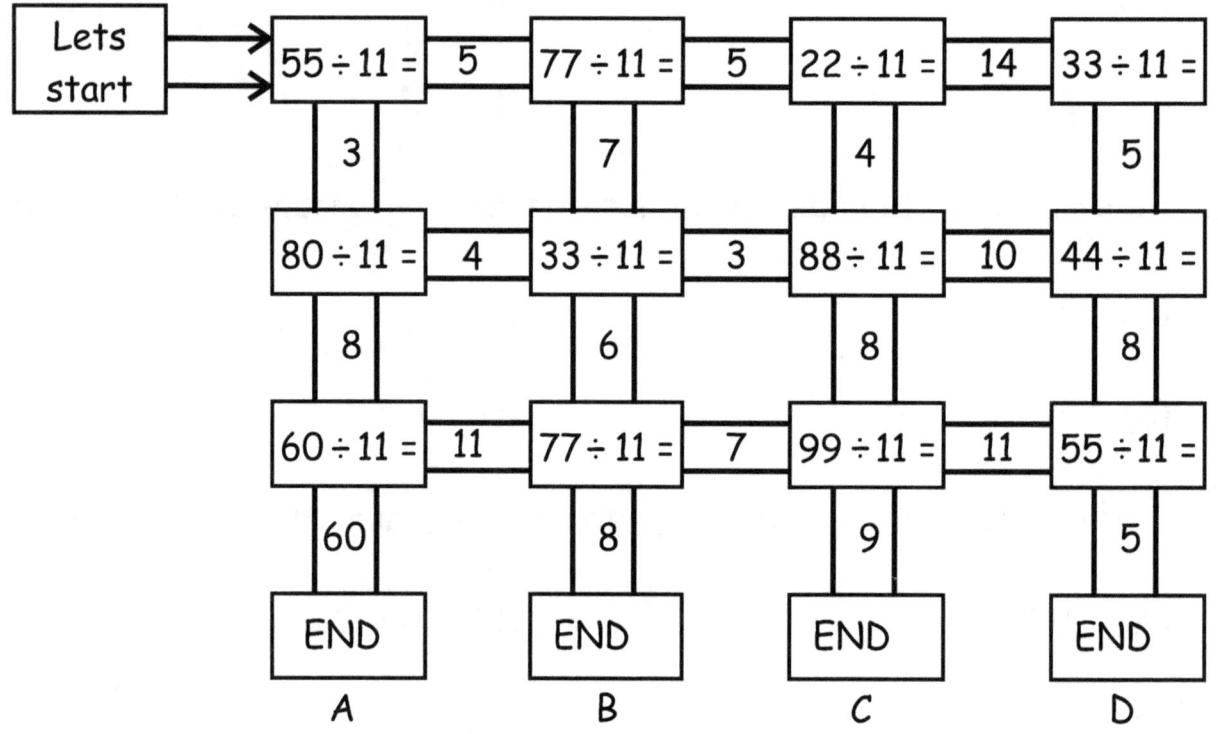

Who won the race ? _____

# Exercise - 5

1. 11 ÷ ☐ = 1   then   ☐ = _____
2. 22 ÷ ☐ = 11  then   ☐ = _____
3. 33 ÷ ☐ = 11  then   ☐ = _____
4. 44 ÷ ☐ = 11  then   ☐ = _____
5. 55 ÷ ☐ = 11  then   ☐ = _____
6. 66 ÷ ☐ = 11  then   ☐ = _____
7. 77 ÷ ☐ = 11  then   ☐ = _____
8. 88 ÷ ☐ = 11  then   ☐ = _____
9. 99 ÷ ☐ = 11  then   ☐ = _____
10. 110 ÷ ☐ = 11 then   ☐ = _____
11. 121 ÷ ☐ = 11 then   ☐ = _____
12. 132 ÷ ☐ = 11 then   ☐ = _____

Hey you are an expert of division facts of #11 !!!

# DIVISION FACTS

## Division by 12

Division is opposite of Multiplication.
Division is splitting into equal parts or groups or equal sharing or equal partitioning.

**Dividend:** The dividend is the number that is being divided in the division process.

**Divisor:** The number by which dividend is being divided by is called divisor.

**Quotient:** A quotient is a result obtained in division process.

$$24 \div 12 = 2$$

Dividend. Divisor. Quotient

Let's learn division facts for #12

# DIVISION FACTS

## Division by 12

1. Lets learn 12 ÷ 1 = 12

A. ○○○○○○ ○○○○○○  ÷  ○  =  ○○○○○○○○○○○○

B. 1 ) 12 ○○○○○○○○○○○○  =  (○○○○ ○○○○ ○○○○)

C. 12 ÷ 1 = 12

# DIVISION FACTS

## Division by 12

2. Lets learn $24 \div 12 = 2$

A.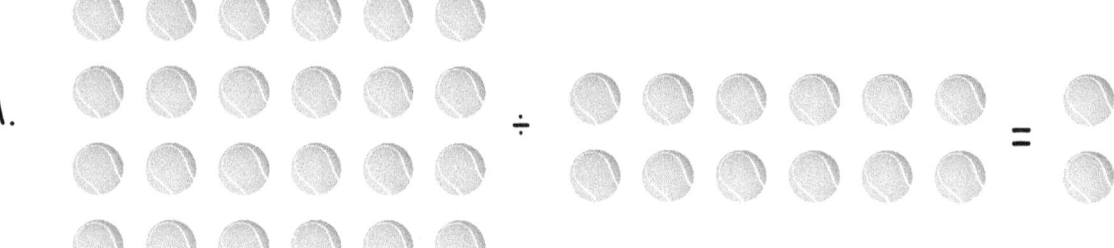

B.

C. $\boxed{24 \div 12 = 2}$

# DIVISION FACTS

## Division by 12

3. Lets learn 36 ÷ 12 = 3

A.

B.  =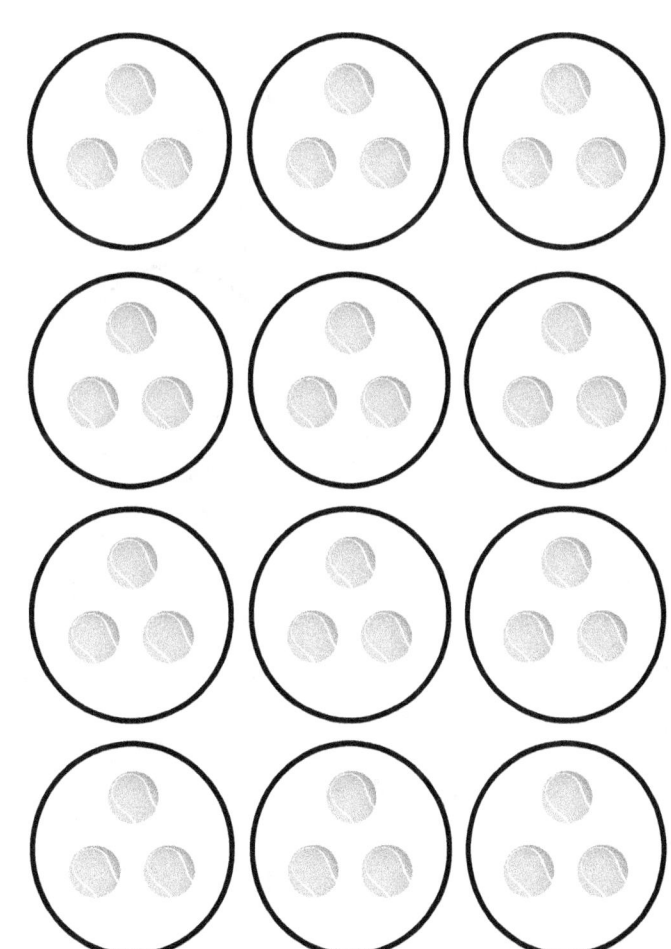

C. $\boxed{36 \div 12 = 3}$

# DIVISION FACTS

## Division by 12

4. Lets learn $48 \div 12 = 4$

A.

B.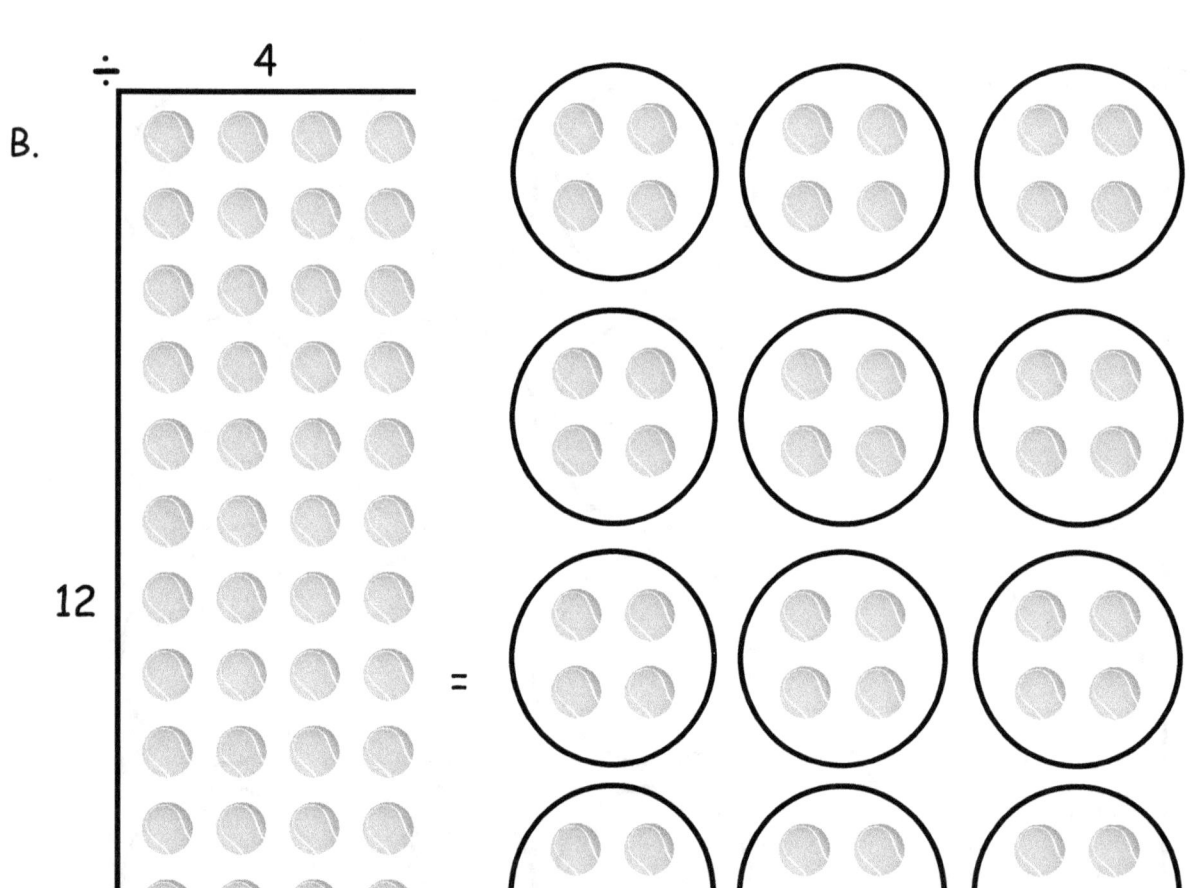

C. $\boxed{48 \div 12 = 4}$

# DIVISION FACTS

# Division by 12

5.  Let's learn 60 ÷ 12 = 5

A.

B.

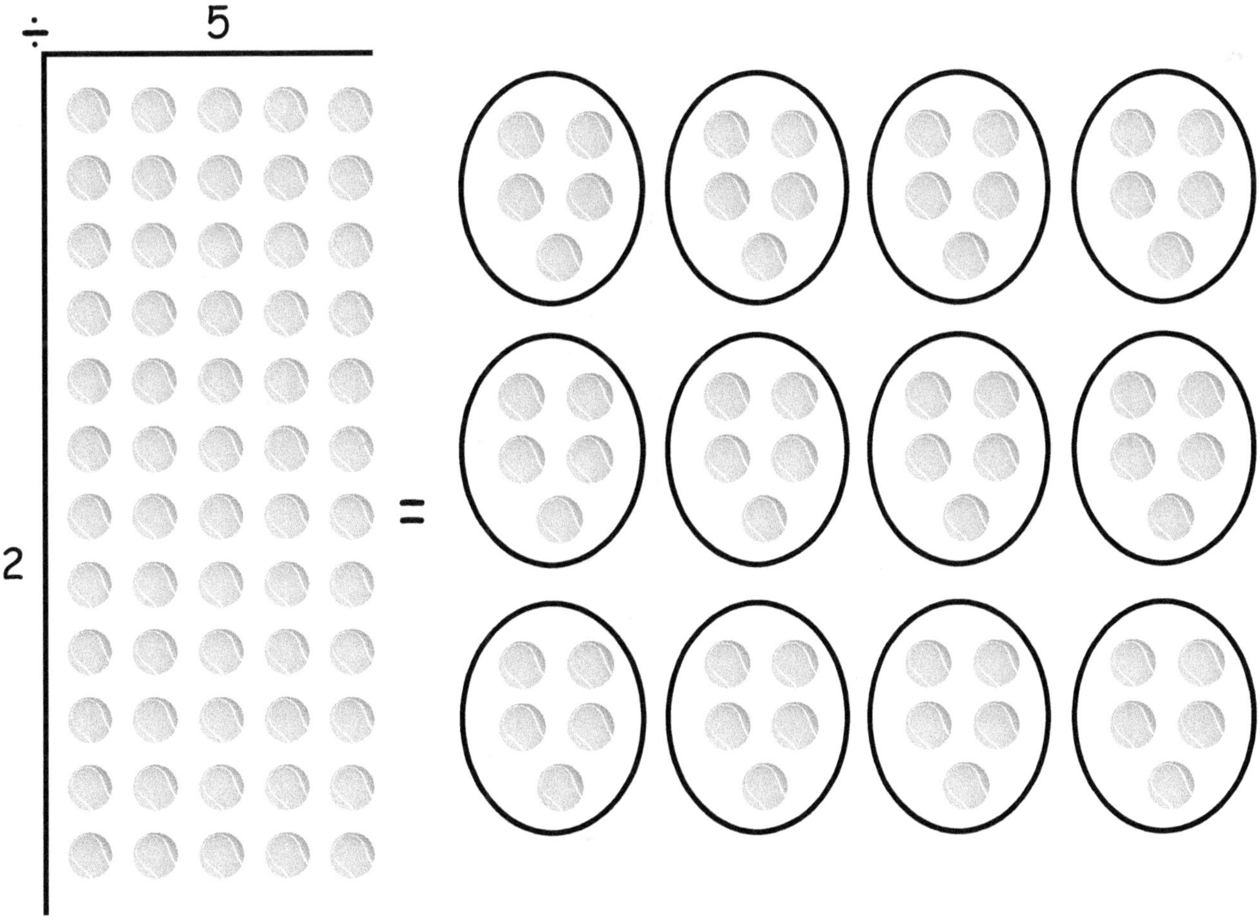

C.  60 ÷ 12 = 5

## DIVISION FACTS

## Division by 12

6. Let's learn 72 ÷ 12 = 6

A.

B.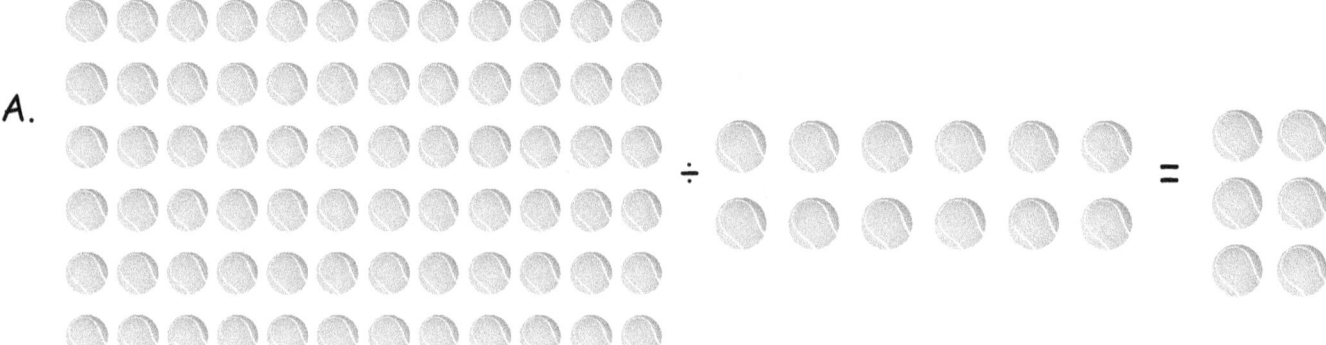

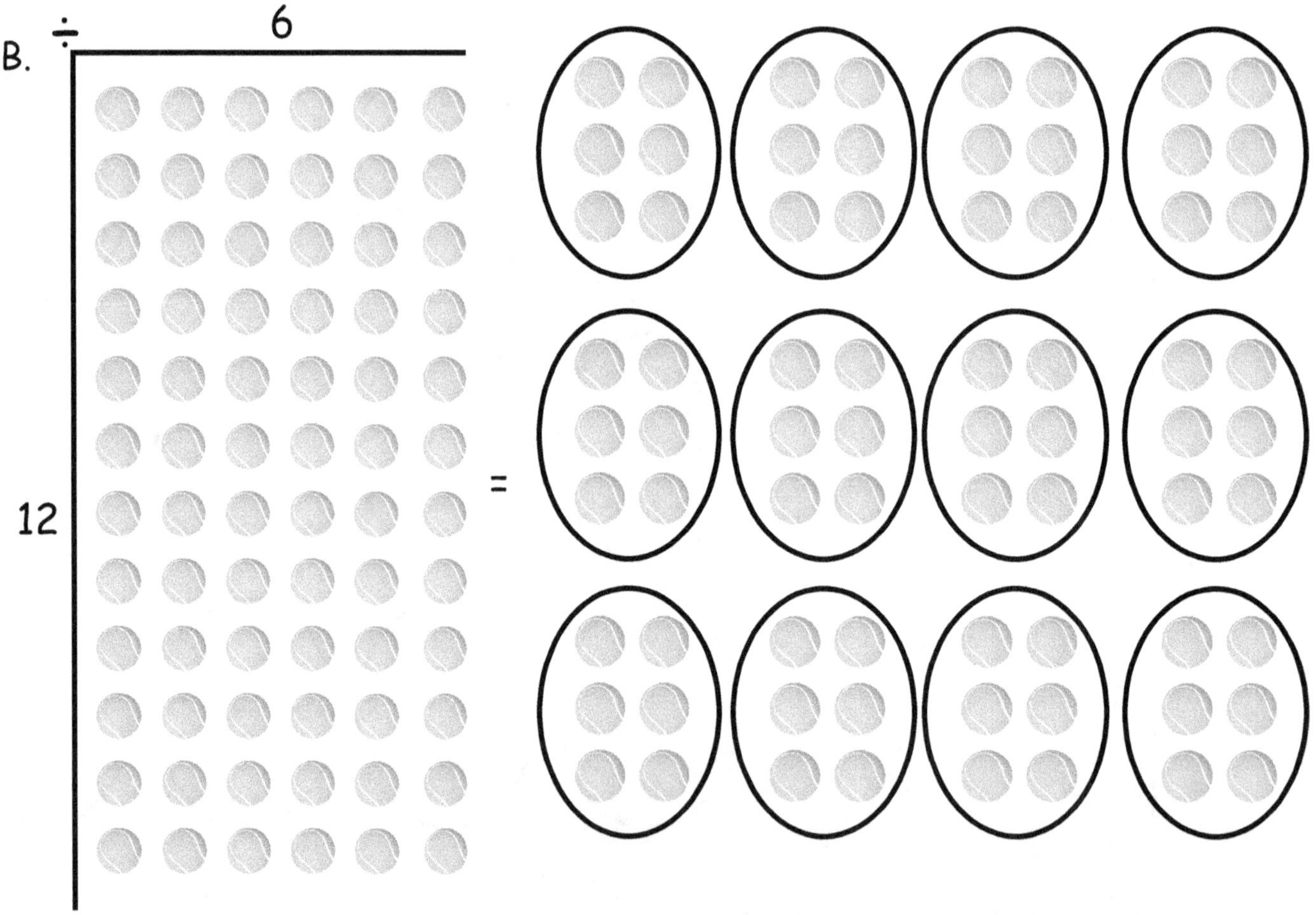

C. $\boxed{72 \div 12 = 6}$

# DIVISION FACTS

## Division by 12

7. Lets learn 84 ÷ 12 = 7

A.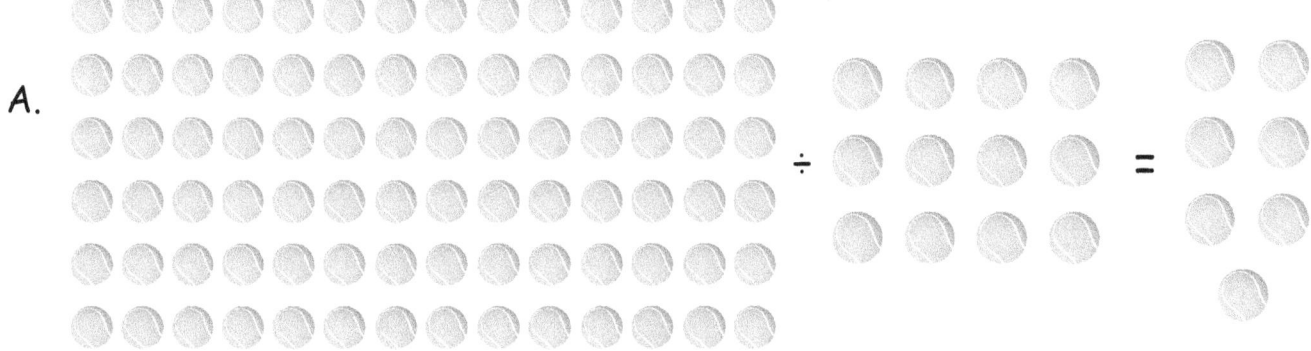

B.

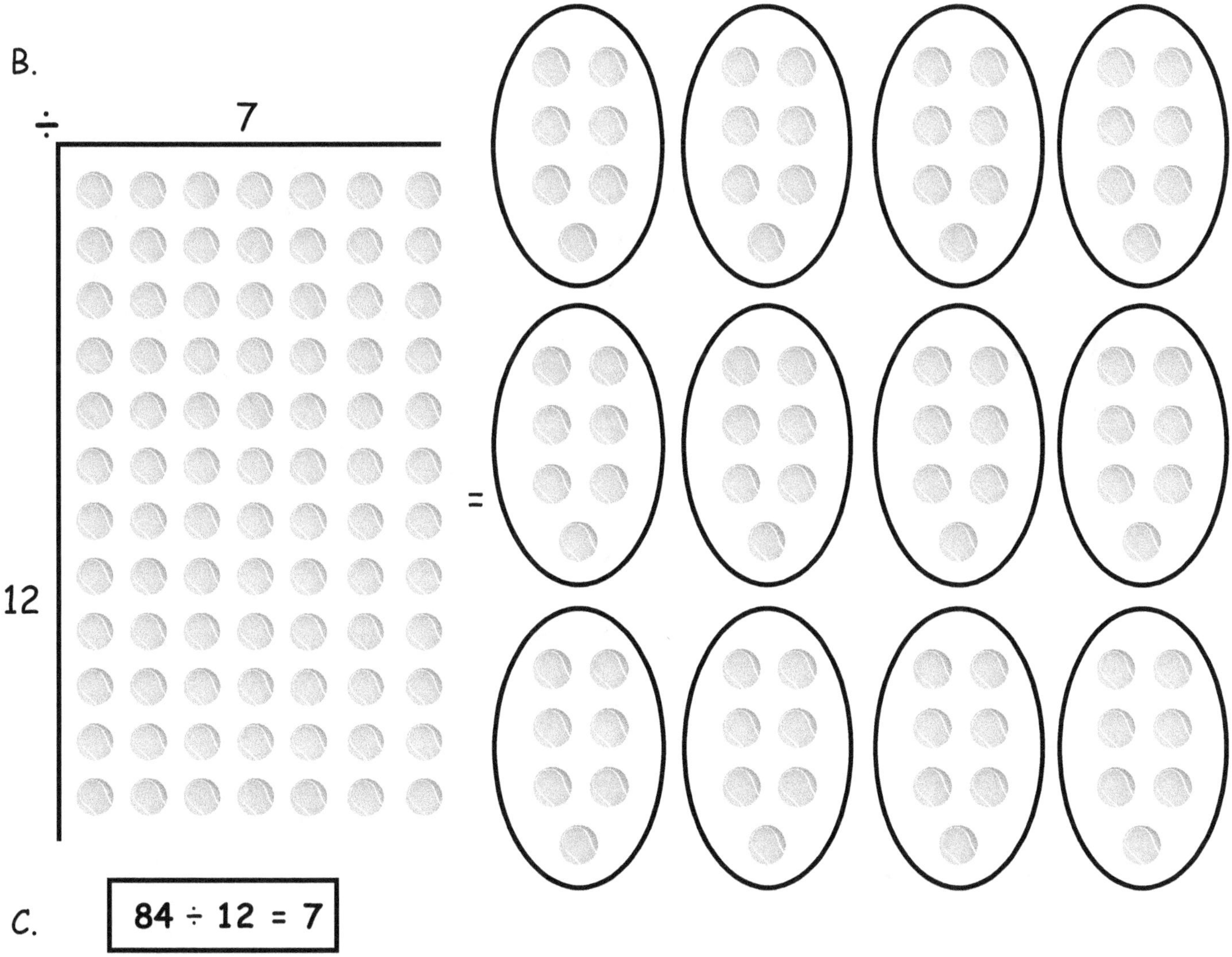

C. 84 ÷ 12 = 7

# DIVISION FACTS

## Division by 12

8. Lets learn 96 ÷ 12 = 8

A.

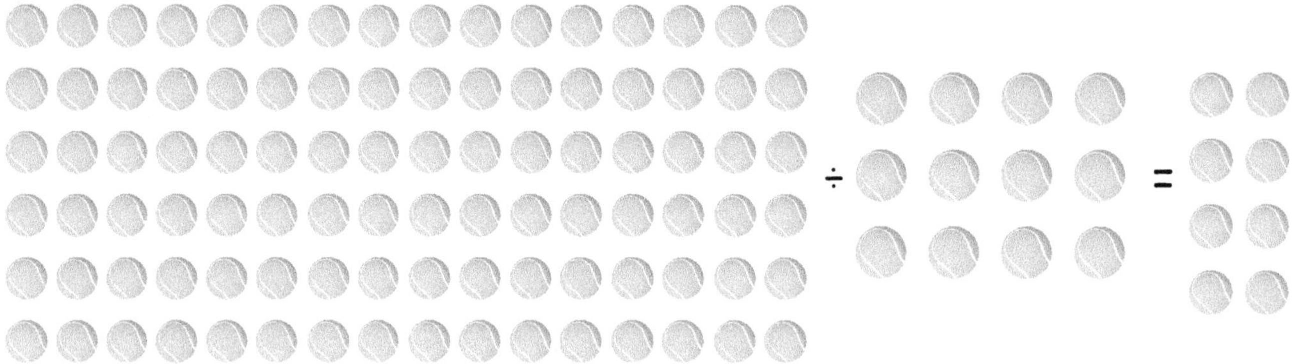

B.

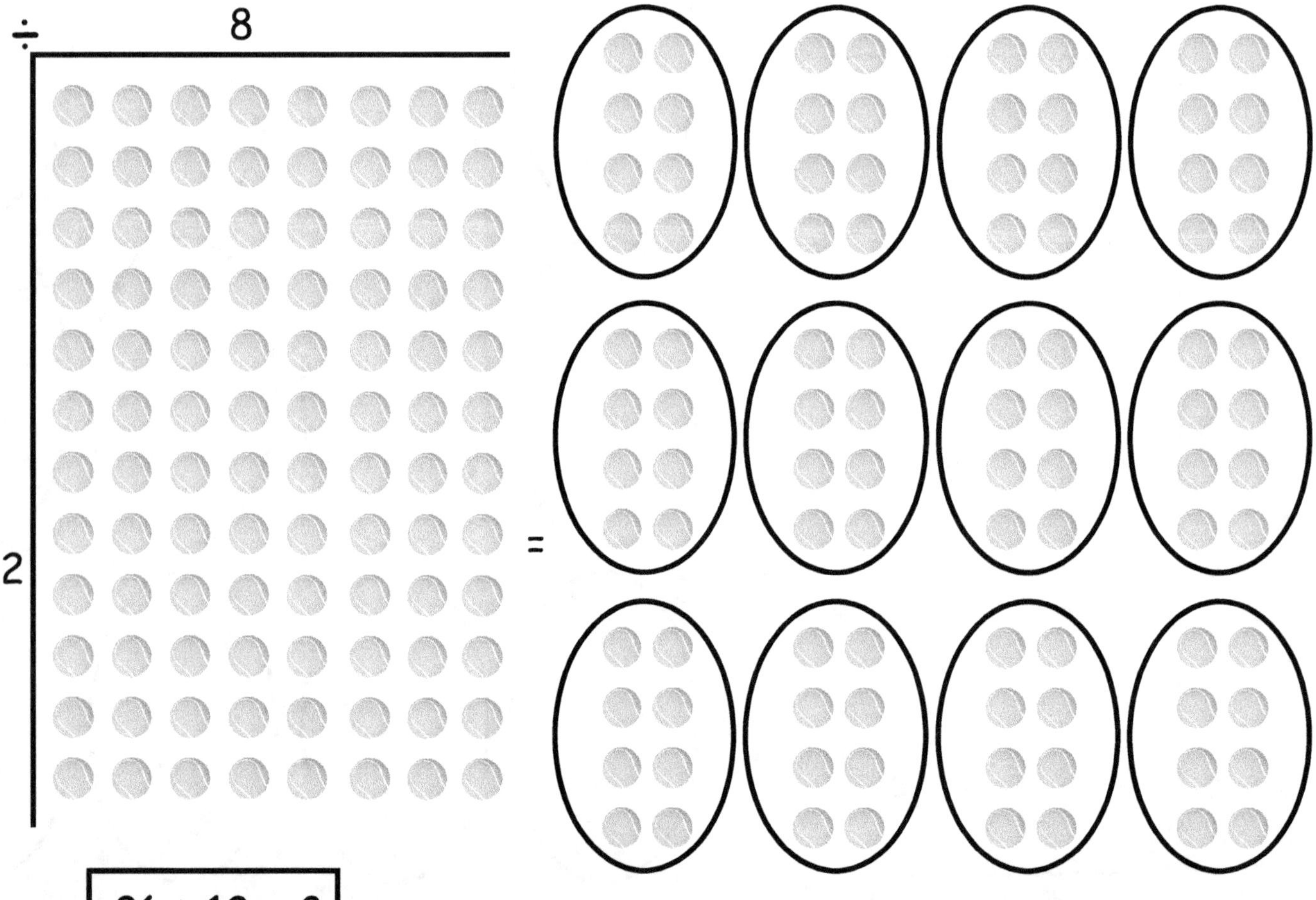

$$12 \times 8 = 96$$

C. $\boxed{96 \div 12 = 8}$

# DIVISION FACTS

# Division by 12

9. Lets learn 108 ÷ 12 = 9

A.

B.

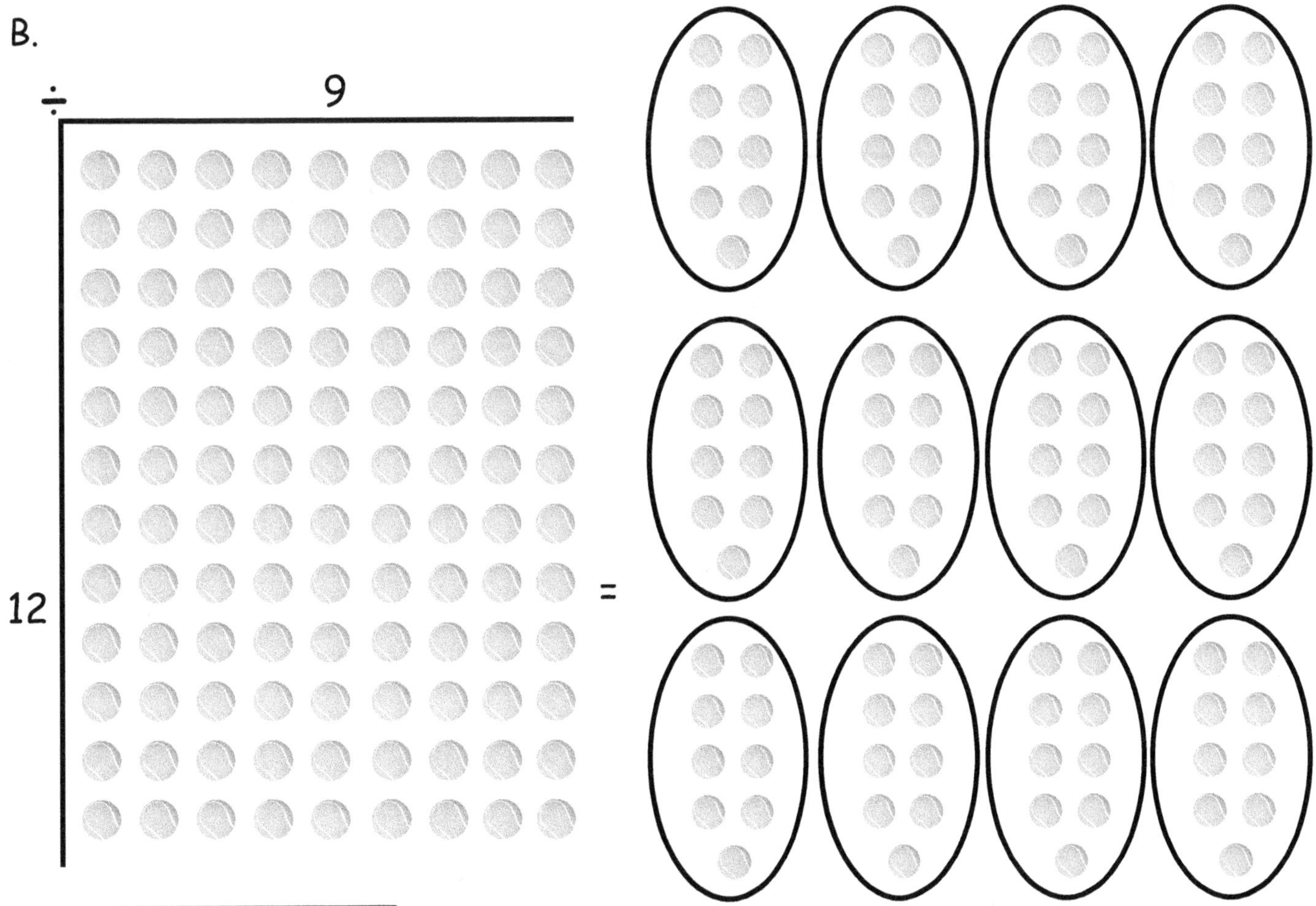

$\div$ | 9
12 | (grid of dots) = (12 ovals of 9 dots)

C. $108 \div 12 = 9$

# DIVISION FACTS

## Division by 12

10. Lets learn 120 ÷ 12 = 10

A.

B.

$$120 \div 12 = $$

C. $\boxed{120 \div 12 = 10}$

# DIVISION FACTS

## Division by 12

11. Lets learn 132 ÷ 12 = 11

A.

B.

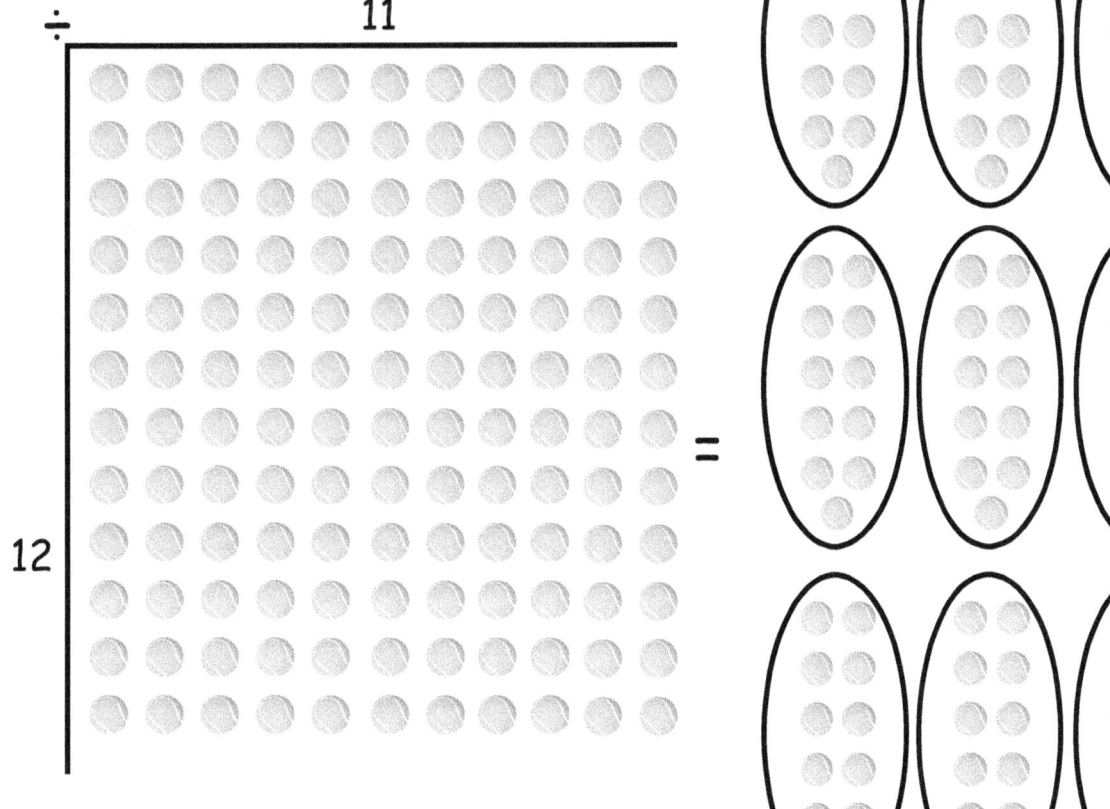

C. $\boxed{132 \div 12 = 11}$

# DIVISION FACTS

## Division by 12

12. Lets learn 144 ÷ 12 = 12

A.

B.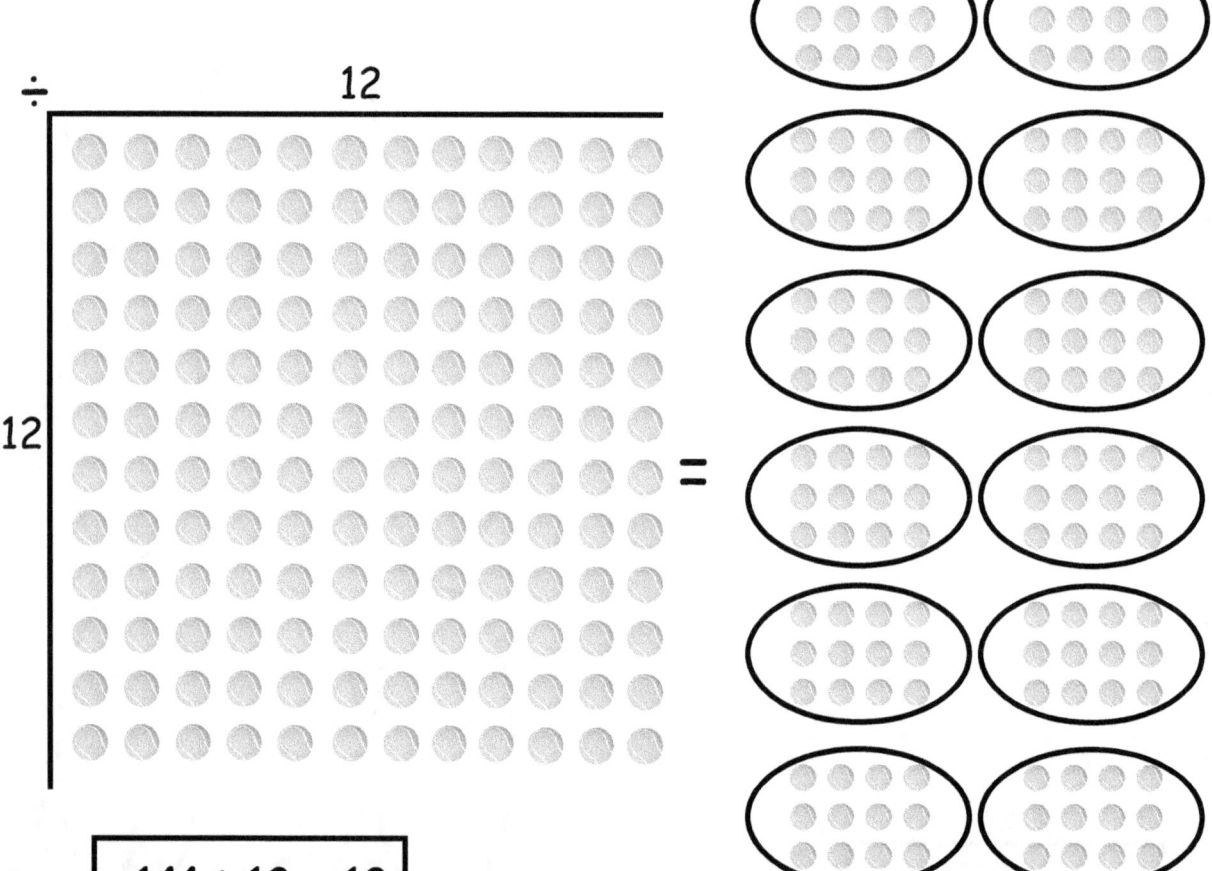

C. $\boxed{144 \div 12 = 12}$

# Exercise - 1

(A)  12)12̄         (F)  12)72̄         (K)  12)132̄

(B)  12)24̄         (G)  12)84̄         (L)  12)144̄

(C)  12)36̄         (H)  12)96̄         (M)  12)156̄

(D)  12)48̄         (I)  12)108̄        (N)  12)168̄

(E)  12)60̄         (J)  12)120̄        (O)  12)180̄

# Exercise - 2

| | | | | |
|---|---|---|---|---|
| 1. | 12 ÷ 12 = | _____ | 1 × _____ | = 12 |
| 2. | 24 ÷ 12 = | _____ | 2 × _____ | = 24 |
| 3. | 36 ÷ 12 = | _____ | 3 × _____ | = 36 |
| 4. | 48 ÷ 12 = | _____ | 4 × _____ | = 48 |
| 5. | 60 ÷ 12 = | _____ | 5 × _____ | = 60 |
| 6. | 72 ÷ 12 = | _____ | 6 × _____ | = 72 |
| 7. | 84 ÷ 12 = | _____ | 7 × _____ | = 84 |
| 8. | 96 ÷ 12 = | _____ | 8 × _____ | = 96 |
| 9. | 108 ÷ 12 = | _____ | 9 × _____ | = 108 |
| 10. | 120 ÷ 12 = | _____ | 10 × _____ | = 120 |
| 11. | 132 ÷ 12 = | _____ | 11 × _____ | = 132 |
| 12. | 144 ÷ 12 = | _____ | 12 × _____ | = 144 |

Did you know division is splitting a number up by any give number.

# Exercise - 3

1. I am a number, I divide myself, into one equal group of 12. What am I ?

   (A)  12              (B)  1

   (C)  2               (D)  3

2. I am a number, I divide myself, into twelve equal groups of 1. What am I ?

   (A)  12              (B)  6

   (C)  4               (D)  2

3. I am a number, I divide myself, into twelve equal groups of 2. What am I ?

   (A)  16              (B)  12

   (C)  24              (D)  4

4. I am a number, I divide myself, into twelve equal groups of 3. What am I ?

   (A)  3               (B)  24

   (C)  18              (D)  36

5. I am a number, I divide myself, into twelve equal groups of 4. What am I ?

   (A)  24              (B)  4

   (C)  48              (D)  6

**DIVISION FACTS**

**Division by 12**

6.  I am a number, I divide myself, into twelve equal groups of 5. What am I?

    (A) 60          (B) 12

    (C) 30          (D) 5

7.  I am a number, I divide myself, into twelve equal groups of 6. What am I?

    (A) 36          (B) 6

    (C) 72          (D) 4

8.  I am a number, I divide myself, into twelve equal groups of 7. What am I?

    (A) 12          (B) 84

    (C) 7           (D) 42

9.  I am a number, I divide myself, into twelve equal groups of 8. What am I?

    (A) 12          (B) 96

    (C) 8           (D) 48

10. I am a number, I divide myself, into twelve equal groups of 9. What am I?

    (A) 36          (B) 9

    (C) 108         (D) 54

## DIVISION FACTS — Division by 12

11. I am a number, I divide myself, into twelve equal groups of 10. What am I ?

    (A) 10          (B) 60

    (C) 15          (D) 120

12. I am a number, I divide myself, into twelve equal groups of 11. What am I ?

    (A) 66          (B) 11

    (C) 132         (D) 22

13. I am a number, I divide myself, into twelve equal groups of 12. What am I ?

    (A) 12          (B) 144

    (C) 72          (D) 48

14. I am a number, I divide myself, into twelve equal groups of 13. What am I ?

    (A) 36          (B) 13

    (C) 12          (D) 156

15. I am a number, I divide myself, into twelve equal groups of 14. What am I ?

    (A) 168         (B) 12

    (C) 14          (D) 70

# Exercise - 4

Solve the maze run below.

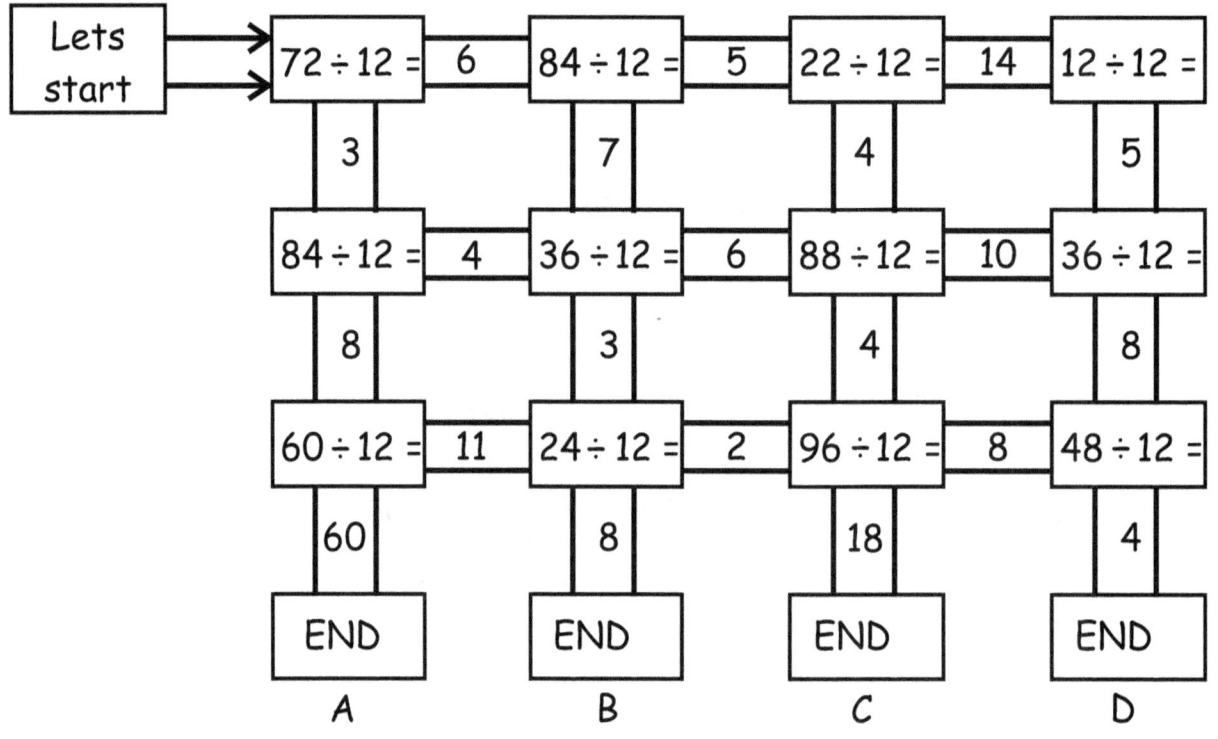

Who won the race? _____

# Exercise - 5

1.  12 ÷ ☐ = 1   then  ☐ = _____

2.  24 ÷ ☐ = 12  then  ☐ = _____

3.  36 ÷ ☐ = 12  then  ☐ = _____

4.  48 ÷ ☐ = 12  then  ☐ = _____

5.  60 ÷ ☐ = 12  then  ☐ = _____

6.  72 ÷ ☐ = 12  then  ☐ = _____

7.  84 ÷ ☐ = 12  then  ☐ = _____

8.  96 ÷ ☐ = 12  then  ☐ = _____

9.  108 ÷ ☐ = 12 then  ☐ = _____

10. 120 ÷ ☐ = 12 then  ☐ = _____

11. 132 ÷ ☐ = 12 then  ☐ = _____

12. 144 ÷ ☐ = 12 then  ☐ = _____

Hey you are an expert of division facts of #12 !!!

# DP Exercise 1

1.  $1 \div 1 =$ _____
2.  $2 \div 1 =$ _____
3.  $3 \div 1 =$ _____
4.  $4 \div 1 =$ _____
5.  $5 \div 1 =$ _____
6.  $6 \div 1 =$ _____
7.  $7 \div 1 =$ _____
8.  $8 \div 1 =$ _____
9.  $9 \div 1 =$ _____
10. $10 \div 1 =$ _____
11. $11 \div 1 =$ _____
12. $12 \div 1 =$ _____

Did you know any number when divided by one is the number itself ?

# DP Exercise 2

| | | |
|---|---|---|
| 1. | $2 \div 2 =$ | _____ |
| 2. | $4 \div 2 =$ | _____ |
| 3. | $6 \div 2 =$ | _____ |
| 4. | $8 \div 2 =$ | _____ |
| 5. | $10 \div 2 =$ | _____ |
| 6. | $12 \div 2 =$ | _____ |
| 7. | $14 \div 2 =$ | _____ |
| 8. | $16 \div 2 =$ | _____ |
| 9. | $18 \div 2 =$ | _____ |
| 10. | $20 \div 2 =$ | _____ |
| 11. | $22 \div 2 =$ | _____ |
| 12. | $24 \div 2 =$ | _____ |

| | | |
|---|---|---|
| 1 | $\times$ _____ | $= 2$ |
| 2 | $\times$ _____ | $= 4$ |
| 3 | $\times$ _____ | $= 6$ |
| 4 | $\times$ _____ | $= 8$ |
| 5 | $\times$ _____ | $= 10$ |
| 6 | $\times$ _____ | $= 12$ |
| 7 | $\times$ _____ | $= 14$ |
| 8 | $\times$ _____ | $= 16$ |
| 9 | $\times$ _____ | $= 18$ |
| 10 | $\times$ _____ | $= 20$ |
| 11 | $\times$ _____ | $= 22$ |
| 12 | $\times$ _____ | $= 24$ |

Did you know division by 2 means dividing the given number into 2 equal halfs?

# DP Exercise 3

| | | |
|---|---|---|
| 1. | 3 ÷ 3 = | _____ |
| 2. | 6 ÷ 3 = | _____ |
| 3. | 9 ÷ 3 = | _____ |
| 4. | 12 ÷ 3 = | _____ |
| 5. | 15 ÷ 3 = | _____ |
| 6. | 18 ÷ 3 = | _____ |
| 7. | 21 ÷ 3 = | _____ |
| 8. | 24 ÷ 3 = | _____ |
| 9. | 27 ÷ 3 = | _____ |
| 10. | 30 ÷ 3 = | _____ |
| 11. | 33 ÷ 3 = | _____ |
| 12. | 36 ÷ 3 = | _____ |

| | | |
|---|---|---|
| 1 | × _____ = | 3 |
| 2 | × _____ = | 6 |
| 3 | × _____ = | 9 |
| 4 | × _____ = | 12 |
| 5 | × _____ = | 15 |
| 6 | × _____ = | 18 |
| 7 | × _____ = | 21 |
| 8 | × _____ = | 24 |
| 9 | × _____ = | 27 |
| 10 | × _____ = | 30 |
| 11 | × _____ = | 33 |
| 12 | × _____ = | 36 |

Did you know division by 3 means dividing the given number into 3 equal halfs ?

# DP Exercise 4

| | | | | | | | | | |
|---|---|---|---|---|---|---|---|---|---|
| 1. | 4 ÷ 4 | = | _____ | | 1 | × | _____ | = | 4 |
| 2. | 8 ÷ 4 | = | _____ | | 2 | × | _____ | = | 8 |
| 3. | 12 ÷ 4 | = | _____ | | 3 | × | _____ | = | 12 |
| 4. | 16 ÷ 4 | = | _____ | | 4 | × | _____ | = | 16 |
| 5. | 20 ÷ 4 | = | _____ | | 5 | × | _____ | = | 20 |
| 6. | 24 ÷ 4 | = | _____ | | 6 | × | _____ | = | 24 |
| 7. | 28 ÷ 4 | = | _____ | | 7 | × | _____ | = | 28 |
| 8. | 32 ÷ 4 | = | _____ | | 8 | × | _____ | = | 32 |
| 9. | 36 ÷ 4 | = | _____ | | 9 | × | _____ | = | 36 |
| 10. | 40 ÷ 4 | = | _____ | | 10 | × | _____ | = | 40 |
| 11. | 44 ÷ 4 | = | _____ | | 11 | × | _____ | = | 44 |
| 12. | 48 ÷ 4 | = | _____ | | 12 | × | _____ | = | 48 |

Did you know division by 4 means dividing the given number into 4 equal halfs ?

# DP Exercise 5

| | | |
|---|---|---|
| 1. | 5 ÷ 5 = | _____ |
| 2. | 10 ÷ 5 = | _____ |
| 3. | 15 ÷ 5 = | _____ |
| 4. | 20 ÷ 5 = | _____ |
| 5. | 25 ÷ 5 = | _____ |
| 6. | 30 ÷ 5 = | _____ |
| 7. | 35 ÷ 5 = | _____ |
| 8. | 40 ÷ 5 = | _____ |
| 9. | 45 ÷ 5 = | _____ |
| 10. | 50 ÷ 5 = | _____ |
| 11. | 55 ÷ 5 = | _____ |
| 12. | 60 ÷ 5 = | _____ |

| | | | |
|---|---|---|---|
| 1 | × ____ | = | 5 |
| 2 | × ____ | = | 10 |
| 3 | × ____ | = | 15 |
| 4 | × ____ | = | 20 |
| 5 | × ____ | = | 25 |
| 6 | × ____ | = | 30 |
| 7 | × ____ | = | 35 |
| 8 | × ____ | = | 40 |
| 9 | × ____ | = | 45 |
| 10 | × ____ | = | 50 |
| 11 | × ____ | = | 55 |
| 12 | × ____ | = | 60 |

Did you know division by 5 means dividing the given number into 5 equal halfs ?

# DP Exercise 6

| # | Division | | # | Multiplication | |
|---|---|---|---|---|---|
| 1. | 6 ÷ 6 = | _____ | 1 | × ___ = | 6 |
| 2. | 12 ÷ 6 = | _____ | 2 | × ___ = | 12 |
| 3. | 18 ÷ 6 = | _____ | 3 | × ___ = | 18 |
| 4. | 24 ÷ 6 = | _____ | 4 | × ___ = | 24 |
| 5. | 30 ÷ 6 = | _____ | 5 | × ___ = | 30 |
| 6. | 36 ÷ 6 = | _____ | 6 | × ___ = | 36 |
| 7. | 42 ÷ 6 = | _____ | 7 | × ___ = | 42 |
| 8. | 48 ÷ 6 = | _____ | 8 | × ___ = | 48 |
| 9. | 54 ÷ 6 = | _____ | 9 | × ___ = | 54 |
| 10. | 60 ÷ 6 = | _____ | 10 | × ___ = | 60 |
| 11. | 66 ÷ 6 = | _____ | 11 | × ___ = | 66 |
| 12. | 72 ÷ 6 = | _____ | 12 | × ___ = | 72 |

Did you know division by 6 means dividing the given number into 6 equal halfs ?

# DP Exercise 7

1. 7 ÷ 7 = _____
2. 14 ÷ 7 = _____
3. 21 ÷ 7 = _____
4. 28 ÷ 7 = _____
5. 35 ÷ 7 = _____
6. 42 ÷ 7 = _____
7. 49 ÷ 7 = _____
8. 56 ÷ 7 = _____
9. 63 ÷ 7 = _____
10. 70 ÷ 7 = _____
11. 77 ÷ 7 = _____
12. 84 ÷ 7 = _____

1 × \_\_\_\_ = 7
2 × \_\_\_\_ = 14
3 × \_\_\_\_ = 21
4 × \_\_\_\_ = 28
5 × \_\_\_\_ = 35
6 × \_\_\_\_ = 42
7 × \_\_\_\_ = 49
8 × \_\_\_\_ = 56
9 × \_\_\_\_ = 63
10 × \_\_\_\_ = 70
11 × \_\_\_\_ = 77
12 × \_\_\_\_ = 84

Did you know division by 7 means dividing the given number into 7 equal halfs ?

# DP Exercise 8

1. 8 ÷ 8 = \_\_\_\_\_
2. 16 ÷ 8 = \_\_\_\_\_
3. 24 ÷ 8 = \_\_\_\_\_
4. 32 ÷ 8 = \_\_\_\_\_
5. 40 ÷ 8 = \_\_\_\_\_
6. 48 ÷ 8 = \_\_\_\_\_
7. 56 ÷ 8 = \_\_\_\_\_
8. 64 ÷ 8 = \_\_\_\_\_
9. 72 ÷ 8 = \_\_\_\_\_
10. 80 ÷ 8 = \_\_\_\_\_
11. 88 ÷ 8 = \_\_\_\_\_
12. 96 ÷ 8 = \_\_\_\_\_

1 × \_\_\_\_ = 8
2 × \_\_\_\_ = 16
3 × \_\_\_\_ = 24
4 × \_\_\_\_ = 32
5 × \_\_\_\_ = 40
6 × \_\_\_\_ = 48
7 × \_\_\_\_ = 56
8 × \_\_\_\_ = 64
9 × \_\_\_\_ = 72
10 × \_\_\_\_ = 80
11 × \_\_\_\_ = 88
12 × \_\_\_\_ = 96

Did you know division by 8 means dividing the given number into 8 equal halfs ?

# DP Exercise 9

| | | |
|---|---|---|
| 1. | 9 ÷ 9 = | _____ |
| 2. | 18 ÷ 9 = | _____ |
| 3. | 27 ÷ 9 = | _____ |
| 4. | 36 ÷ 9 = | _____ |
| 5. | 45 ÷ 9 = | _____ |
| 6. | 54 ÷ 9 = | _____ |
| 7. | 63 ÷ 9 = | _____ |
| 8. | 72 ÷ 9 = | _____ |
| 9. | 81 ÷ 9 = | _____ |
| 10. | 90 ÷ 9 = | _____ |
| 11. | 99 ÷ 9 = | _____ |
| 12. | 108 ÷ 9 = | _____ |

| | | | |
|---|---|---|---|
| 1 | × ____ | = | 9 |
| 2 | × ____ | = | 18 |
| 3 | × ____ | = | 27 |
| 4 | × ____ | = | 36 |
| 5 | × ____ | = | 45 |
| 6 | × ____ | = | 54 |
| 7 | × ____ | = | 63 |
| 8 | × ____ | = | 72 |
| 9 | × ____ | = | 81 |
| 10 | × ____ | = | 90 |
| 11 | × ____ | = | 99 |
| 12 | × ____ | = | 108 |

Did you know division by 9 means dividing the given number into 9 equal halfs ?

# DP Exercise 10

| | | | | |
|---|---|---|---|---|
| 1. | 10 ÷ 10 = \_\_\_\_\_ | | 1 × \_\_\_\_ = 10 |
| 2. | 20 ÷ 10 = \_\_\_\_\_ | | 2 × \_\_\_\_ = 20 |
| 3. | 30 ÷ 10 = \_\_\_\_\_ | | 3 × \_\_\_\_ = 30 |
| 4. | 40 ÷ 10 = \_\_\_\_\_ | | 4 × \_\_\_\_ = 40 |
| 5. | 50 ÷ 10 = \_\_\_\_\_ | | 5 × \_\_\_\_ = 50 |
| 6. | 60 ÷ 10 = \_\_\_\_\_ | | 6 × \_\_\_\_ = 60 |
| 7. | 70 ÷ 10 = \_\_\_\_\_ | | 7 × \_\_\_\_ = 70 |
| 8. | 80 ÷ 10 = \_\_\_\_\_ | | 8 × \_\_\_\_ = 80 |
| 9. | 90 ÷ 10 = \_\_\_\_\_ | | 9 × \_\_\_\_ = 90 |
| 10. | 100 ÷ 10 = \_\_\_\_\_ | | 10 × \_\_\_\_ = 100 |
| 11. | 110 ÷ 10 = \_\_\_\_\_ | | 11 × \_\_\_\_ = 110 |
| 12. | 120 ÷ 10 = \_\_\_\_\_ | | 12 × \_\_\_\_ = 120 |

Did you know division by 10 means dividing the given number into 10 equal halfs ?

# DP Exercise 11

| | | | | | | |
|---|---|---|---|---|---|---|
| 1. | 11 ÷ 11 = \_\_\_\_ | | 1 × \_\_\_\_ = 11 |
| 2. | 22 ÷ 11 = \_\_\_\_ | | 2 × \_\_\_\_ = 22 |
| 3. | 33 ÷ 11 = \_\_\_\_ | | 3 × \_\_\_\_ = 33 |
| 4. | 44 ÷ 11 = \_\_\_\_ | | 4 × \_\_\_\_ = 44 |
| 5. | 55 ÷ 11 = \_\_\_\_ | | 5 × \_\_\_\_ = 55 |
| 6. | 66 ÷ 11 = \_\_\_\_ | | 6 × \_\_\_\_ = 66 |
| 7. | 77 ÷ 11 = \_\_\_\_ | | 7 × \_\_\_\_ = 77 |
| 8. | 88 ÷ 11 = \_\_\_\_ | | 8 × \_\_\_\_ = 88 |
| 9. | 99 ÷ 11 = \_\_\_\_ | | 9 × \_\_\_\_ = 99 |
| 10. | 110 ÷ 11 = \_\_\_\_ | | 10 × \_\_\_\_ = 110 |
| 11. | 121 ÷ 11 = \_\_\_\_ | | 11 × \_\_\_\_ = 121 |
| 12. | 132 ÷ 11 = \_\_\_\_ | | 12 × \_\_\_\_ = 132 |

Did you know division by 11 means dividing the given number into 11 equal halfs ?

# DP Exercise 12

| | | |
|---|---|---|
| 1. | 12 ÷ 12 = | _____ |
| 2. | 24 ÷ 12 = | _____ |
| 3. | 36 ÷ 12 = | _____ |
| 4. | 48 ÷ 12 = | _____ |
| 5. | 60 ÷ 12 = | _____ |
| 6. | 72 ÷ 12 = | _____ |
| 7. | 84 ÷ 12 = | _____ |
| 8. | 96 ÷ 12 = | _____ |
| 9. | 108 ÷ 12 = | _____ |
| 10. | 120 ÷ 12 = | _____ |
| 11. | 132 ÷ 12 = | _____ |
| 12. | 144 ÷ 12 = | _____ |

| | | |
|---|---|---|
| 1 | × \_\_\_\_ | = 12 |
| 2 | × \_\_\_\_ | = 24 |
| 3 | × \_\_\_\_ | = 36 |
| 4 | × \_\_\_\_ | = 48 |
| 5 | × \_\_\_\_ | = 60 |
| 6 | × \_\_\_\_ | = 72 |
| 7 | × \_\_\_\_ | = 84 |
| 8 | × \_\_\_\_ | = 96 |
| 9 | × \_\_\_\_ | = 108 |
| 10 | × \_\_\_\_ | = 120 |
| 11 | × \_\_\_\_ | = 132 |
| 12 | × \_\_\_\_ | = 144 |

Did you know division by 12 means dividing the given number into 12 equal halfs ?

# DP Exercise 13

| | | | |
|---|---|---|---|
| 1. | 13 ÷ 13 = \_\_\_\_ | 1 × \_\_\_\_ = 13 |
| 2. | 26 ÷ 13 = \_\_\_\_ | 2 × \_\_\_\_ = 26 |
| 3. | 39 ÷ 13 = \_\_\_\_ | 3 × \_\_\_\_ = 39 |
| 4. | 52 ÷ 13 = \_\_\_\_ | 4 × \_\_\_\_ = 52 |
| 5. | 65 ÷ 13 = \_\_\_\_ | 5 × \_\_\_\_ = 65 |
| 6. | 78 ÷ 13 = \_\_\_\_ | 6 × \_\_\_\_ = 78 |
| 7. | 91 ÷ 13 = \_\_\_\_ | 7 × \_\_\_\_ = 91 |
| 8. | 104 ÷ 13 = \_\_\_\_ | 8 × \_\_\_\_ = 104 |
| 9. | 117 ÷ 13 = \_\_\_\_ | 9 × \_\_\_\_ = 117 |
| 10. | 130 ÷ 13 = \_\_\_\_ | 10 × \_\_\_\_ = 130 |
| 11. | 143 ÷ 13 = \_\_\_\_ | 11 × \_\_\_\_ = 143 |
| 12. | 156 ÷ 13 = \_\_\_\_ | 12 × \_\_\_\_ = 156 |

Did you know division by 13 means dividing the given number into 13 equal halfs ?

# DP Exercise 14

| | | | | | |
|---|---|---|---|---|---|
| 1. | 14 ÷ 14 = \_\_\_\_ | | 1 × \_\_\_\_ | = 14 |
| 2. | 28 ÷ 14 = \_\_\_\_ | | 2 × \_\_\_\_ | = 28 |
| 3. | 42 ÷ 14 = \_\_\_\_ | | 3 × \_\_\_\_ | = 42 |
| 4. | 56 ÷ 14 = \_\_\_\_ | | 4 × \_\_\_\_ | = 56 |
| 5. | 70 ÷ 14 = \_\_\_\_ | | 5 × \_\_\_\_ | = 70 |
| 6. | 84 ÷ 14 = \_\_\_\_ | | 6 × \_\_\_\_ | = 84 |
| 7. | 98 ÷ 14 = \_\_\_\_ | | 7 × \_\_\_\_ | = 98 |
| 8. | 112 ÷ 14 = \_\_\_\_ | | 8 × \_\_\_\_ | = 112 |
| 9. | 126 ÷ 14 = \_\_\_\_ | | 9 × \_\_\_\_ | = 126 |
| 10. | 140 ÷ 14 = \_\_\_\_ | | 10 × \_\_\_\_ | = 140 |
| 11. | 154 ÷ 14 = \_\_\_\_ | | 11 × \_\_\_\_ | = 154 |
| 12. | 168 ÷ 14 = \_\_\_\_ | | 12 × \_\_\_\_ | = 168 |

Did you know division by 14 means dividing the given number into 14 equal halfs ?

# DP Exercise 15

| | | |
|---|---|---|
| 1. | 15 ÷ 15 = | _____ |
| 2. | 30 ÷ 15 = | _____ |
| 3. | 45 ÷ 15 = | _____ |
| 4. | 60 ÷ 15 = | _____ |
| 5. | 75 ÷ 15 = | _____ |
| 6. | 90 ÷ 15 = | _____ |
| 7. | 105 ÷ 15 = | _____ |
| 8. | 120 ÷ 15 = | _____ |
| 9. | 135 ÷ 15 = | _____ |
| 10. | 150 ÷ 15 = | _____ |
| 11. | 165 ÷ 15 = | _____ |
| 12. | 180 ÷ 15 = | _____ |

| | | |
|---|---|---|
| 1 × _____ | = | 15 |
| 2 × _____ | = | 30 |
| 3 × _____ | = | 45 |
| 4 × _____ | = | 60 |
| 5 × _____ | = | 75 |
| 6 × _____ | = | 90 |
| 7 × _____ | = | 105 |
| 8 × _____ | = | 120 |
| 9 × _____ | = | 135 |
| 10 × _____ | = | 150 |
| 11 × _____ | = | 165 |
| 12 × _____ | = | 180 |

Did you know division by 15 means dividing the given number into 15 equal halfs ?

# DP Exercise 16

1. 16 ÷ 16 = _____
2. 32 ÷ 16 = _____
3. 48 ÷ 16 = _____
4. 64 ÷ 16 = _____
5. 80 ÷ 16 = _____
6. 96 ÷ 16 = _____
7. 112 ÷ 16 = _____
8. 128 ÷ 16 = _____
9. 144 ÷ 16 = _____
10. 160 ÷ 16 = _____
11. 176 ÷ 16 = _____
12. 192 ÷ 16 = _____

1 × \_\_\_\_ = 16
2 × \_\_\_\_ = 32
3 × \_\_\_\_ = 48
4 × \_\_\_\_ = 64
5 × \_\_\_\_ = 80
6 × \_\_\_\_ = 96
7 × \_\_\_\_ = 112
8 × \_\_\_\_ = 128
9 × \_\_\_\_ = 144
10 × \_\_\_\_ = 160
11 × \_\_\_\_ = 176
12 × \_\_\_\_ = 192

Did you know division by 16 means dividing the given number into 16 equal halfs ?

# DP Exercise 17

| | | |
|---|---|---|
| 1. | 17 ÷ 17 = | _____ |
| 2. | 34 ÷ 17 = | _____ |
| 3. | 51 ÷ 17 = | _____ |
| 4. | 68 ÷ 17 = | _____ |
| 5. | 85 ÷ 17 = | _____ |
| 6. | 102 ÷ 17 = | _____ |
| 7. | 119 ÷ 17 = | _____ |
| 8. | 136 ÷ 17 = | _____ |
| 9. | 153 ÷ 17 = | _____ |
| 10. | 170 ÷ 17 = | _____ |
| 11. | 187 ÷ 17 = | _____ |
| 12. | 204 ÷ 17 = | _____ |

| | | | |
|---|---|---|---|
| 1 | × ____ | = | 17 |
| 2 | × ____ | = | 34 |
| 3 | × ____ | = | 51 |
| 4 | × ____ | = | 68 |
| 5 | × ____ | = | 85 |
| 6 | × ____ | = | 102 |
| 7 | × ____ | = | 119 |
| 8 | × ____ | = | 136 |
| 9 | × ____ | = | 153 |
| 10 | × ____ | = | 170 |
| 11 | × ____ | = | 187 |
| 12 | × ____ | = | 204 |

Did you know division by 17 means dividing the given number into 17 equal halfs ?

## DP Exercise 18

| # | Division | | # | Multiplication |
|---|---|---|---|---|
| 1. | 18 ÷ 18 = \_\_\_\_ | | 1 × \_\_\_\_ = 18 |
| 2. | 36 ÷ 18 = \_\_\_\_ | | 2 × \_\_\_\_ = 36 |
| 3. | 54 ÷ 18 = \_\_\_\_ | | 3 × \_\_\_\_ = 54 |
| 4. | 72 ÷ 18 = \_\_\_\_ | | 4 × \_\_\_\_ = 72 |
| 5. | 90 ÷ 18 = \_\_\_\_ | | 5 × \_\_\_\_ = 90 |
| 6. | 108 ÷ 18 = \_\_\_\_ | | 6 × \_\_\_\_ = 108 |
| 7. | 126 ÷ 18 = \_\_\_\_ | | 7 × \_\_\_\_ = 126 |
| 8. | 144 ÷ 18 = \_\_\_\_ | | 8 × \_\_\_\_ = 142 |
| 9. | 162 ÷ 18 = \_\_\_\_ | | 9 × \_\_\_\_ = 162 |
| 10. | 180 ÷ 18 = \_\_\_\_ | | 10 × \_\_\_\_ = 180 |
| 11. | 198 ÷ 18 = \_\_\_\_ | | 11 × \_\_\_\_ = 198 |
| 12. | 216 ÷ 18 = \_\_\_\_ | | 12 × \_\_\_\_ = 216 |

Did you know division by 18 means dividing the given number into 18 equal halfs ?

# DP Exercise 19

| | | |
|---|---|---|
| 1. | 19 ÷ 19 = | _____ |
| 2. | 38 ÷ 19 = | _____ |
| 3. | 57 ÷ 19 = | _____ |
| 4. | 76 ÷ 19 = | _____ |
| 5. | 95 ÷ 19 = | _____ |
| 6. | 114 ÷ 19 = | _____ |
| 7. | 133 ÷ 19 = | _____ |
| 8. | 152 ÷ 19 = | _____ |
| 9. | 171 ÷ 19 = | _____ |
| 10. | 190 ÷ 19 = | _____ |
| 11. | 209 ÷ 19 = | _____ |
| 12. | 228 ÷ 19 = | _____ |

| | | |
|---|---|---|
| 1 | × _____ | = 19 |
| 2 | × _____ | = 38 |
| 3 | × _____ | = 57 |
| 4 | × _____ | = 76 |
| 5 | × _____ | = 95 |
| 6 | × _____ | = 114 |
| 7 | × _____ | = 133 |
| 8 | × _____ | = 152 |
| 9 | × _____ | = 171 |
| 10 | × _____ | = 190 |
| 11 | × _____ | = 209 |
| 12 | × _____ | = 228 |

Did you know division by 19 means dividing the given number into 19 equal halfs ?

# DP Exercise 20

| | | | |
|---|---|---|---|
| 1. | 20 ÷ 20 = _____ |
| 2. | 40 ÷ 20 = _____ |
| 3. | 60 ÷ 20 = _____ |
| 4. | 80 ÷ 20 = _____ |
| 5. | 100 ÷ 20 = _____ |
| 6. | 120 ÷ 20 = _____ |
| 7. | 140 ÷ 20 = _____ |
| 8. | 160 ÷ 20 = _____ |
| 9. | 180 ÷ 20 = _____ |
| 10. | 200 ÷ 20 = _____ |
| 11. | 220 ÷ 20 = _____ |
| 12. | 240 ÷ 20 = _____ |

| | | |
|---|---|---|
| 1 × \_\_\_\_ = 20 |
| 2 × \_\_\_\_ = 40 |
| 3 × \_\_\_\_ = 60 |
| 4 × \_\_\_\_ = 80 |
| 5 × \_\_\_\_ = 100 |
| 6 × \_\_\_\_ = 120 |
| 7 × \_\_\_\_ = 140 |
| 8 × \_\_\_\_ = 160 |
| 9 × \_\_\_\_ = 180 |
| 10 × \_\_\_\_ = 200 |
| 11 × \_\_\_\_ = 220 |
| 12 × \_\_\_\_ = 240 |

Did you know division by 20 means dividing the given number into 20 equal halfs ?

# DP Exercise 21

1. 21 ÷ 21 = _____
2. 42 ÷ 21 = _____
3. 63 ÷ 21 = _____
4. 84 ÷ 21 = _____
5. 105 ÷ 21 = _____
6. 126 ÷ 21 = _____
7. 147 ÷ 21 = _____
8. 168 ÷ 21 = _____
9. 189 ÷ 21 = _____
10. 210 ÷ 21 = _____
11. 231 ÷ 21 = _____
12. 252 ÷ 21 = _____

1 × \_\_\_\_ = 21
2 × \_\_\_\_ = 42
3 × \_\_\_\_ = 63
4 × \_\_\_\_ = 84
5 × \_\_\_\_ = 105
6 × \_\_\_\_ = 126
7 × \_\_\_\_ = 147
8 × \_\_\_\_ = 168
9 × \_\_\_\_ = 189
10 × \_\_\_\_ = 210
11 × \_\_\_\_ = 231
12 × \_\_\_\_ = 252

Did you know division by 21 means dividing the given number into 21 equal halfs ?

# DP Exercise 22

| | | |
|---|---|---|
| 1. | 22 ÷ 22 = | _____ |
| 2. | 44 ÷ 22 = | _____ |
| 3. | 66 ÷ 22 = | _____ |
| 4. | 88 ÷ 22 = | _____ |
| 5. | 110 ÷ 22 = | _____ |
| 6. | 132 ÷ 22 = | _____ |
| 7. | 154 ÷ 22 = | _____ |
| 8. | 176 ÷ 22 = | _____ |
| 9. | 198 ÷ 22 = | _____ |
| 10. | 220 ÷ 22 = | _____ |
| 11. | 242 ÷ 22 = | _____ |
| 12. | 264 ÷ 22 = | _____ |

| | | | |
|---|---|---|---|
| 1 | × _____ | = | 22 |
| 2 | × _____ | = | 44 |
| 3 | × _____ | = | 66 |
| 4 | × _____ | = | 88 |
| 5 | × _____ | = | 110 |
| 6 | × _____ | = | 132 |
| 7 | × _____ | = | 154 |
| 8 | × _____ | = | 176 |
| 9 | × _____ | = | 198 |
| 10 | × _____ | = | 220 |
| 11 | × _____ | = | 242 |
| 12 | × _____ | = | 264 |

Did you know division by 22 means dividing the given number into 22 equal halfs ?

# DP Exercise 23

| | | |
|---|---|---|
| 1. | 23 ÷ 23 = | _____ |
| 2. | 46 ÷ 23 = | _____ |
| 3. | 69 ÷ 23 = | _____ |
| 4. | 92 ÷ 22 = | _____ |
| 5. | 115 ÷ 23 = | _____ |
| 6. | 138 ÷ 23 = | _____ |
| 7. | 161 ÷ 23 = | _____ |
| 8. | 184 ÷ 23 = | _____ |
| 9. | 207 ÷ 23 = | _____ |
| 10. | 230 ÷ 23 = | _____ |
| 11. | 253 ÷ 23 = | _____ |
| 12. | 276 ÷ 23 = | _____ |

| | | | |
|---|---|---|---|
| 1 | × \_\_\_\_ | = | 23 |
| 2 | × \_\_\_\_ | = | 46 |
| 3 | × \_\_\_\_ | = | 69 |
| 4 | × \_\_\_\_ | = | 92 |
| 5 | × \_\_\_\_ | = | 115 |
| 6 | × \_\_\_\_ | = | 138 |
| 7 | × \_\_\_\_ | = | 161 |
| 8 | × \_\_\_\_ | = | 184 |
| 9 | × \_\_\_\_ | = | 207 |
| 10 | × \_\_\_\_ | = | 230 |
| 11 | × \_\_\_\_ | = | 253 |
| 12 | × \_\_\_\_ | = | 276 |

Did you know division by 23 means dividing the given number into 23 equal halfs ?

# DP Exercise 24

| | | |
|---|---|---|
| 1. | 24 ÷ 24 = | _____ |
| 2. | 48 ÷ 24 = | _____ |
| 3. | 72 ÷ 24 = | _____ |
| 4. | 96 ÷ 24 = | _____ |
| 5. | 120 ÷ 24 = | _____ |
| 6. | 144 ÷ 24 = | _____ |
| 7. | 168 ÷ 24 = | _____ |
| 8. | 192 ÷ 24 = | _____ |
| 9. | 216 ÷ 24 = | _____ |
| 10. | 240 ÷ 24 = | _____ |
| 11. | 264 ÷ 24 = | _____ |
| 12. | 288 ÷ 24 = | _____ |

| | | | |
|---|---|---|---|
| 1 | × \_\_\_\_ | = | 24 |
| 2 | × \_\_\_\_ | = | 48 |
| 3 | × \_\_\_\_ | = | 72 |
| 4 | × \_\_\_\_ | = | 96 |
| 5 | × \_\_\_\_ | = | 120 |
| 6 | × \_\_\_\_ | = | 144 |
| 7 | × \_\_\_\_ | = | 168 |
| 8 | × \_\_\_\_ | = | 192 |
| 9 | × \_\_\_\_ | = | 216 |
| 10 | × \_\_\_\_ | = | 240 |
| 11 | × \_\_\_\_ | = | 264 |
| 12 | × \_\_\_\_ | = | 288 |

Did you know division by 24 means dividing the given number into 24 equal halfs ?

# DP Exercise 25

1. 25 ÷ 25 = _____
2. 50 ÷ 25 = _____
3. 75 ÷ 25 = _____
4. 100 ÷ 25 = _____
5. 125 ÷ 25 = _____
6. 150 ÷ 25 = _____
7. 175 ÷ 25 = _____
8. 200 ÷ 25 = _____
9. 225 ÷ 25 = _____
10. 250 ÷ 25 = _____
11. 275 ÷ 25 = _____
12. 300 ÷ 25 = _____

1 × \_\_\_\_ = 25
2 × \_\_\_\_ = 50
3 × \_\_\_\_ = 75
4 × \_\_\_\_ = 100
5 × \_\_\_\_ = 125
6 × \_\_\_\_ = 150
7 × \_\_\_\_ = 175
8 × \_\_\_\_ = 200
9 × \_\_\_\_ = 225
10 × \_\_\_\_ = 250
11 × \_\_\_\_ = 275
12 × \_\_\_\_ = 300

Did you know division by 25 means dividing the given number into 25 equal halfs ?

# DP Exercise 26

| | | | | | | | | |
|---|---|---|---|---|---|---|---|---|
| 1. | 67 | ÷ | 1 | = | _____ | 1 × _____ | = | 67 |
| 2. | 44 | ÷ | 2 | = | _____ | 2 × _____ | = | 44 |
| 3. | 99 | ÷ | 3 | = | _____ | 3 × _____ | = | 99 |
| 4. | 80 | ÷ | 4 | = | _____ | 4 × _____ | = | 80 |
| 5. | 95 | ÷ | 5 | = | _____ | 5 × _____ | = | 95 |
| 6. | 126 | ÷ | 6 | = | _____ | 6 × _____ | = | 126 |
| 7. | 49 | ÷ | 7 | = | _____ | 7 × _____ | = | 49 |
| 8. | 96 | ÷ | 8 | = | _____ | 8 × _____ | = | 96 |
| 9. | 189 | ÷ | 9 | = | _____ | 9 × _____ | = | 189 |
| 10. | 800 | ÷ | 10 | = | _____ | 10 × _____ | = | 800 |
| 11. | 1331 | ÷ | 11 | = | _____ | 11 × _____ | = | 1331 |
| 12. | 1728 | ÷ | 12 | = | _____ | 12 × _____ | = | 1728 |

Did you know operations, division and multiplication are opposites of each other?

**DIVISION FACTS**      Practice

# DP Exercise 27

| | | | | | |
|---|---|---|---|---|---|
| 1. | 591 ÷ 1 = \_\_\_\_\_ |
| 2. | 404 ÷ 2 = \_\_\_\_\_ |
| 3. | 303 ÷ 3 = \_\_\_\_\_ |
| 4. | 84 ÷ 4 = \_\_\_\_\_ |
| 5. | 125 ÷ 5 = \_\_\_\_\_ |
| 6. | 246 ÷ 6 = \_\_\_\_\_ |
| 7. | 777 ÷ 7 = \_\_\_\_\_ |
| 8. | 160 ÷ 8 = \_\_\_\_\_ |
| 9. | 279 ÷ 9 = \_\_\_\_\_ |
| 10. | 2010 ÷ 10 = \_\_\_\_\_ |
| 11. | 11011 ÷ 11 = \_\_\_\_\_ |
| 12. | 121212 ÷ 12 = \_\_\_\_\_ |

1 × \_\_\_\_\_ = 591
2 × \_\_\_\_\_ = 404
3 × \_\_\_\_\_ = 303
4 × \_\_\_\_\_ = 84
5 × \_\_\_\_\_ = 125
6 × \_\_\_\_\_ = 246
7 × \_\_\_\_\_ = 777
8 × \_\_\_\_\_ = 160
9 × \_\_\_\_\_ = 279
10 × \_\_\_\_\_ = 2010
11 × \_\_\_\_\_ = 11011
12 × \_\_\_\_\_ = 121212

Did you know operations , division and multiplication are opposites of each other ?

©All rights reserved-Math-Knots LLC., VA-USA     www.math-knots.com

# DP Exercise 28

(A) 1)2̄      (F) 1)7̄       (K) 1)1̄2̄

(B) 1)3̄      (G) 1)8̄       (L) 1)1̄3̄

(C) 1)4̄      (H) 1)9̄       (M) 1)1̄4̄

(D) 1)5̄      (I) 1)1̄0̄      (I) 1)1̄5̄

(E) 1)6̄      (J) 1)1̄1̄      (J) 1)1̄6̄

# DP Exercise 29

(A)  $2\overline{)2}$     (F)  $2\overline{)12}$     (K)  $2\overline{)22}$

(B)  $2\overline{)4}$     (G)  $2\overline{)14}$     (L)  $2\overline{)24}$

(C)  $2\overline{)6}$     (H)  $2\overline{)16}$     (M)  $2\overline{)26}$

(D)  $2\overline{)8}$     (I)  $2\overline{)18}$     (I)  $2\overline{)28}$

(E)  $2\overline{)10}$     (J)  $2\overline{)20}$     (J)  $2\overline{)30}$

# DP Exercise 30

(A) $3\overline{)3}$  (F) $3\overline{)18}$  (K) $3\overline{)33}$

(B) $3\overline{)6}$  (G) $3\overline{)21}$  (L) $3\overline{)36}$

(C) $3\overline{)9}$  (H) $3\overline{)24}$  (M) $3\overline{)39}$

(D) $3\overline{)12}$  (I) $3\overline{)27}$  (I) $3\overline{)42}$

(E) $3\overline{)15}$  (J) $3\overline{)30}$  (J) $3\overline{)45}$

## DP Exercise 31

(A) $4\overline{)4}$    (F) $4\overline{)24}$    (K) $4\overline{)44}$

(B) $4\overline{)8}$    (G) $4\overline{)28}$    (L) $4\overline{)48}$

(C) $4\overline{)12}$    (H) $4\overline{)32}$    (M) $4\overline{)52}$

(D) $4\overline{)16}$    (I) $4\overline{)36}$    (I) $4\overline{)56}$

(E) $4\overline{)20}$    (J) $4\overline{)40}$    (J) $4\overline{)60}$

# DP Exercise 32

(A) 5)5̄     (F) 5)3̄0̄     (K) 5)5̄5̄

(B) 5)1̄0̄    (G) 5)3̄5̄     (L) 5)6̄0̄

(C) 5)1̄5̄    (H) 5)4̄0̄     (M) 5)6̄5̄

(D) 5)2̄0̄    (I) 5)4̄5̄      (I) 5)7̄0̄

(E) 5)2̄5̄    (J) 5)5̄0̄      (J) 5)7̄5̄

## DP Exercise 33

(A) 6)6     (F) 6)36     (K) 6)66

(B) 6)12     (G) 6)42     (L) 6)72

(C) 6)18     (H) 6)48     (M) 6)78

(D) 6)24     (I) 6)54     (I) 6)84

(E) 6)30     (J) 6)60     (J) 6)90

# DP Exercise 34

(A)  7)7̄         (F)  7)4̄2̄        (K)  7)7̄7̄

(B)  7)1̄4̄        (G)  7)4̄9̄        (L)  7)8̄4̄

(C)  7)2̄1̄        (H)  7)5̄6̄        (M)  7)9̄1̄

(D)  7)2̄8̄        (I)  7)6̄3̄        (I)  7)9̄8̄

(E)  7)3̄5̄        (J)  7)7̄0̄        (J)  7)1̄0̄5̄

# DP Exercise 35

(A) 8)‾8‾   (F) 8)‾48‾   (K) 8)‾88‾

(B) 8)‾16‾   (G) 8)‾56‾   (L) 8)‾96‾

(C) 8)‾24‾   (H) 8)‾64‾   (M) 8)‾104‾

(D) 8)‾32‾   (I) 8)‾72‾   (I) 8)‾112‾

(E) 8)‾40‾   (J) 8)‾80‾   (J) 8)‾120‾

# DP Exercise 36

(A) 9)9    (F) 9)54    (K) 9)99

(B) 9)18   (G) 9)63    (L) 9)108

(C) 9)27   (H) 9)72    (M) 9)117

(D) 9)36   (I) 9)81    (I) 9)126

(E) 9)45   (J) 9)90    (J) 9)135

## DP Exercise 37

(A) 10)10    (F) 10)60    (K) 10)110

(B) 10)20    (G) 10)70    (L) 10)120

(C) 10)30    (H) 10)80    (M) 10)130

(D) 10)40    (I) 10)90    (I) 10)140

(E) 10)50    (J) 10)100   (J) 10)150

# DP Exercise 38

(A)  11 ⟌11̄      (F)  11 ⟌66̄      (K)  11 ⟌121̄

(B)  11 ⟌22̄      (G)  11 ⟌77̄      (L)  11 ⟌132̄

(C)  11 ⟌33̄      (H)  11 ⟌88̄      (M)  11 ⟌143̄

(D)  11 ⟌44̄      (I)  11 ⟌99̄      (I)  11 ⟌154̄

(E)  11 ⟌55̄      (J)  11 ⟌110̄     (J)  11 ⟌165̄

## DP Exercise 39

(A) $12\overline{)12}$  (F) $12\overline{)72}$  (K) $12\overline{)132}$

(B) $12\overline{)24}$  (G) $12\overline{)84}$  (L) $12\overline{)144}$

(C) $12\overline{)36}$  (H) $12\overline{)96}$  (M) $12\overline{)156}$

(D) $12\overline{)48}$  (I) $12\overline{)108}$  (I) $12\overline{)168}$

(E) $12\overline{)60}$  (J) $12\overline{)120}$  (J) $12\overline{)180}$

# DP Exercise 40

(A) 13)13     (F) 13)78      (K) 13)143

(B) 13)26     (G) 13)91      (L) 13)156

(C) 13)39     (H) 13)104     (M) 13)169

(D) 13)52     (I) 13)117     (I) 13)182

(E) 13)65     (J) 13)130     (J) 13)195

## DP Exercise 41

(A)　14)¯14¯　　(F)　14)¯84¯　　(K)　14)¯154¯

(B)　14)¯28¯　　(G)　14)¯98¯　　(L)　14)¯168¯

(C)　14)¯42¯　　(H)　14)¯112¯　　(M)　14)¯182¯

(D)　14)¯56¯　　(I)　14)¯126¯　　(I)　14)¯196¯

(E)　14)¯70¯　　(J)　14)¯140¯　　(J)　14)¯210¯

# DP Exercise 42

(A) 15 ) 15        (F) 15 ) 90        (K) 15 ) 165

(B) 15 ) 30        (G) 15 ) 105       (L) 15 ) 180

(C) 15 ) 45        (H) 15 ) 120       (M) 15 ) 195

(D) 15 ) 60        (I) 15 ) 135       (I) 15 ) 210

(E) 15 ) 75        (J) 15 ) 150       (J) 15 ) 225

## DP Exercise 43

(A)  16 ⟌ 16      (F)  16 ⟌ 96      (K)  16 ⟌ 176

(B)  16 ⟌ 32      (G)  16 ⟌ 112     (L)  16 ⟌ 192

(C)  16 ⟌ 48      (H)  16 ⟌ 128     (M)  16 ⟌ 208

(D)  16 ⟌ 64      (I)  16 ⟌ 144     (I)  16 ⟌ 224

(E)  16 ⟌ 80      (J)  16 ⟌ 160     (J)  16 ⟌ 240

# DP Exercise 44

(A) 17 ) 17    (F) 17 ) 102   (K) 17 ) 187

(B) 17 ) 34    (G) 17 ) 119   (L) 17 ) 204

(C) 17 ) 51    (H) 17 ) 136   (M) 17 ) 221

(D) 17 ) 68    (I) 17 ) 153   (I) 17 ) 238

(E) 17 ) 85    (J) 17 ) 170   (J) 17 ) 255

## DP Exercise 45

(A)  18⟌18        (F)  18⟌108       (K)  18⟌198

(B)  18⟌36        (G)  18⟌126       (L)  18⟌216

(C)  18⟌54        (H)  18⟌144       (M)  18⟌234

(D)  18⟌72        (I)  18⟌162       (I)  18⟌252

(E)  18⟌90        (J)  18⟌180       (J)  18⟌270

# DP Exercise 46

(A)  19)19         (F)  19)114        (K)  19)209

(B)  19)38         (G)  19)133        (L)  19)228

(C)  19)57         (H)  19)152        (M)  19)247

(D)  19)76         (I)  19)171        (I)  19)266

(E)  19)95         (J)  19)190        (J)  19)285

## DP Exercise 47

(A) 20)20         (F) 20)120        (K) 20)220

(B) 20)40         (G) 20)140        (L) 20)240

(C) 20)60         (H) 20)160        (M) 20)260

(D) 20)80         (I) 20)180        (I) 20)280

(E) 20)100        (J) 20)200        (J) 20)300

# DP Exercise 48

(A) 21)‾21‾    (F) 21)‾126‾   (K) 21)‾231‾

(B) 21)‾42‾    (G) 21)‾147‾   (L) 21)‾252‾

(C) 21)‾63‾    (H) 21)‾168‾   (M) 21)‾273‾

(D) 21)‾84‾    (I) 21)‾189‾   (I) 21)‾294‾

(E) 21)‾105‾   (J) 21)‾210‾   (J) 21)‾315‾

# DP Exercise 49

(A) 22)‾22‾    (F) 22)‾132‾   (K) 22)‾242‾

(B) 22)‾44‾    (G) 22)‾154‾   (L) 22)‾264‾

(C) 22)‾66‾    (H) 22)‾176‾   (M) 22)‾286‾

(D) 22)‾88‾    (I) 22)‾198‾   (I) 22)‾308‾

(E) 22)‾110‾   (J) 22)‾220‾   (J) 22)‾330‾

# DP Exercise 50

(A) 23⟌23    (F) 23⟌138    (K) 23⟌253

(B) 23⟌46    (G) 23⟌161    (L) 23⟌276

(C) 23⟌69    (H) 23⟌184    (M) 23⟌299

(D) 23⟌92    (I) 23⟌207    (I) 23⟌322

(E) 23⟌115   (J) 23⟌230    (J) 23⟌345

# DP Exercise 51

(A) 24⟌24         (F) 24⟌144        (K) 24⟌264

(B) 24⟌48         (G) 24⟌168        (L) 24⟌288

(C) 24⟌72         (H) 24⟌192        (M) 24⟌312

(D) 24⟌96         (I) 24⟌216        (I) 24⟌336

(E) 24⟌120        (J) 24⟌240        (J) 24⟌360

# DP Exercise 52

(A) $25\overline{)25}$     (F) $25\overline{)150}$     (K) $25\overline{)275}$

(B) $25\overline{)50}$     (G) $25\overline{)175}$     (L) $25\overline{)300}$

(C) $25\overline{)75}$     (H) $25\overline{)200}$     (M) $25\overline{)325}$

(D) $25\overline{)100}$    (I) $25\overline{)225}$     (I) $25\overline{)350}$

(E) $25\overline{)125}$    (J) $25\overline{)250}$     (J) $25\overline{)375}$

# DP Exercise 53

(A) 50)50  (F) 50)300  (K) 50)550

(B) 50)100  (G) 50)350  (L) 50)600

(C) 50)150  (H) 50)400  (M) 50)650

(D) 50)200  (I) 50)450  (I) 50)700

(E) 50)250  (J) 50)500  (J) 50)750

# DP Exercise 54

(A) 100⟌50        (F) 100⟌300       (K) 100⟌550

(B) 100⟌100       (G) 100⟌350       (L) 100⟌600

(C) 100⟌150       (H) 100⟌400       (M) 100⟌650

(D) 100⟌200       (I) 100⟌450       (I) 100⟌700

(E) 100⟌250       (J) 100⟌500       (J) 100⟌750

# DIVISION FACTS KEY

## Division by 2

# DIVISION FACTS Table - 2 Answer Keys

**DIVISION FACTS KEY**

**Division by 2**

# Exercise - 1

(A) $2\overline{)2}$

Ans : $2\overline{)\overset{1}{2}}$

(B) $2\overline{)4}$

Ans : $2\overline{)\overset{2}{4}}$

(C) $2\overline{)6}$

Ans : $2\overline{)\overset{3}{6}}$

(D) $2\overline{)8}$

Ans : $2\overline{)\overset{4}{8}}$

(E) $2\overline{)10}$

Ans : $2\overline{)\overset{5}{10}}$

(F) $2\overline{)12}$

Ans : $2\overline{)\overset{6}{12}}$

(G) $2\overline{)14}$

Ans : $2\overline{)\overset{7}{14}}$

(H) $2\overline{)16}$

Ans : $2\overline{)\overset{8}{16}}$

(I) $2\overline{)18}$

Ans : $2\overline{)\overset{9}{18}}$

(J) $2\overline{)20}$

Ans : $2\overline{)\overset{10}{20}}$

(K) $2\overline{)22}$

Ans : $2\overline{)\overset{11}{22}}$

(L) $2\overline{)24}$

Ans : $2\overline{)\overset{12}{24}}$

(M) $2\overline{)26}$

Ans : $2\overline{)\overset{13}{26}}$

(N) $2\overline{)28}$

Ans : $2\overline{)\overset{14}{28}}$

(O) $2\overline{)30}$

Ans : $2\overline{)\overset{15}{30}}$

**DIVISION FACTS KEY**

**Division by 2**

## Exercise - 2

| | | | |
|---|---|---|---|
| 1. | 2 ÷ 2 = | 1 |
| 2. | 4 ÷ 2 = | 2 |
| 3. | 6 ÷ 2 = | 3 |
| 4. | 8 ÷ 2 = | 4 |
| 5. | 10 ÷ 2 = | 5 |
| 6. | 12 ÷ 2 = | 6 |
| 7. | 14 ÷ 2 = | 7 |
| 8. | 16 ÷ 2 = | 8 |
| 9. | 18 ÷ 2 = | 9 |
| 10. | 20 ÷ 2 = | 10 |
| 11. | 22 ÷ 2 = | 11 |
| 12. | 24 ÷ 2 = | 12 |

| | | | |
|---|---|---|---|
| 1 × 2 = 2 |
| 2 × 2 = 4 |
| 3 × 2 = 6 |
| 4 × 2 = 8 |
| 5 × 2 = 10 |
| 6 × 2 = 12 |
| 7 × 2 = 14 |
| 8 × 2 = 16 |
| 9 × 2 = 18 |
| 10 × 2 = 20 |
| 11 × 2 = 22 |
| 12 × 2 = 24 |

Did you know division is splitting a number up by any give number.

**DIVISION FACTS KEY**

**Division by 2**

 **Exercise - 3**

1. C
2. D
3. D
4. A
5. C
6. B
7. D
8. C
9. A
10. B
11. D
12. B
13. C
14. A
15. D

DIVISION FACTS KEY

Division by 2

# Exercise - 4

Solve the maze run below.

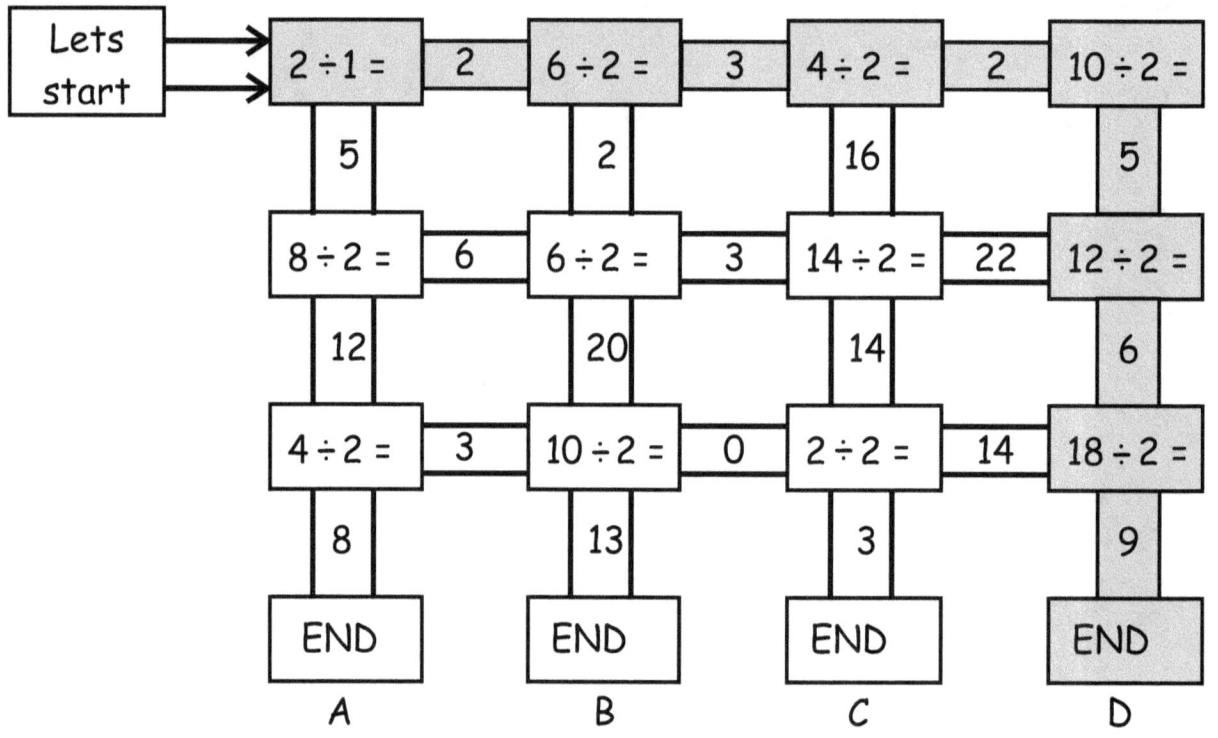

Who won the race? _____

# Exercise - 5

1. 2 ÷ ☐ = 1   then  ☐ = __1__

2. 4 ÷ ☐ = 2   then  ☐ = __2__

3. 6 ÷ ☐ = 2   then  ☐ = __3__

4. 8 ÷ ☐ = 2   then  ☐ = __4__

5. 10 ÷ ☐ = 2   then  ☐ = __5__

6. 12 ÷ ☐ = 2   then  ☐ = __6__

7. 14 ÷ ☐ = 2   then  ☐ = __7__

8. 16 ÷ ☐ = 2   then  ☐ = __8__

9. 18 ÷ ☐ = 2   then  ☐ = __9__

10. 20 ÷ ☐ = 2   then  ☐ = __10__

11. 22 ÷ ☐ = 2   then  ☐ = __11__

12. 24 ÷ ☐ = 2   then  ☐ = __12__

Hey you are an expert of division facts of 2!!!

# DIVISION FACTS KEY

## Division by 3

# DIVISION FACTS Table - 3 Answer Keys

# DIVISION FACTS KEY

## Division by 3

# Exercise - 1

(A)  3)3̄

Ans: 3)3̄ with 1 on top

(B)  3)6̄

Ans: 3)6̄ with 2 on top

(C)  3)9̄

Ans: 3)9̄ with 3 on top

(D)  3)1̄2̄

Ans: 3)1̄2̄ with 4 on top

(E)  3)1̄5̄

Ans: 3)1̄5̄ with 5 on top

(F)  3)1̄8̄

Ans: 3)1̄8̄ with 6 on top

(G)  3)2̄1̄

Ans: 3)2̄1̄ with 7 on top

(H)  3)2̄4̄

Ans: 3)2̄4̄ with 8 on top

(I)  3)2̄7̄

Ans: 3)2̄7̄ with 9 on top

(J)  3)3̄0̄

Ans: 3)3̄0̄ with 10 on top

(K)  3)3̄3̄

Ans: 3)3̄3̄ with 11 on top

(L)  3)3̄6̄

Ans: 3)3̄6̄ with 12 on top

(M)  3)3̄9̄

Ans: 3)3̄9̄ with 13 on top

(I)  3)4̄2̄

Ans: 3)4̄2̄ with 14 on top

(J)  3)4̄5̄

Ans: 3)4̄5̄ with 15 on top

# Exercise - 2

| | | | |
|---|---|---|---|
| 1. | 3 ÷ 3 = | 1 | |
| 2. | 6 ÷ 3 = | 2 | |
| 3. | 9 ÷ 3 = | 3 | |
| 4. | 12 ÷ 3 = | 4 | |
| 5. | 15 ÷ 3 = | 5 | |
| 6. | 18 ÷ 3 = | 6 | |
| 7. | 21 ÷ 3 = | 7 | |
| 8. | 24 ÷ 3 = | 8 | |
| 9. | 27 ÷ 3 = | 9 | |
| 10. | 30 ÷ 3 = | 10 | |
| 11. | 33 ÷ 3 = | 11 | |
| 12. | 36 ÷ 3 = | 12 | |

| | | | |
|---|---|---|---|
| 1 × 3 = 3 |
| 2 × 3 = 6 |
| 3 × 3 = 9 |
| 4 × 3 = 12 |
| 5 × 3 = 15 |
| 6 × 3 = 18 |
| 7 × 3 = 21 |
| 8 × 3 = 24 |
| 9 × 3 = 27 |
| 10 × 3 = 30 |
| 11 × 3 = 33 |
| 12 × 3 = 36 |

**DIVISION FACTS KEY** — Division by 3

Did you know division is splitting a number up by any give number.

 **DIVISION FACTS KEY**

**Division by 3**

 **Exercise - 3**

1. D
2. D
3. A
4. C
5. B
6. C
7. A
8. B
9. D
10. C
11. B
12. A
13. C
14. A
15. D

# DIVISION FACTS KEY

## Division by 3

## Exercise - 4

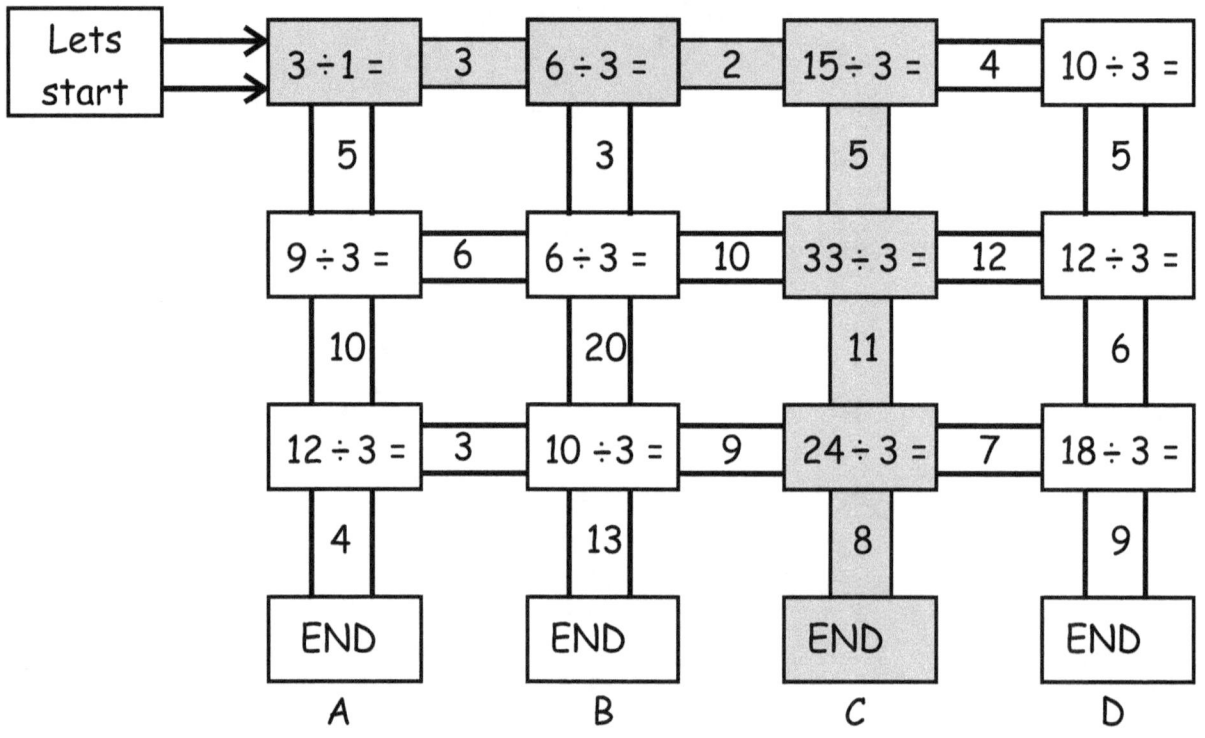

Who won the race? _____C_____

# Exercise - 5

1. 3 ÷ ☐ = 1   then   ☐ = __1__
2. 6 ÷ ☐ = 3   then   ☐ = __2__
3. 9 ÷ ☐ = 3   then   ☐ = __3__
4. 12 ÷ ☐ = 3   then   ☐ = __4__
5. 15 ÷ ☐ = 3   then   ☐ = __5__
6. 18 ÷ ☐ = 3   then   ☐ = __6__
7. 21 ÷ ☐ = 3   then   ☐ = __7__
8. 24 ÷ ☐ = 3   then   ☐ = __8__
9. 27 ÷ ☐ = 3   then   ☐ = __9__
10. 30 ÷ ☐ = 3   then   ☐ = __10__
11. 33 ÷ ☐ = 3   then   ☐ = __11__
12. 36 ÷ ☐ = 3   then   ☐ = __12__

Hey you are an expert of division facts of #3 !!!

# DIVISION FACTS KEY

## Table # 4

**DIVISION FACTS KEY**

**Division by 4**

# Exercise - 1

(A) $4\overline{)4}$

Ans: $4\overline{)4}^{\,1}$

(B) $4\overline{)8}$

Ans: $4\overline{)8}^{\,2}$

(C) $4\overline{)12}$

Ans: $4\overline{)12}^{\,3}$

(D) $4\overline{)16}$

Ans: $4\overline{)16}^{\,4}$

(E) $4\overline{)20}$

Ans: $4\overline{)20}^{\,5}$

(F) $4\overline{)24}$

Ans: $4\overline{)24}^{\,6}$

(G) $4\overline{)28}$

Ans: $4\overline{)28}^{\,7}$

(H) $4\overline{)32}$

Ans: $4\overline{)32}^{\,8}$

(I) $4\overline{)36}$

Ans: $4\overline{)36}^{\,9}$

(J) $4\overline{)40}$

Ans: $4\overline{)40}^{\,10}$

(K) $4\overline{)44}$

Ans: $4\overline{)44}^{\,11}$

(L) $4\overline{)48}$

Ans: $4\overline{)48}^{\,12}$

(M) $4\overline{)52}$

Ans: $4\overline{)52}^{\,13}$

(N) $4\overline{)56}$

Ans: $4\overline{)56}^{\,14}$

(O) $4\overline{)60}$

Ans: $4\overline{)60}^{\,15}$

# DIVISION FACTS KEY

## Division by 4

## Exercise - 2

| | | | | |
|---|---|---|---|---|
| 1. | 4 ÷ 4 = | 1 |
| 2. | 8 ÷ 4 = | 2 |
| 3. | 12 ÷ 4 = | 3 |
| 4. | 16 ÷ 4 = | 4 |
| 5. | 20 ÷ 4 = | 5 |
| 6. | 24 ÷ 4 = | 6 |
| 7. | 28 ÷ 4 = | 7 |
| 8. | 32 ÷ 4 = | 8 |
| 9. | 36 ÷ 4 = | 9 |
| 10. | 40 ÷ 4 = | 10 |
| 11. | 44 ÷ 4 = | 11 |
| 12. | 48 ÷ 4 = | 12 |

| | | | | |
|---|---|---|---|---|
| 1 × 4 = 4 |
| 2 × 4 = 8 |
| 3 × 4 = 12 |
| 4 × 4 = 16 |
| 5 × 4 = 20 |
| 6 × 4 = 24 |
| 7 × 4 = 28 |
| 8 × 4 = 32 |
| 9 × 4 = 36 |
| 10 × 4 = 40 |
| 11 × 4 = 44 |
| 12 × 4 = 48 |

Did you know division is splitting a number up by any give number.

**DIVISION FACTS KEY**

Table # 4

 **Exercise - 3**

1. D
2. B
3. B
4. C
5. B
6. C
7. A
8. D
9. D
10. A
11. B
12. A
13. C
14. C
15. D

# Exercise - 4

Solve the maze run below.

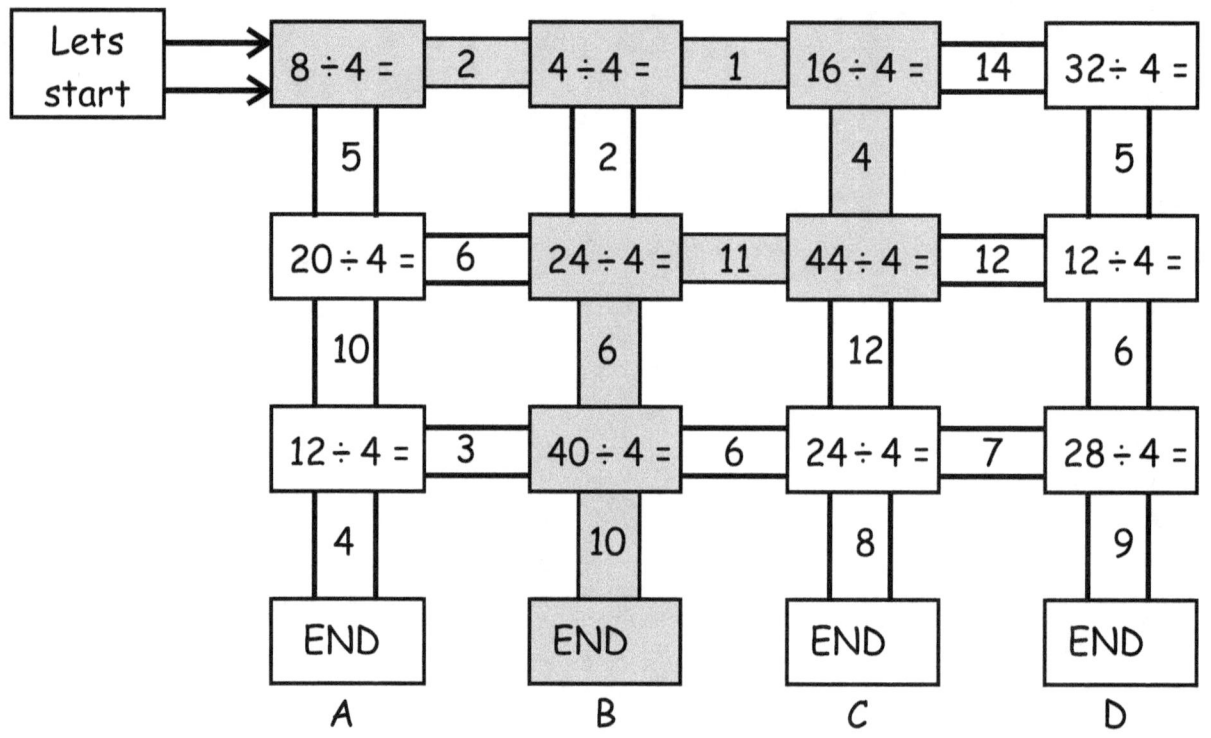

Who won the race? _____ B _____

# Exercise - 5

1. 4 ÷ ☐ = 1  then  ☐ = ___1___
2. 8 ÷ ☐ = 4  then  ☐ = ___2___
3. 12 ÷ ☐ = 4  then  ☐ = ___3___
4. 16 ÷ ☐ = 4  then  ☐ = ___4___
5. 20 ÷ ☐ = 4  then  ☐ = ___5___
6. 24 ÷ ☐ = 4  then  ☐ = ___6___
7. 28 ÷ ☐ = 4  then  ☐ = ___7___
8. 32 ÷ ☐ = 4  then  ☐ = ___8___
9. 36 ÷ ☐ = 4  then  ☐ = ___9___
10. 40 ÷ ☐ = 4  then  ☐ = ___10___
11. 44 ÷ ☐ = 4  then  ☐ = ___11___
12. 48 ÷ ☐ = 4  then  ☐ = ___12___

Hey you are an expert of division facts of #4 !!!

# DIVISION FACTS KEY

## Division by 5

DIVISION FACTS Table - 5 Answer Keys

**DIVISION FACTS KEY**

**Division by 5**

# Exercise - 1

(A) $5\overline{)5}$

Ans: $5\overline{)\overset{1}{5}}$

(B) $5\overline{)10}$

Ans: $5\overline{)\overset{2}{10}}$

(C) $5\overline{)15}$

Ans: $5\overline{)\overset{3}{15}}$

(D) $5\overline{)20}$

Ans: $5\overline{)\overset{4}{20}}$

(E) $5\overline{)25}$

Ans: $5\overline{)\overset{5}{25}}$

(F) $5\overline{)30}$

Ans: $5\overline{)\overset{6}{30}}$

(G) $5\overline{)35}$

Ans: $5\overline{)\overset{7}{35}}$

(H) $5\overline{)40}$

Ans: $5\overline{)\overset{8}{40}}$

(I) $5\overline{)45}$

Ans: $5\overline{)\overset{9}{45}}$

(J) $5\overline{)50}$

Ans: $5\overline{)\overset{10}{50}}$

(K) $5\overline{)55}$

Ans: $5\overline{)\overset{11}{55}}$

(L) $5\overline{)60}$

Ans: $5\overline{)\overset{12}{60}}$

(M) $5\overline{)65}$

Ans: $5\overline{)\overset{13}{65}}$

(N) $5\overline{)70}$

Ans: $5\overline{)\overset{14}{70}}$

(O) $5\overline{)75}$

Ans: $5\overline{)\overset{15}{75}}$

**DIVISION FACTS KEY**

**Division by 5**

# Exercise - 2

| | | | |
|---|---|---|---|
| 1. | 5 ÷ 5 = | 1 | |
| 2. | 10 ÷ 5 = | 2 | |
| 3. | 15 ÷ 5 = | 3 | |
| 4. | 20 ÷ 5 = | 4 | |
| 5. | 25 ÷ 5 = | 5 | |
| 6. | 30 ÷ 5 = | 6 | |
| 7. | 35 ÷ 5 = | 7 | |
| 8. | 40 ÷ 5 = | 8 | |
| 9. | 45 ÷ 5 = | 9 | |
| 10. | 50 ÷ 5 = | 10 | |
| 11. | 55 ÷ 5 = | 11 | |
| 12. | 60 ÷ 5 = | 12 | |

| | | | |
|---|---|---|---|
| 1 × 5 = 5 |
| 2 × 5 = 10 |
| 3 × 5 = 15 |
| 4 × 5 = 20 |
| 5 × 5 = 25 |
| 6 × 5 = 30 |
| 7 × 5 = 35 |
| 8 × 5 = 40 |
| 9 × 5 = 45 |
| 10 × 5 = 50 |
| 11 × 5 = 55 |
| 12 × 5 = 60 |

Did you know division is splitting a number up by any give number.

**DIVISION FACTS KEY**

**Division by 5**

 <u>**Exercise - 3**</u>

1. D
2. B
3. B
4. C
5. A
6. C
7. A
8. D
9. D
10. C
11. B
12. A
13. D
14. C
15. D

# Exercise - 4

Solve the maze run below.

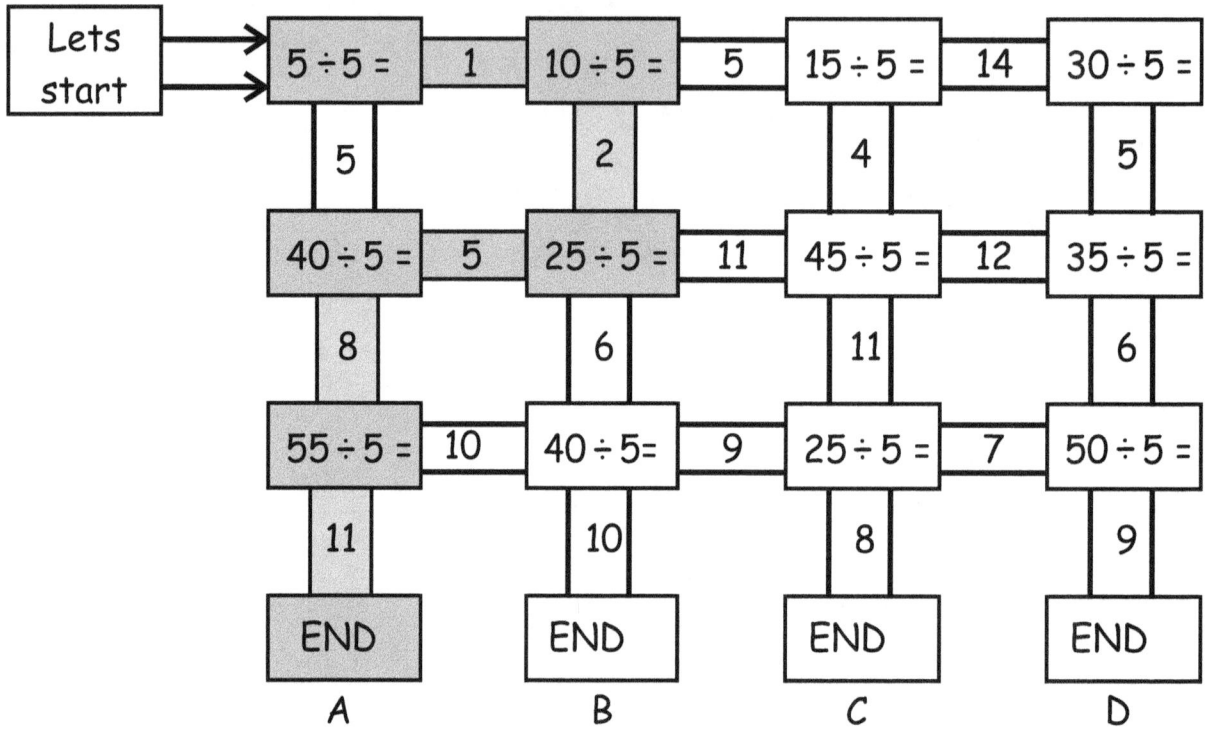

Who won the race? _____ A _____

**DIVISION FACTS KEY**

**Division by 5**

# Exercise - 5

1. 5 ÷ ☐ = 1   then  ☐ = __1__
2. 10 ÷ ☐ = 5   then  ☐ = __2__
3. 15 ÷ ☐ = 5   then  ☐ = __3__
4. 20 ÷ ☐ = 5   then  ☐ = __4__
5. 25 ÷ ☐ = 5   then  ☐ = __5__
6. 30 ÷ ☐ = 5   then  ☐ = __6__
7. 35 ÷ ☐ = 5   then  ☐ = __7__
8. 40 ÷ ☐ = 5   then  ☐ = __8__
9. 45 ÷ ☐ = 5   then  ☐ = __9__
10. 50 ÷ ☐ = 5   then  ☐ = __10__
11. 55 ÷ ☐ = 5   then  ☐ = __11__
12. 60 ÷ ☐ = 5   then  ☐ = __12__

Hey you are an expert of division facts of #5 !!!

**DIVISION FACTS KEY**

**Division by 6**

# Exercise - 1

(A) 6)6

Ans: 6)6̄ = 1

(B) 6)12

Ans: 6)1̄2̄ = 2

(C) 6)18

Ans: 6)1̄8̄ = 3

(D) 6)24

Ans: 6)2̄4̄ = 4

(E) 6)30

Ans: 6)3̄0̄ = 5

(F) 6)36

Ans: 6)3̄6̄ = 6

(G) 6)42

Ans: 6)4̄2̄ = 7

(H) 6)48

Ans: 6)4̄8̄ = 8

(I) 6)54

Ans: 6)5̄4̄ = 9

(J) 6)60

Ans: 6)6̄0̄ = 10

(K) 6)66

Ans: 6)6̄6̄ = 11

(L) 6)72

Ans: 6)7̄2̄ = 12

(M) 6)78

Ans: 6)7̄8̄ = 13

(N) 6)84

Ans: 6)8̄4̄ = 14

(O) 6)90

Ans: 6)9̄0̄ = 15

**DIVISION FACTS KEY**

**Division by 6**

# Exercise - 2

| | | | | |
|---|---|---|---|---|
| 1. | 6 ÷ 6 | = | 1 |
| 2. | 12 ÷ 6 | = | 2 |
| 3. | 18 ÷ 6 | = | 3 |
| 4. | 24 ÷ 6 | = | 4 |
| 5. | 30 ÷ 6 | = | 5 |
| 6. | 36 ÷ 6 | = | 6 |
| 7. | 42 ÷ 6 | = | 7 |
| 8. | 48 ÷ 6 | = | 8 |
| 9. | 54 ÷ 6 | = | 9 |
| 10. | 60 ÷ 6 | = | 10 |
| 11. | 66 ÷ 6 | = | 11 |
| 12. | 72 ÷ 6 | = | 12 |

| | | | | |
|---|---|---|---|---|
| 1 | × 6 | = | 6 |
| 2 | × 6 | = | 12 |
| 3 | × 6 | = | 18 |
| 4 | × 6 | = | 24 |
| 5 | × 6 | = | 30 |
| 6 | × 6 | = | 36 |
| 7 | × 6 | = | 42 |
| 8 | × 6 | = | 48 |
| 9 | × 6 | = | 54 |
| 10 | × 6 | = | 60 |
| 11 | × 6 | = | 66 |
| 12 | × 6 | = | 72 |

Did you know division is splitting a number up by any give number.

**DIVISION FACTS KEY**

**Division by 6**

 **Exercise - 3**

1. D
2. C
3. B
4. C
5. A
6. C
7. B
8. A
9. D
10. D
11. B
12. A
13. C
14. D
15. C

# Exercise - 4

Solve the maze run below.

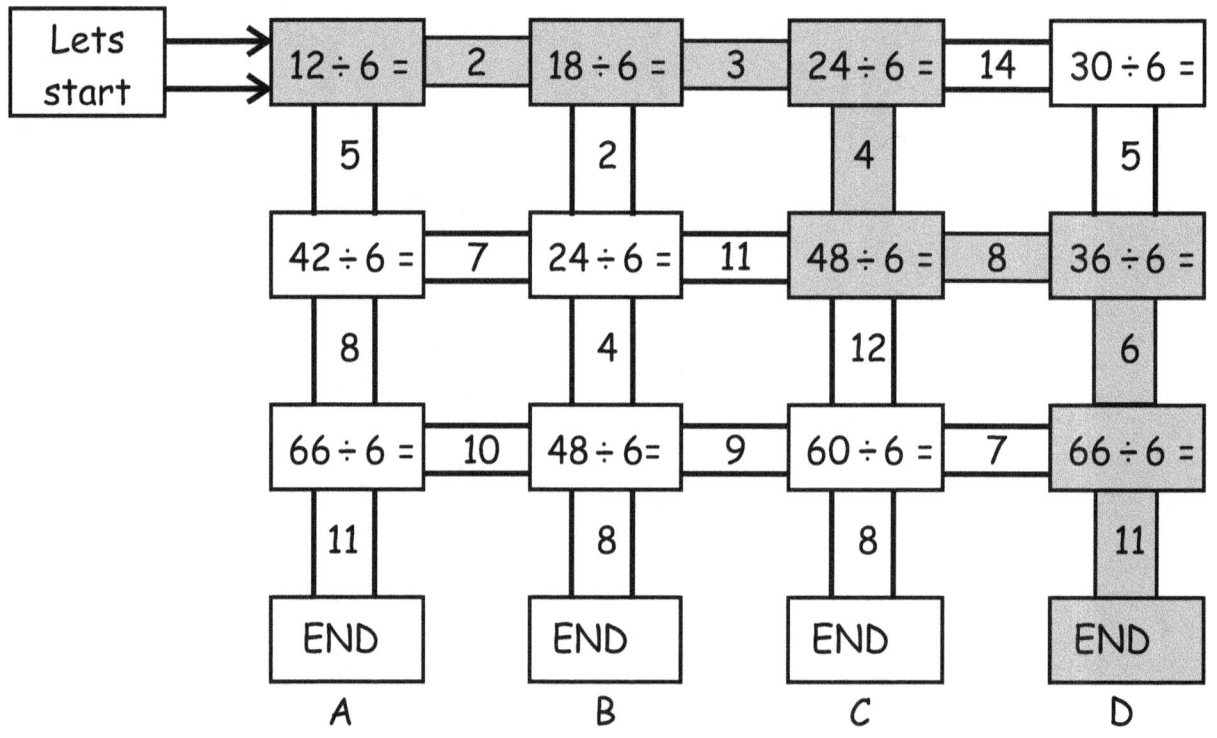

Who won the race ? _____D_____

# DIVISION FACTS KEY

## Division by 6

## Exercise - 5

1. 6 ÷ ☐ = 1    then  ☐ = __1__

2. 12 ÷ ☐ = 6   then  ☐ = __2__

3. 18 ÷ ☐ = 6   then  ☐ = __3__

4. 24 ÷ ☐ = 6   then  ☐ = __4__

5. 30 ÷ ☐ = 6   then  ☐ = __5__

6. 36 ÷ ☐ = 6   then  ☐ = __6__

7. 42 ÷ ☐ = 6   then  ☐ = __7__

8. 48 ÷ ☐ = 6   then  ☐ = __8__

9. 54 ÷ ☐ = 6   then  ☐ = __9__

10. 60 ÷ ☐ = 6  then  ☐ = __10__

11. 66 ÷ ☐ = 6  then  ☐ = __11__

12. 72 ÷ ☐ = 6  then  ☐ = __12__

Hey you are an expert of division facts of #6 !!!

# DIVISION FACTS KEY

## Division by 7

# DIVISION FACTS Table - 7 Answer Keys

**DIVISION FACTS KEY**

**Division by 7**

# Exercise - 1

(A) 7)7̄   Ans: 7)7̄ = 1

(B) 7)1̄4̄   Ans: 7)1̄4̄ = 2

(C) 7)2̄1̄   Ans: 7)2̄1̄ = 3

(D) 7)2̄8̄   Ans: 7)2̄8̄ = 4

(E) 7)3̄5̄   Ans: 7)3̄5̄ = 5

(F) 7)4̄2̄   Ans: 7)4̄2̄ = 6

(G) 7)4̄9̄   Ans: 7)4̄9̄ = 7

(H) 7)5̄6̄   Ans: 7)5̄6̄ = 8

(I) 7)6̄3̄   Ans: 7)6̄3̄ = 9

(J) 7)7̄0̄   Ans: 7)7̄0̄ = 10

(K) 7)7̄7̄   Ans: 7)7̄7̄ = 11

(L) 7)8̄4̄   Ans: 7)8̄4̄ = 12

(M) 7)9̄1̄   Ans: 7)9̄1̄ = 13

(N) 7)9̄8̄   Ans: 7)9̄8̄ = 14

(O) 7)1̄0̄5̄   Ans: 7)1̄0̄5̄ = 15

# Exercise - 2

| | | | | | | | | | | | |
|---|---|---|---|---|---|---|---|---|---|---|---|
| 1. | 7 | ÷ | 7 | = | 1 | | 1 | × | 7 | = | 7 |
| 2. | 14 | ÷ | 7 | = | 2 | | 2 | × | 7 | = | 14 |
| 3. | 21 | ÷ | 7 | = | 3 | | 3 | × | 7 | = | 21 |
| 4. | 28 | ÷ | 7 | = | 4 | | 4 | × | 7 | = | 28 |
| 5. | 35 | ÷ | 7 | = | 5 | | 5 | × | 7 | = | 35 |
| 6. | 42 | ÷ | 7 | = | 6 | | 6 | × | 7 | = | 42 |
| 7. | 49 | ÷ | 7 | = | 7 | | 7 | × | 7 | = | 49 |
| 8. | 56 | ÷ | 7 | = | 8 | | 8 | × | 7 | = | 56 |
| 9. | 63 | ÷ | 7 | = | 9 | | 9 | × | 7 | = | 63 |
| 10. | 70 | ÷ | 7 | = | 10 | | 10 | × | 7 | = | 70 |
| 11. | 77 | ÷ | 7 | = | 11 | | 11 | × | 7 | = | 77 |
| 12. | 84 | ÷ | 7 | = | 12 | | 12 | × | 7 | = | 84 |

Did you know division is splitting a number up by any give number.

# DIVISION FACTS KEY

## Division by 7

## Exercise - 3

1. D
2. B
3. D
4. D
5. A
6. C
7. B
8. A
9. D
10. D
11. A
12. C
13. B
14. A
15. A

# Exercise - 4

Solve the maze run below.

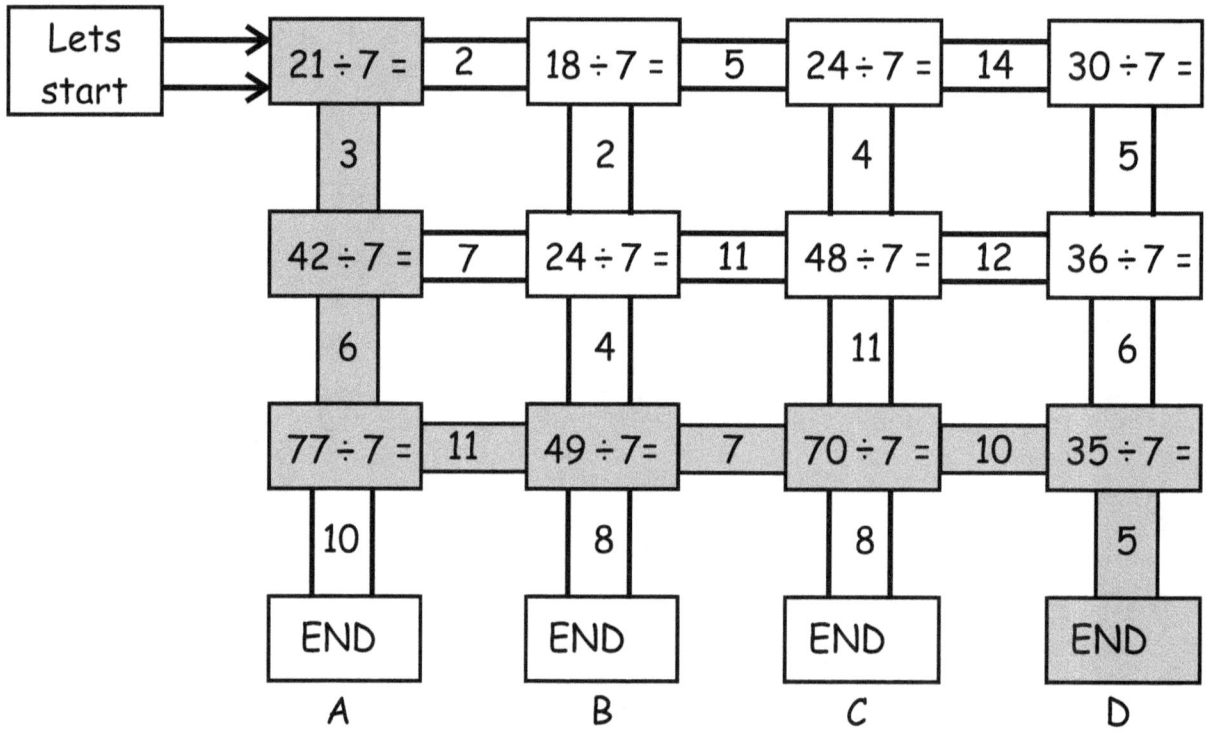

Who won the race? _____D_____

# Exercise - 5

1. 7 ÷ ☐ = 1   then  ☐ = __1__

2. 14 ÷ ☐ = 7   then  ☐ = __2__

3. 21 ÷ ☐ = 7   then  ☐ = __3__

4. 28 ÷ ☐ = 7   then  ☐ = __4__

5. 35 ÷ ☐ = 7   then  ☐ = __5__

6. 42 ÷ ☐ = 7   then  ☐ = __6__

7. 49 ÷ ☐ = 7   then  ☐ = __7__

8. 56 ÷ ☐ = 7   then  ☐ = __8__

9. 63 ÷ ☐ = 7   then  ☐ = __9__

10. 70 ÷ ☐ = 7   then  ☐ = __10__

11. 77 ÷ ☐ = 7   then  ☐ = __11__

12. 84 ÷ ☐ = 7   then  ☐ = __12__

Hey you are an expert of division facts of #7 !!!

**DIVISION FACTS KEY**

Division by 8

# Exercise - 1

(A) 8)8  
Ans: 8)8̄ with 1 on top

(B) 8)16  
Ans: 8)16̄ with 2 on top

(C) 8)24  
Ans: 8)24̄ with 3 on top

(D) 8)32  
Ans: 8)32̄ with 4 on top

(E) 8)40  
Ans: 8)40̄ with 5 on top

(F) 8)48  
Ans: 8)48̄ with 6 on top

(G) 8)56  
Ans: 8)56̄ with 7 on top

(H) 8)64  
Ans: 8)64̄ with 8 on top

(I) 8)72  
Ans: 8)72̄ with 9 on top

(J) 8)80  
Ans: 8)80̄ with 10 on top

(K) 8)88  
Ans: 8)88̄ with 11 on top

(L) 8)96  
Ans: 8)96̄ with 12 on top

(M) 8)104  
Ans: 8)104̄ with 13 on top

(N) 8)112  
Ans: 8)112̄ with 14 on top

(O) 8)120  
Ans: 8)120̄ with 15 on top

# Exercise - 2

| | | | | | | | |
|---|---|---|---|---|---|---|---|
| 1. | 8 ÷ 8 = | 1 | | 1 × 8 | = | 8 |
| 2. | 16 ÷ 8 = | 2 | | 2 × 8 | = | 16 |
| 3. | 24 ÷ 8 = | 3 | | 3 × 8 | = | 24 |
| 4. | 32 ÷ 8 = | 4 | | 4 × 8 | = | 32 |
| 5. | 40 ÷ 8 = | 5 | | 5 × 8 | = | 40 |
| 6. | 48 ÷ 8 = | 6 | | 6 × 8 | = | 48 |
| 7. | 56 ÷ 8 = | 7 | | 7 × 8 | = | 56 |
| 8. | 64 ÷ 8 = | 8 | | 8 × 8 | = | 64 |
| 9. | 72 ÷ 8 = | 9 | | 9 × 8 | = | 72 |
| 10. | 80 ÷ 8 = | 10 | | 10 × 8 | = | 80 |
| 11. | 88 ÷ 8 = | 11 | | 11 × 8 | = | 88 |
| 12. | 96 ÷ 8 = | 12 | | 12 × 8 | = | 96 |

Did you know division is splitting a number up by any give number.

**DIVISION FACTS KEY**

**Division by 8**

 **Exercise - 3**

1. D
2. C
3. A
4. D
5. B
6. D
7. A
8. C
9. C
10. D
11. A
12. D
13. B
14. B
15. C

# Exercise - 4

Solve the maze run below.

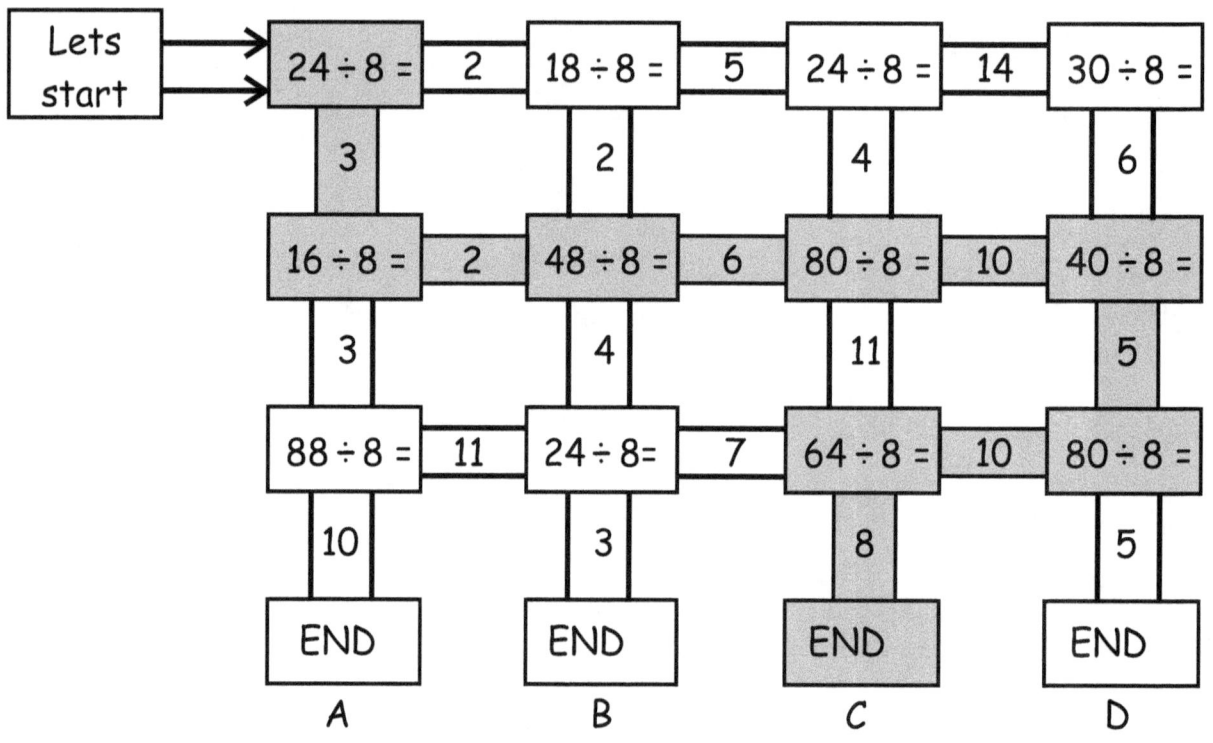

Who won the race? _____C_____

# Exercise - 5

1. 8 ÷ ☐ = 1   then  ☐ = ___1___
2. 16 ÷ ☐ = 8   then  ☐ = ___2___
3. 24 ÷ ☐ = 8   then  ☐ = ___3___
4. 32 ÷ ☐ = 8   then  ☐ = ___4___
5. 40 ÷ ☐ = 8   then  ☐ = ___5___
6. 48 ÷ ☐ = 8   then  ☐ = ___6___
7. 56 ÷ ☐ = 8   then  ☐ = ___7___
8. 64 ÷ ☐ = 8   then  ☐ = ___8___
9. 72 ÷ ☐ = 8   then  ☐ = ___9___
10. 80 ÷ ☐ = 8   then  ☐ = ___10___
11. 88 ÷ ☐ = 8   then  ☐ = ___11___
12. 96 ÷ ☐ = 8   then  ☐ = ___12___

Hey you are an expert of division facts of #8 !!!

# DIVISION FACTS KEY

## Division by 9

**DIVISION FACTS KEY**

# Division by 9

# Exercise - 1

(A) 9)9

Ans: 9)9̄ ¹

(B) 9)18

Ans: 9)1̄8̄ ²

(C) 9)27

Ans: 9)2̄7̄ ³

(D) 9)36

Ans: 9)3̄6̄ ⁴

(E) 9)45

Ans: 9)4̄5̄ ⁵

(F) 9)54

Ans: 9)5̄4̄ ⁶

(G) 9)63

Ans: 9)6̄3̄ ⁷

(H) 9)72

Ans: 9)7̄2̄ ⁸

(I) 9)81

Ans: 9)8̄1̄ ⁹

(J) 9)90

Ans: 9)9̄0̄ ¹⁰

(K) 9)99

Ans: 9)9̄9̄ ¹¹

(L) 9)108

Ans: 9)1̄0̄8̄ ¹²

(M) 9)117

Ans: 9)1̄1̄7̄ ¹³

(N) 9)126

Ans: 9)1̄2̄6̄ ¹⁴

(O) 9)135

Ans: 9)1̄3̄5̄ ¹⁵

# DIVISION FACTS KEY

**Division by 9**

## Exercise - 2

| | | |
|---|---|---|
| 1. | 9 ÷ 9 = | 1 |
| 2. | 18 ÷ 9 = | 2 |
| 3. | 27 ÷ 9 = | 3 |
| 4. | 36 ÷ 9 = | 4 |
| 5. | 45 ÷ 9 = | 5 |
| 6. | 54 ÷ 9 = | 6 |
| 7. | 63 ÷ 9 = | 7 |
| 8. | 72 ÷ 9 = | 8 |
| 9. | 81 ÷ 9 = | 9 |
| 10. | 90 ÷ 9 = | 10 |
| 11. | 99 ÷ 9 = | 11 |
| 12. | 108 ÷ 9 = | 12 |

| | | |
|---|---|---|
| 1 × 9 = | 9 |
| 2 × 9 = | 18 |
| 3 × 9 = | 27 |
| 4 × 9 = | 36 |
| 5 × 9 = | 45 |
| 6 × 9 = | 54 |
| 7 × 9 = | 63 |
| 8 × 9 = | 72 |
| 9 × 9 = | 81 |
| 10 × 9 = | 90 |
| 11 × 9 = | 99 |
| 12 × 9 = | 108 |

Did you know division is splitting a number up by any give number.

# DIVISION FACTS KEY

## Exercise - 3

1. A
2. D
3. A
4. C
5. C
6. B
7. C
8. C
9. A
10. C
11. D
12. B
13. A
14. A
15. D

# Exercise - 4

Solve the maze run below.

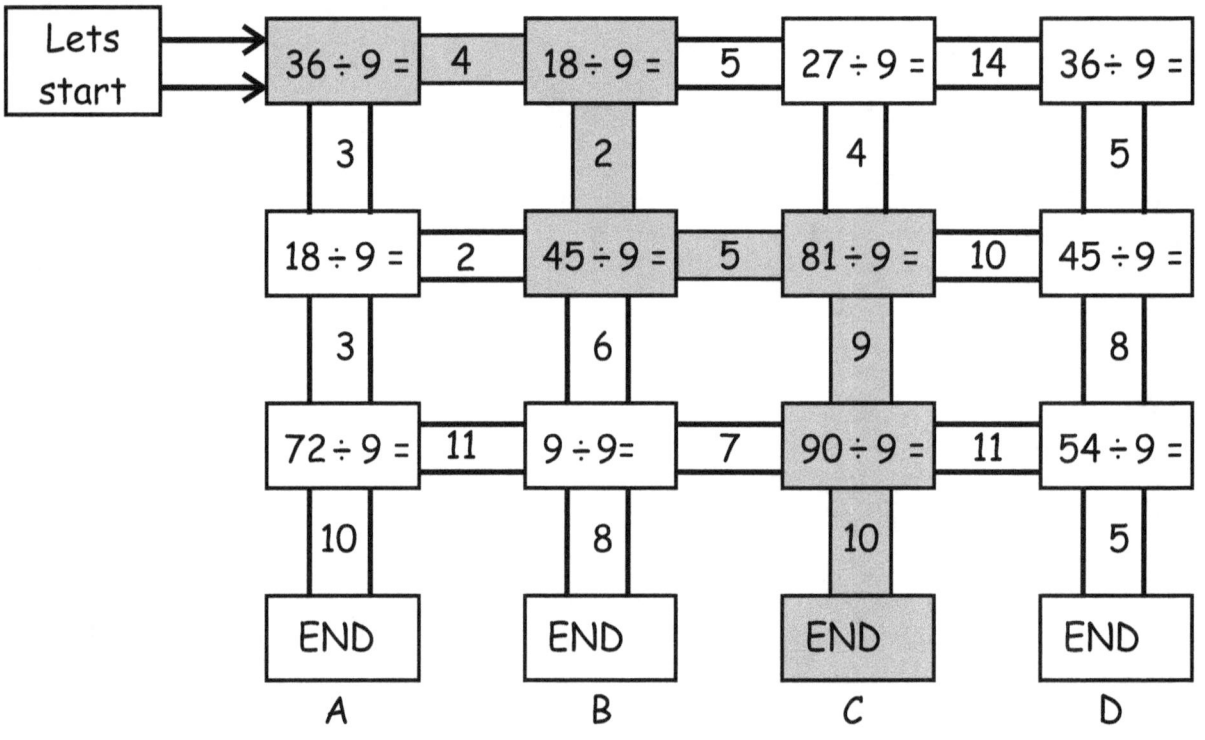

Who won the race? _____C_____

**DIVISION FACTS KEY**

**Division by 9**

# Exercise - 5

1. 9 ÷ ☐ = 1   then   ☐ = __1__
2. 18 ÷ ☐ = 9   then   ☐ = __2__
3. 27 ÷ ☐ = 9   then   ☐ = __3__
4. 36 ÷ ☐ = 9   then   ☐ = __4__
5. 45 ÷ ☐ = 9   then   ☐ = __5__
6. 54 ÷ ☐ = 9   then   ☐ = __6__
7. 63 ÷ ☐ = 9   then   ☐ = __7__
8. 72 ÷ ☐ = 9   then   ☐ = __8__
9. 81 ÷ ☐ = 9   then   ☐ = __9__
10. 90 ÷ ☐ = 9   then   ☐ = __10__
11. 99 ÷ ☐ = 9   then   ☐ = __11__
12. 108 ÷ ☐ = 9   then   ☐ = __12__

Hey you are an expert of division facts of #9 !!!

# DIVISION FACTS KEY

## Division by 10

**MULTIPLICATION TABLE
Table - 10
Answer Keys**

**DIVISION FACTS KEY**

**Division by 10**

# Exercise - 1

(A) 10)‾10‾  Ans: 10)‾10‾ = 1

(B) 10)‾20‾  Ans: 10)‾20‾ = 2

(C) 10)‾30‾  Ans: 10)‾30‾ = 3

(D) 10)‾40‾  Ans: 10)‾40‾ = 4

(E) 10)‾50‾  Ans: 10)‾50‾ = 5

(F) 10)‾60‾  Ans: 10)‾60‾ = 6

(G) 10)‾70‾  Ans: 10)‾70‾ = 7

(H) 10)‾80‾  Ans: 10)‾80‾ = 8

(I) 10)‾90‾  Ans: 10)‾90‾ = 9

(J) 10)‾100‾  Ans: 10)‾100‾ = 10

(K) 10)‾110‾  Ans: 10)‾110‾ = 11

(L) 10)‾120‾  Ans: 10)‾120‾ = 12

(M) 10)‾130‾  Ans: 10)‾130‾ = 13

(N) 10)‾140‾  Ans: 10)‾140‾ = 14

(O) 10)‾150‾  Ans: 10)‾150‾ = 15

# DIVISION FACTS KEY

**Division by 10**

## Exercise - 2

| | | |
|---|---|---|
| 1. | $10 \div 10 =$ | 1 |
| 2. | $20 \div 10 =$ | 2 |
| 3. | $30 \div 10 =$ | 3 |
| 4. | $40 \div 10 =$ | 4 |
| 5. | $50 \div 10 =$ | 5 |
| 6. | $60 \div 10 =$ | 6 |
| 7. | $70 \div 10 =$ | 7 |
| 8. | $80 \div 10 =$ | 8 |
| 9. | $90 \div 10 =$ | 9 |
| 10. | $100 \div 10 =$ | 10 |
| 11. | $110 \div 10 =$ | 11 |
| 12. | $120 \div 10 =$ | 12 |

| | | | |
|---|---|---|---|
| 1 | × 10 | = | 10 |
| 2 | × 10 | = | 20 |
| 3 | × 10 | = | 30 |
| 4 | × 10 | = | 40 |
| 5 | × 10 | = | 50 |
| 6 | × 10 | = | 60 |
| 7 | × 10 | = | 70 |
| 8 | × 10 | = | 80 |
| 9 | × 10 | = | 90 |
| 10 | × 10 | = | 100 |
| 11 | × 10 | = | 110 |
| 12 | × 10 | = | 120 |

Did you know division is splitting a number up by any give number.

  **Division by 10**

 **Exercise - 3**

1. C
2. A
3. C
4. D
5. A
6. D
7. B
8. B
9. A
10. C
11. D
12. A
13. D
14. C
15. C

# Exercise - 4

Solve the maze run below.

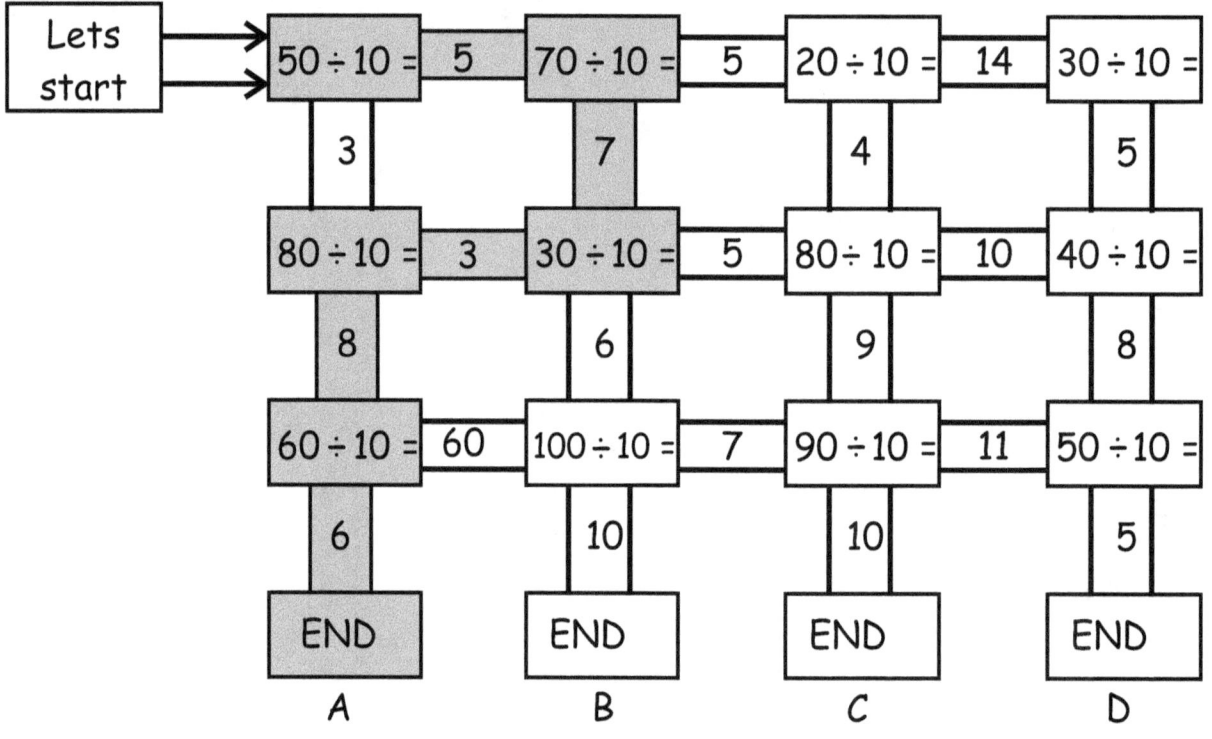

Who won the race? _____A_____

# DIVISION FACTS KEY

**Division by 10**

## Exercise - 5

1.  10 ÷ ☐ = 1   then  ☐ = __1__
2.  20 ÷ ☐ = 10  then  ☐ = __2__
3.  30 ÷ ☐ = 10  then  ☐ = __3__
4.  40 ÷ ☐ = 10  then  ☐ = __4__
5.  50 ÷ ☐ = 10  then  ☐ = __5__
6.  60 ÷ ☐ = 10  then  ☐ = __6__
7.  70 ÷ ☐ = 10  then  ☐ = __7__
8.  80 ÷ ☐ = 10  then  ☐ = __8__
9.  90 ÷ ☐ = 10  then  ☐ = __9__
10. 100 ÷ ☐ = 10 then  ☐ = __10__
11. 110 ÷ ☐ = 10 then  ☐ = __11__
12. 120 ÷ ☐ = 10 then  ☐ = __12__

Hey you are an expert of division facts #10 !!!

# Exercise - 1

(A) 11 ⟌11    (F) 11 ⟌66    (K) 11 ⟌121

Ans: 11 ⟌1̄1̄    Ans: 11 ⟌6̄6̄    Ans: 11 ⟌1̄2̄1̄
         (1)              (6)              (11)

(B) 11 ⟌22    (G) 11 ⟌77    (L) 11 ⟌132

Ans: 11 ⟌2̄2̄    Ans: 11 ⟌7̄7̄    Ans: 11 ⟌1̄3̄2̄
         (2)              (7)              (12)

(C) 11 ⟌33    (H) 11 ⟌88    (M) 11 ⟌143

Ans: 11 ⟌3̄3̄    Ans: 11 ⟌8̄8̄    Ans: 11 ⟌1̄4̄3̄
         (3)              (8)              (13)

(D) 11 ⟌44    (I) 11 ⟌99    (N) 11 ⟌154

Ans: 11 ⟌4̄4̄    Ans: 11 ⟌9̄9̄    Ans: 11 ⟌1̄5̄4̄
         (4)              (9)              (14)

(E) 11 ⟌55    (J) 11 ⟌110    (O) 11 ⟌165

Ans: 11 ⟌5̄5̄    Ans: 11 ⟌1̄1̄0̄    Ans: 11 ⟌1̄6̄5̄
         (5)              (10)             (15)

# Exercise - 2

| | | | | | | | |
|---|---|---|---|---|---|---|---|
| 1. | 11 ÷ 11 = | 1 | | 1 | × 11 | = | 11 |
| 2. | 22 ÷ 11 = | 2 | | 2 | × 11 | = | 22 |
| 3. | 33 ÷ 11 = | 3 | | 3 | × 11 | = | 33 |
| 4. | 44 ÷ 11 = | 4 | | 4 | × 11 | = | 44 |
| 5. | 55 ÷ 11 = | 5 | | 5 | × 11 | = | 55 |
| 6. | 66 ÷ 11 = | 6 | | 6 | × 11 | = | 66 |
| 7. | 77 ÷ 11 = | 7 | | 7 | × 11 | = | 77 |
| 8. | 88 ÷ 11 = | 8 | | 8 | × 11 | = | 88 |
| 9. | 99 ÷ 11 = | 9 | | 9 | × 11 | = | 99 |
| 10. | 110 ÷ 11 = | 10 | | 10 | × 11 | = | 110 |
| 11. | 121 ÷ 11 = | 11 | | 11 | × 11 | = | 121 |
| 12. | 132 ÷ 11 = | 12 | | 12 | × 11 | = | 132 |

Did you know division is splitting a number up by any give number.

# DIVISION FACTS KEY

## Division by 11

 **Exercise - 3**

1. B
2. A
3. C
4. A
5. D
6. A
7. D
8. C
9. D
10. B
11. A
12. D
13. A
14. C
15. D

# Exercise - 4

Solve the maze run below.

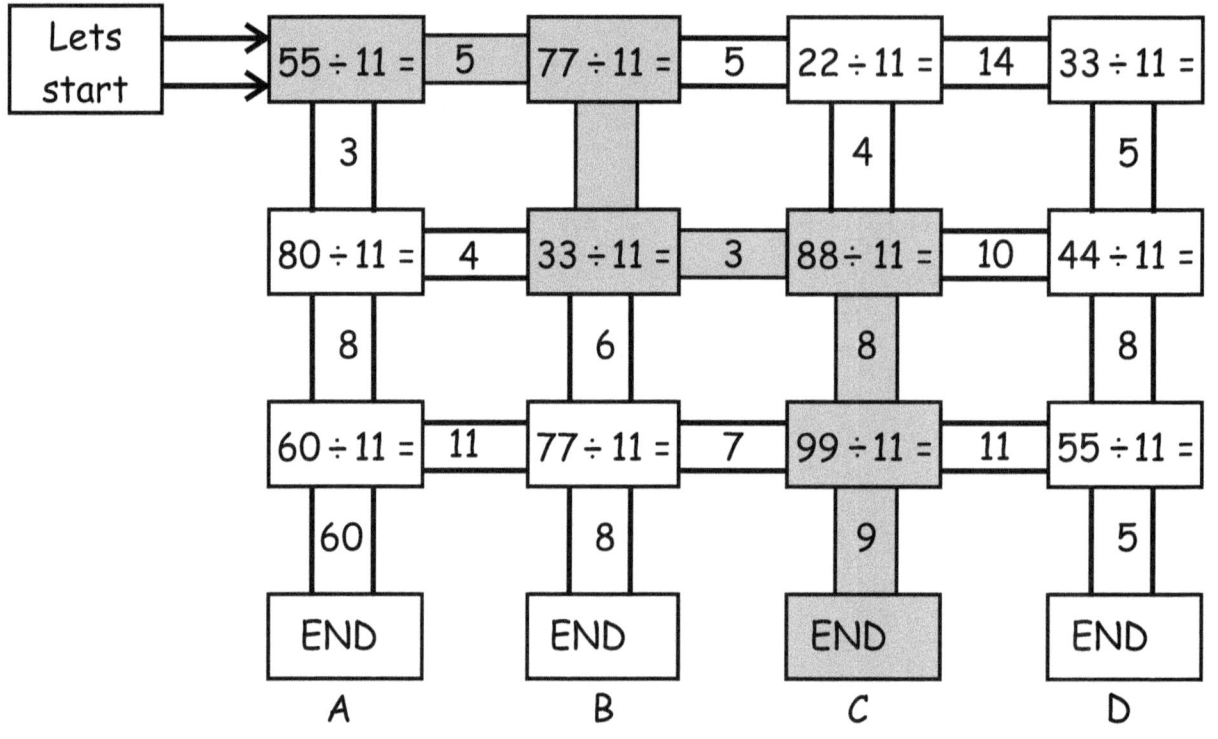

Who won the race ? _____C_____

**DIVISION FACTS KEY**

**Division by 11**

# Exercise - 5

1. 11 ÷ ☐ = 1   then  ☐ = __1__

2. 22 ÷ ☐ = 11  then  ☐ = __2__

3. 33 ÷ ☐ = 11  then  ☐ = __3__

4. 44 ÷ ☐ = 11  then  ☐ = __4__

5. 55 ÷ ☐ = 11  then  ☐ = __5__

6. 66 ÷ ☐ = 11  then  ☐ = __6__

7. 77 ÷ ☐ = 11  then  ☐ = __7__

8. 88 ÷ ☐ = 11  then  ☐ = __8__

9. 99 ÷ ☐ = 11  then  ☐ = __9__

10. 110 ÷ ☐ = 11  then  ☐ = __10__

11. 121 ÷ ☐ = 11  then  ☐ = __11__

12. 132 ÷ ☐ = 11  then  ☐ = __12__

Hey you are an expert of division facts of #11 !!!

# DIVISION FACTS KEY

## Division by 12

**DIVISION FACTS KEY**

# Division by 12

## Exercise - 1

(A) 12⟌12

Ans: 12⟌12̄ (1)

(B) 12⟌24

Ans: 12⟌24̄ (2)

(C) 12⟌36

Ans: 12⟌36̄ (3)

(D) 12⟌48

Ans: 12⟌48̄ (4)

(E) 12⟌60

Ans: 12⟌60̄ (5)

(F) 12⟌72

Ans: 12⟌72̄ (6)

(G) 12⟌84

Ans: 12⟌84̄ (7)

(H) 12⟌96

Ans: 12⟌96̄ (8)

(I) 12⟌108

Ans: 12⟌108̄ (9)

(J) 12⟌120

Ans: 12⟌120̄ (10)

(K) 12⟌132

Ans: 12⟌132̄ (11)

(L) 12⟌144

Ans: 12⟌144̄ (12)

(M) 12⟌156

Ans: 12⟌156̄ (13)

(N) 12⟌168

Ans: 12⟌168̄ (14)

(O) 12⟌180

Ans: 12⟌180̄ (15)

# Exercise - 2

| | | | |
|---|---|---|---|
| 1. | 12 ÷ 12 = | 1 | |
| 2. | 24 ÷ 12 = | 2 | |
| 3. | 36 ÷ 12 = | 3 | |
| 4. | 48 ÷ 12 = | 4 | |
| 5. | 60 ÷ 12 = | 5 | |
| 6. | 72 ÷ 12 = | 6 | |
| 7. | 84 ÷ 12 = | 7 | |
| 8. | 96 ÷ 12 = | 8 | |
| 9. | 108 ÷ 12 = | 9 | |
| 10. | 120 ÷ 12 = | 10 | |
| 11. | 132 ÷ 12 = | 11 | |
| 12. | 144 ÷ 12 = | 12 | |

| | | | |
|---|---|---|---|
| 1 × 12 = 12 |
| 2 × 12 = 24 |
| 3 × 12 = 36 |
| 4 × 12 = 48 |
| 5 × 12 = 60 |
| 6 × 12 = 72 |
| 7 × 12 = 84 |
| 8 × 12 = 96 |
| 9 × 12 = 108 |
| 10 × 12 = 120 |
| 11 × 12 = 132 |
| 12 × 12 = 144 |

Did you know division is splitting a number up by any give number.

**DIVISION FACTS KEY**

**Division by 12**

## Exercise - 3

1. A
2. A
3. C
4. D
5. C
6. A
7. C
8. B
9. B
10. C
11. D
12. C
13. B
14. D
15. A

**DIVISION FACTS KEY**

**Division by 12**

# Exercise - 4

Solve the maze run below.

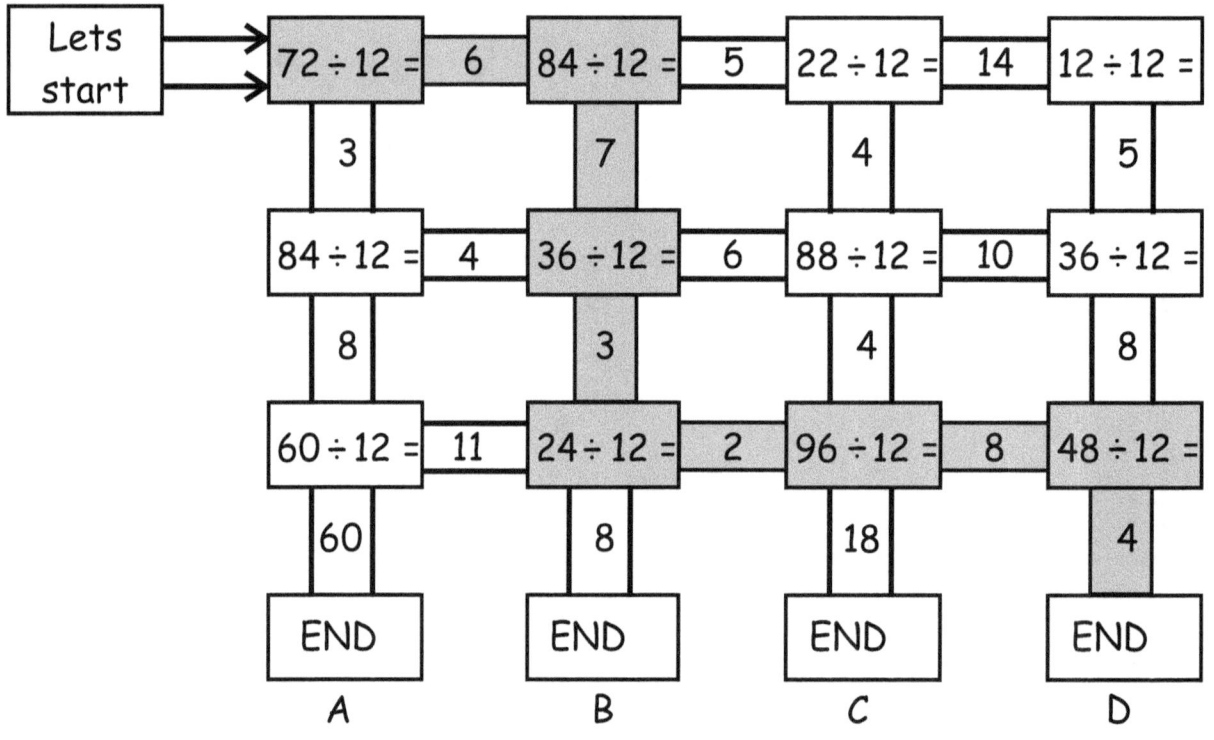

Who won the race? _____ D _____

**DIVISION FACTS KEY**

**Division by 12**

# Exercise - 5

1. 12 ÷ ☐ = 1   then  ☐ = __1__
2. 24 ÷ ☐ = 12  then  ☐ = __2__
3. 36 ÷ ☐ = 12  then  ☐ = __3__
4. 48 ÷ ☐ = 12  then  ☐ = __4__
5. 60 ÷ ☐ = 12  then  ☐ = __5__
6. 72 ÷ ☐ = 12  then  ☐ = __6__
7. 84 ÷ ☐ = 12  then  ☐ = __7__
8. 96 ÷ ☐ = 12  then  ☐ = __8__
9. 108 ÷ ☐ = 12 then  ☐ = __9__
10. 120 ÷ ☐ = 12 then  ☐ = __10__
11. 132 ÷ ☐ = 12 then  ☐ = __11__
12. 144 ÷ ☐ = 12 then  ☐ = __12__

Hey you are an expert of division facts of #12 !!!

# DIVISION FACTS KEY

**Practice**

# DP Exercise 1

1. $1 \div 1 = $ __1__
2. $2 \div 1 = $ __2__
3. $3 \div 1 = $ __3__
4. $4 \div 1 = $ __4__
5. $5 \div 1 = $ __5__
6. $6 \div 1 = $ __6__
7. $7 \div 1 = $ __7__
8. $8 \div 1 = $ __8__
9. $9 \div 1 = $ __9__
10. $10 \div 1 = $ __10__
11. $11 \div 1 = $ __11__
12. $12 \div 1 = $ __12__

Did you know any number when divided by one is the number itself ?

# DP Exercise 2

| | | | | | | | | | |
|---|---|---|---|---|---|---|---|---|---|
| 1. | 2 ÷ 2 = | 1 | | | 1 × 2 | = | 2 |
| 2. | 4 ÷ 2 = | 2 | | | 2 × 2 | = | 4 |
| 3. | 6 ÷ 2 = | 3 | | | 3 × 2 | = | 6 |
| 4. | 8 ÷ 2 = | 4 | | | 4 × 2 | = | 8 |
| 5. | 10 ÷ 2 = | 5 | | | 5 × 2 | = | 10 |
| 6. | 12 ÷ 2 = | 6 | | | 6 × 2 | = | 12 |
| 7. | 14 ÷ 2 = | 7 | | | 7 × 2 | = | 14 |
| 8. | 16 ÷ 2 = | 8 | | | 8 × 2 | = | 16 |
| 9. | 18 ÷ 2 = | 9 | | | 9 × 2 | = | 18 |
| 10. | 20 ÷ 2 = | 10 | | | 10 × 2 | = | 20 |
| 11. | 22 ÷ 2 = | 11 | | | 11 × 2 | = | 22 |
| 12. | 24 ÷ 2 = | 12 | | | 12 × 2 | = | 24 |

Did you know division by 2 means dividing the given number into 2 equal halfs ?

# DP Exercise 3

| | | | | | | | | |
|---|---|---|---|---|---|---|---|---|
| 1. | 3 ÷ 3 = | 1 | | 1 × 3 = 3 |
| 2. | 6 ÷ 3 = | 2 | | 2 × 3 = 6 |
| 3. | 9 ÷ 3 = | 3 | | 3 × 3 = 9 |
| 4. | 12 ÷ 3 = | 4 | | 4 × 3 = 12 |
| 5. | 15 ÷ 3 = | 5 | | 5 × 3 = 15 |
| 6. | 18 ÷ 3 = | 6 | | 6 × 3 = 18 |
| 7. | 21 ÷ 3 = | 7 | | 7 × 3 = 21 |
| 8. | 24 ÷ 3 = | 8 | | 8 × 3 = 24 |
| 9. | 27 ÷ 3 = | 9 | | 9 × 3 = 27 |
| 10. | 30 ÷ 3 = | 10 | | 10 × 3 = 30 |
| 11. | 33 ÷ 3 = | 11 | | 11 × 3 = 33 |
| 12. | 36 ÷ 3 = | 12 | | 12 × 3 = 36 |

Did you know division by 3 means dividing the given number into 3 equal halfs ?

# DP Exercise 4

| | | | | | | | | | | |
|---|---|---|---|---|---|---|---|---|---|---|
| 1. | 4 | ÷ | 4 | = | 1 | 1 | × | 4 | = | 4 |
| 2. | 8 | ÷ | 4 | = | 2 | 2 | × | 4 | = | 8 |
| 3. | 12 | ÷ | 4 | = | 3 | 3 | × | 4 | = | 12 |
| 4. | 16 | ÷ | 4 | = | 4 | 4 | × | 4 | = | 16 |
| 5. | 20 | ÷ | 4 | = | 5 | 5 | × | 4 | = | 20 |
| 6. | 24 | ÷ | 4 | = | 6 | 6 | × | 4 | = | 24 |
| 7. | 28 | ÷ | 4 | = | 7 | 7 | × | 4 | = | 28 |
| 8. | 32 | ÷ | 4 | = | 8 | 8 | × | 4 | = | 32 |
| 9. | 36 | ÷ | 4 | = | 9 | 9 | × | 4 | = | 36 |
| 10. | 40 | ÷ | 4 | = | 10 | 10 | × | 4 | = | 40 |
| 11. | 44 | ÷ | 4 | = | 11 | 11 | × | 4 | = | 44 |
| 12. | 48 | ÷ | 4 | = | 12 | 12 | × | 4 | = | 48 |

Did you know division by 4 means dividing the given number into 4 equal halfs ?

**DIVISION FACTS KEY**

Practice

# DP Exercise 5

| | | |
|---|---|---|
| 1. | 5 ÷ 5 = | 1 |
| 2. | 10 ÷ 5 = | 2 |
| 3. | 15 ÷ 5 = | 3 |
| 4. | 20 ÷ 5 = | 4 |
| 5. | 25 ÷ 5 = | 5 |
| 6. | 30 ÷ 5 = | 6 |
| 7. | 35 ÷ 5 = | 7 |
| 8. | 40 ÷ 5 = | 8 |
| 9. | 45 ÷ 5 = | 9 |
| 10. | 50 ÷ 5 = | 10 |
| 11. | 55 ÷ 5 = | 11 |
| 12. | 60 ÷ 5 = | 12 |

| | |
|---|---|
| 1 × 5 = | 5 |
| 2 × 5 = | 10 |
| 3 × 5 = | 15 |
| 4 × 5 = | 20 |
| 5 × 5 = | 25 |
| 6 × 5 = | 30 |
| 7 × 5 = | 35 |
| 8 × 5 = | 40 |
| 9 × 5 = | 45 |
| 10 × 5 = | 50 |
| 11 × 5 = | 55 |
| 12 × 5 = | 60 |

Did you know division by 5 means dividing the given number into 5 equal halfs ?

**DIVISION FACTS KEY**

Practice

# DP Exercise 6

| | | | |
|---|---|---|---|
| 1. | 6 ÷ 6 = | 1 |
| 2. | 12 ÷ 6 = | 2 |
| 3. | 18 ÷ 6 = | 3 |
| 4. | 24 ÷ 6 = | 4 |
| 5. | 30 ÷ 6 = | 5 |
| 6. | 36 ÷ 6 = | 6 |
| 7. | 42 ÷ 6 = | 7 |
| 8. | 48 ÷ 6 = | 8 |
| 9. | 54 ÷ 6 = | 9 |
| 10. | 60 ÷ 6 = | 10 |
| 11. | 66 ÷ 6 = | 11 |
| 12. | 72 ÷ 6 = | 12 |

| | | |
|---|---|---|
| 1 × 6 = 6 |
| 2 × 6 = 12 |
| 3 × 6 = 18 |
| 4 × 6 = 24 |
| 5 × 6 = 30 |
| 6 × 6 = 36 |
| 7 × 6 = 42 |
| 8 × 6 = 48 |
| 9 × 6 = 54 |
| 10 × 6 = 60 |
| 11 × 6 = 66 |
| 12 × 6 = 72 |

Did you know division by 6 means dividing the given number into 6 equal halfs ?

# DP Exercise 7

| | | | |
|---|---|---|---|
| 1. | 7 ÷ 7 = | 1 |
| 2. | 14 ÷ 7 = | 2 |
| 3. | 21 ÷ 7 = | 3 |
| 4. | 28 ÷ 7 = | 4 |
| 5. | 35 ÷ 7 = | 5 |
| 6. | 42 ÷ 7 = | 6 |
| 7. | 49 ÷ 7 = | 7 |
| 8. | 56 ÷ 7 = | 8 |
| 9. | 63 ÷ 7 = | 9 |
| 10. | 70 ÷ 7 = | 10 |
| 11. | 77 ÷ 7 = | 11 |
| 12. | 84 ÷ 7 = | 12 |

| | | | |
|---|---|---|---|
| 1 | × 7 = | 7 |
| 2 | × 7 = | 14 |
| 3 | × 7 = | 21 |
| 4 | × 7 = | 28 |
| 5 | × 7 = | 35 |
| 6 | × 7 = | 42 |
| 7 | × 7 = | 49 |
| 8 | × 7 = | 56 |
| 9 | × 7 = | 63 |
| 10 | × 7 = | 70 |
| 11 | × 7 = | 77 |
| 12 | × 7 = | 84 |

Did you know division by 7 means dividing the given number into 7 equal halfs ?

**DIVISION FACTS KEY**

Practice

# DP Exercise 8

| # | Division | Answer |   | # | Multiplication | Answer |
|---|----------|--------|---|---|----------------|--------|
| 1. | 8 ÷ 8 = | 1 |   | 1 × 8 = | 8 |
| 2. | 16 ÷ 8 = | 2 |   | 2 × 8 = | 16 |
| 3. | 24 ÷ 8 = | 3 |   | 3 × 8 = | 24 |
| 4. | 32 ÷ 8 = | 4 |   | 4 × 8 = | 32 |
| 5. | 40 ÷ 8 = | 5 |   | 5 × 8 = | 40 |
| 6. | 48 ÷ 8 = | 6 |   | 6 × 8 = | 48 |
| 7. | 56 ÷ 8 = | 7 |   | 7 × 8 = | 56 |
| 8. | 64 ÷ 8 = | 8 |   | 8 × 8 = | 64 |
| 9. | 72 ÷ 8 = | 9 |   | 9 × 8 = | 72 |
| 10. | 80 ÷ 8 = | 10 |   | 10 × 8 = | 80 |
| 11. | 88 ÷ 8 = | 11 |   | 11 × 8 = | 88 |
| 12. | 96 ÷ 8 = | 12 |   | 12 × 8 = | 96 |

Did you know division by 8 means dividing the given number into 8 equal halfs ?

# DP Exercise 9

| | | | | | | | | | | |
|---|---|---|---|---|---|---|---|---|---|---|
| 1. | 9 ÷ 9 | = | 1 | | 1 | × | 9 | = | 9 |
| 2. | 18 ÷ 9 | = | 2 | | 2 | × | 9 | = | 18 |
| 3. | 27 ÷ 9 | = | 3 | | 3 | × | 9 | = | 27 |
| 4. | 36 ÷ 9 | = | 4 | | 4 | × | 9 | = | 36 |
| 5. | 45 ÷ 9 | = | 5 | | 5 | × | 9 | = | 45 |
| 6. | 54 ÷ 9 | = | 6 | | 6 | × | 9 | = | 54 |
| 7. | 63 ÷ 9 | = | 7 | | 7 | × | 9 | = | 63 |
| 8. | 72 ÷ 9 | = | 8 | | 8 | × | 9 | = | 72 |
| 9. | 81 ÷ 9 | = | 9 | | 9 | × | 9 | = | 81 |
| 10. | 90 ÷ 9 | = | 10 | | 10 | × | 9 | = | 90 |
| 11. | 99 ÷ 9 | = | 11 | | 11 | × | 9 | = | 99 |
| 12. | 108 ÷ 9 | = | 12 | | 12 | × | 9 | = | 108 |

Did you know division by 9 means dividing the given number into 9 equal halfs ?

## DP Exercise 10

| # | Division | Answer |
|---|---|---|
| 1. | 10 ÷ 10 = | 1 |
| 2. | 20 ÷ 10 = | 2 |
| 3. | 30 ÷ 10 = | 3 |
| 4. | 40 ÷ 10 = | 4 |
| 5. | 50 ÷ 10 = | 5 |
| 6. | 60 ÷ 10 = | 6 |
| 7. | 70 ÷ 10 = | 7 |
| 8. | 80 ÷ 10 = | 8 |
| 9. | 90 ÷ 10 = | 9 |
| 10. | 100 ÷ 10 = | 10 |
| 11. | 110 ÷ 10 = | 11 |
| 12. | 120 ÷ 10 = | 12 |

| # | Multiplication |
|---|---|
| 1 × 10 = 10 |
| 2 × 10 = 20 |
| 3 × 10 = 30 |
| 4 × 10 = 40 |
| 5 × 10 = 50 |
| 6 × 10 = 60 |
| 7 × 10 = 70 |
| 8 × 10 = 80 |
| 9 × 10 = 90 |
| 10 × 10 = 100 |
| 11 × 10 = 110 |
| 12 × 10 = 120 |

Did you know division by 10 means dividing the given number into 10 equal halfs ?

**DIVISION FACTS KEY**

Practice

# DP Exercise 11

| | | | |
|---|---|---|---|
| 1. | 11 ÷ 11 = | 1 | |
| 2. | 22 ÷ 11 = | 2 | |
| 3. | 33 ÷ 11 = | 3 | |
| 4. | 44 ÷ 11 = | 4 | |
| 5. | 55 ÷ 11 = | 5 | |
| 6. | 66 ÷ 11 = | 6 | |
| 7. | 77 ÷ 11 = | 7 | |
| 8. | 88 ÷ 11 = | 8 | |
| 9. | 99 ÷ 11 = | 9 | |
| 10. | 110 ÷ 11 = | 10 | |
| 11. | 121 ÷ 11 = | 11 | |
| 12. | 132 ÷ 11 = | 12 | |

| | | | |
|---|---|---|---|
| 1 × 11 = 11 |
| 2 × 11 = 22 |
| 3 × 11 = 33 |
| 4 × 11 = 44 |
| 5 × 11 = 55 |
| 6 × 11 = 66 |
| 7 × 11 = 77 |
| 8 × 11 = 88 |
| 9 × 11 = 99 |
| 10 × 11 = 110 |
| 11 × 11 = 121 |
| 12 × 11 = 132 |

Did you know division by 11 means dividing the given number into 11 equal halfs ?

# DP Exercise 12

| | | |
|---|---|---|
| 1. | 12 ÷ 12 = | 1 |
| 2. | 24 ÷ 12 = | 2 |
| 3. | 36 ÷ 12 = | 3 |
| 4. | 48 ÷ 12 = | 4 |
| 5. | 60 ÷ 12 = | 5 |
| 6. | 72 ÷ 12 = | 6 |
| 7. | 84 ÷ 12 = | 7 |
| 8. | 96 ÷ 12 = | 8 |
| 9. | 108 ÷ 12 = | 9 |
| 10. | 120 ÷ 12 = | 10 |
| 11. | 132 ÷ 12 = | 11 |
| 12. | 144 ÷ 12 = | 12 |

| | | |
|---|---|---|
| 1 × 12 | = | 12 |
| 2 × 12 | = | 24 |
| 3 × 12 | = | 36 |
| 4 × 12 | = | 48 |
| 5 × 12 | = | 60 |
| 6 × 12 | = | 72 |
| 7 × 12 | = | 84 |
| 8 × 12 | = | 96 |
| 9 × 12 | = | 108 |
| 10 × 12 | = | 120 |
| 11 × 12 | = | 132 |
| 12 × 12 | = | 144 |

Did you know division by 12 means dividing the given number into 12 equal halfs ?

# DP Exercise 13

| | | | |
|---|---|---|---|
| 1. | 13 ÷ 13 = | 1 |
| 2. | 26 ÷ 13 = | 2 |
| 3. | 39 ÷ 13 = | 3 |
| 4. | 52 ÷ 13 = | 4 |
| 5. | 65 ÷ 13 = | 5 |
| 6. | 78 ÷ 13 = | 6 |
| 7. | 91 ÷ 13 = | 7 |
| 8. | 104 ÷ 13 = | 8 |
| 9. | 117 ÷ 13 = | 9 |
| 10. | 130 ÷ 13 = | 10 |
| 11. | 143 ÷ 13 = | 11 |
| 12. | 156 ÷ 13 = | 12 |

| | | | |
|---|---|---|---|
| 1 × 13 = 13 |
| 2 × 13 = 26 |
| 3 × 13 = 39 |
| 4 × 13 = 52 |
| 5 × 13 = 65 |
| 6 × 13 = 78 |
| 7 × 13 = 91 |
| 8 × 13 = 104 |
| 9 × 13 = 117 |
| 10 × 13 = 130 |
| 11 × 13 = 143 |
| 12 × 13 = 156 |

Did you know division by 13 means dividing the given number into 13 equal halfs ?

**DIVISION FACTS KEY**

Practice

# DP Exercise 14

| | | |
|---|---|---|
| 1. | 14 ÷ 14 = | 1 |
| 2. | 28 ÷ 14 = | 2 |
| 3. | 42 ÷ 14 = | 3 |
| 4. | 56 ÷ 14 = | 4 |
| 5. | 70 ÷ 14 = | 5 |
| 6. | 84 ÷ 14 = | 6 |
| 7. | 98 ÷ 14 = | 7 |
| 8. | 112 ÷ 14 = | 8 |
| 9. | 126 ÷ 14 = | 9 |
| 10. | 140 ÷ 14 = | 10 |
| 11. | 154 ÷ 14 = | 11 |
| 12. | 168 ÷ 14 = | 12 |

| | | |
|---|---|---|
| 1 × | 14 | = 14 |
| 2 × | 14 | = 28 |
| 3 × | 14 | = 42 |
| 4 × | 14 | = 56 |
| 5 × | 14 | = 70 |
| 6 × | 14 | = 84 |
| 7 × | 14 | = 98 |
| 8 × | 14 | = 112 |
| 9 × | 14 | = 126 |
| 10 × | 14 | = 140 |
| 11 × | 14 | = 154 |
| 12 × | 14 | = 168 |

Did you know division by 14 means dividing the given number into 14 equal halfs ?

# DP Exercise 15

| | | |
|---|---|---|
| 1. | 15 ÷ 15 = | 1 |
| 2. | 30 ÷ 15 = | 2 |
| 3. | 45 ÷ 15 = | 3 |
| 4. | 60 ÷ 15 = | 4 |
| 5. | 75 ÷ 15 = | 5 |
| 6. | 90 ÷ 15 = | 6 |
| 7. | 105 ÷ 15 = | 7 |
| 8. | 120 ÷ 15 = | 8 |
| 9. | 135 ÷ 15 = | 9 |
| 10. | 150 ÷ 15 = | 10 |
| 11. | 165 ÷ 15 = | 11 |
| 12. | 180 ÷ 15 = | 12 |

| | | |
|---|---|---|
| 1 × 15 | = | 15 |
| 2 × 15 | = | 30 |
| 3 × 15 | = | 45 |
| 4 × 15 | = | 60 |
| 5 × 15 | = | 75 |
| 6 × 15 | = | 90 |
| 7 × 15 | = | 105 |
| 8 × 15 | = | 120 |
| 9 × 15 | = | 135 |
| 10 × 15 | = | 150 |
| 11 × 15 | = | 165 |
| 12 × 15 | = | 180 |

Did you know division by 15 means dividing the given number into 15 equal halfs ?

# DIVISION FACTS KEY

**Practice**

## DP Exercise 16

| | | | | | | | |
|---|---|---|---|---|---|---|---|
| 1. | 16 ÷ 16 = | 1 | | 1 × | 16 | = 16 |
| 2. | 32 ÷ 16 = | 2 | | 2 × | 16 | = 32 |
| 3. | 48 ÷ 16 = | 3 | | 3 × | 16 | = 48 |
| 4. | 64 ÷ 16 = | 4 | | 4 × | 16 | = 64 |
| 5. | 80 ÷ 16 = | 5 | | 5 × | 16 | = 80 |
| 6. | 96 ÷ 16 = | 6 | | 6 × | 16 | = 96 |
| 7. | 112 ÷ 16 = | 7 | | 7 × | 16 | = 112 |
| 8. | 128 ÷ 16 = | 8 | | 8 × | 16 | = 128 |
| 9. | 144 ÷ 16 = | 9 | | 9 × | 16 | = 144 |
| 10. | 160 ÷ 16 = | 10 | | 10 × | 16 | = 160 |
| 11. | 176 ÷ 16 = | 11 | | 11 × | 16 | = 176 |
| 12. | 192 ÷ 16 = | 12 | | 12 × | 16 | = 192 |

Did you know division by 16 means dividing the given number into 16 equal halfs ?

# DP Exercise 17

| | | | | | |
|---|---|---|---|---|---|
| 1. | 17 ÷ 17 = | 1 |
| 2. | 34 ÷ 17 = | 2 |
| 3. | 51 ÷ 17 = | 3 |
| 4. | 68 ÷ 17 = | 4 |
| 5. | 85 ÷ 17 = | 5 |
| 6. | 102 ÷ 17 = | 6 |
| 7. | 119 ÷ 17 = | 7 |
| 8. | 136 ÷ 17 = | 8 |
| 9. | 153 ÷ 17 = | 9 |
| 10. | 170 ÷ 17 = | 10 |
| 11. | 187 ÷ 17 = | 11 |
| 12. | 204 ÷ 17 = | 12 |

| | | | | | |
|---|---|---|---|---|---|
| 1 | × | 17 | = | 17 |
| 2 | × | 17 | = | 34 |
| 3 | × | 17 | = | 51 |
| 4 | × | 17 | = | 68 |
| 5 | × | 17 | = | 85 |
| 6 | × | 17 | = | 102 |
| 7 | × | 17 | = | 119 |
| 8 | × | 17 | = | 136 |
| 9 | × | 17 | = | 153 |
| 10 | × | 17 | = | 170 |
| 11 | × | 17 | = | 187 |
| 12 | × | 17 | = | 204 |

Did you know division by 17 means dividing the given number into 17 equal halfs ?

# DP Exercise 18

| | | | |
|---|---|---|---|
| 1. | 18 ÷ 18 = | 1 |
| 2. | 36 ÷ 18 = | 2 |
| 3. | 54 ÷ 18 = | 3 |
| 4. | 72 ÷ 18 = | 4 |
| 5. | 90 ÷ 18 = | 5 |
| 6. | 108 ÷ 18 = | 6 |
| 7. | 126 ÷ 18 = | 7 |
| 8. | 144 ÷ 18 = | 8 |
| 9. | 162 ÷ 18 = | 9 |
| 10. | 180 ÷ 18 = | 10 |
| 11. | 198 ÷ 18 = | 11 |
| 12. | 216 ÷ 18 = | 12 |

| | | | |
|---|---|---|---|
| 1 × 18 = 18 |
| 2 × 18 = 36 |
| 3 × 18 = 54 |
| 4 × 18 = 72 |
| 5 × 18 = 90 |
| 6 × 18 = 108 |
| 7 × 18 = 126 |
| 8 × 18 = 142 |
| 9 × 18 = 162 |
| 10 × 18 = 180 |
| 11 × 18 = 198 |
| 12 × 18 = 216 |

Did you know division by 18 means dividing the given number into 18 equal halfs ?

# DP Exercise 19

| | | | | | | |
|---|---|---|---|---|---|---|
| 1. | 19 ÷ 19 = | 1 | | 1 × 19 | = 19 |
| 2. | 38 ÷ 19 = | 2 | | 2 × 19 | = 38 |
| 3. | 57 ÷ 19 = | 3 | | 3 × 19 | = 57 |
| 4. | 76 ÷ 19 = | 4 | | 4 × 19 | = 76 |
| 5. | 95 ÷ 19 = | 5 | | 5 × 19 | = 95 |
| 6. | 114 ÷ 19 = | 6 | | 6 × 19 | = 114 |
| 7. | 133 ÷ 19 = | 7 | | 7 × 19 | = 133 |
| 8. | 152 ÷ 19 = | 8 | | 8 × 19 | = 152 |
| 9. | 171 ÷ 19 = | 9 | | 9 × 19 | = 171 |
| 10. | 190 ÷ 19 = | 10 | | 10 × 19 | = 190 |
| 11. | 209 ÷ 19 = | 11 | | 11 × 19 | = 209 |
| 12. | 228 ÷ 19 = | 12 | | 12 × 19 | = 228 |

Did you know division by 19 means dividing the given number into 19 equal halfs ?

**DIVISION FACTS KEY**

**Practice**

# DP Exercise 20

| | | |
|---|---|---|
| 1. | 20 ÷ 20 = | 1 |
| 2. | 40 ÷ 20 = | 2 |
| 3. | 60 ÷ 20 = | 3 |
| 4. | 80 ÷ 20 = | 4 |
| 5. | 100 ÷ 20 = | 5 |
| 6. | 120 ÷ 20 = | 6 |
| 7. | 140 ÷ 20 = | 7 |
| 8. | 160 ÷ 20 = | 8 |
| 9. | 180 ÷ 20 = | 9 |
| 10. | 200 ÷ 20 = | 10 |
| 11. | 220 ÷ 20 = | 11 |
| 12. | 240 ÷ 20 = | 12 |

| | | |
|---|---|---|
| 1 × 20 | = | 20 |
| 2 × 20 | = | 40 |
| 3 × 20 | = | 60 |
| 4 × 20 | = | 80 |
| 5 × 20 | = | 100 |
| 6 × 20 | = | 120 |
| 7 × 20 | = | 140 |
| 8 × 20 | = | 160 |
| 9 × 20 | = | 180 |
| 10 × 20 | = | 200 |
| 11 × 20 | = | 220 |
| 12 × 20 | = | 240 |

Did you know division by 20 means dividing the given number into 20 equal halfs ?

©All rights reserved-Math-Knots LLC., VA-USA    www.math-knots.com

# DP Exercise 21

| | | | |
|---|---|---|---|
| 1. | 21 ÷ 21 = | 1 |
| 2. | 42 ÷ 21 = | 2 |
| 3. | 63 ÷ 21 = | 3 |
| 4. | 84 ÷ 21 = | 4 |
| 5. | 105 ÷ 21 = | 5 |
| 6. | 126 ÷ 21 = | 6 |
| 7. | 147 ÷ 21 = | 7 |
| 8. | 168 ÷ 21 = | 8 |
| 9. | 189 ÷ 21 = | 9 |
| 10. | 210 ÷ 21 = | 10 |
| 11. | 231 ÷ 21 = | 11 |
| 12. | 252 ÷ 21 = | 12 |

| | | | |
|---|---|---|---|
| 1 × 21 = 21 |
| 2 × 21 = 42 |
| 3 × 21 = 63 |
| 4 × 21 = 84 |
| 5 × 21 = 105 |
| 6 × 21 = 126 |
| 7 × 21 = 147 |
| 8 × 21 = 168 |
| 9 × 21 = 189 |
| 10 × 21 = 210 |
| 11 × 21 = 231 |
| 12 × 21 = 252 |

Did you know division by 21 means dividing the given number into 21 equal halfs ?

# DP Exercise 22

| # | Division | Answer |
|---|---|---|
| 1. | 22 ÷ 22 = | 1 |
| 2. | 44 ÷ 22 = | 2 |
| 3. | 66 ÷ 22 = | 3 |
| 4. | 88 ÷ 22 = | 4 |
| 5. | 110 ÷ 22 = | 5 |
| 6. | 132 ÷ 22 = | 6 |
| 7. | 154 ÷ 22 = | 7 |
| 8. | 176 ÷ 22 = | 8 |
| 9. | 198 ÷ 22 = | 9 |
| 10. | 220 ÷ 22 = | 10 |
| 11. | 242 ÷ 22 = | 11 |
| 12. | 264 ÷ 22 = | 12 |

| | Multiplication | |
|---|---|---|
| 1 × | 22 | = 22 |
| 2 × | 22 | = 44 |
| 3 × | 22 | = 66 |
| 4 × | 22 | = 88 |
| 5 × | 22 | = 110 |
| 6 × | 22 | = 132 |
| 7 × | 22 | = 154 |
| 8 × | 22 | = 176 |
| 9 × | 22 | = 198 |
| 10 × | 22 | = 220 |
| 11 × | 22 | = 242 |
| 12 × | 22 | = 264 |

Did you know division by 22 means dividing the given number into 22 equal halfs ?

# DP Exercise 23

| # | Division | Answer |
|---|---|---|
| 1. | 23 ÷ 23 = | 1 |
| 2. | 46 ÷ 23 = | 2 |
| 3. | 69 ÷ 23 = | 3 |
| 4. | 92 ÷ 22 = | 4 |
| 5. | 115 ÷ 23 = | 5 |
| 6. | 138 ÷ 23 = | 6 |
| 7. | 161 ÷ 23 = | 7 |
| 8. | 184 ÷ 23 = | 8 |
| 9. | 207 ÷ 23 = | 9 |
| 10. | 230 ÷ 23 = | 10 |
| 11. | 253 ÷ 23 = | 11 |
| 12. | 276 ÷ 23 = | 12 |

| # | Multiplication | Result |
|---|---|---|
| 1 × 23 | = | 23 |
| 2 × 23 | = | 46 |
| 3 × 23 | = | 69 |
| 4 × 23 | = | 92 |
| 5 × 23 | = | 115 |
| 6 × 23 | = | 138 |
| 7 × 23 | = | 161 |
| 8 × 23 | = | 184 |
| 9 × 23 | = | 207 |
| 10 × 23 | = | 230 |
| 11 × 23 | = | 253 |
| 12 × 23 | = | 276 |

Did you know division by 23 means dividing the given number into 23 equal halfs ?

**DIVISION FACTS KEY**

Practice

# DP Exercise 24

| | | |
|---|---|---|
| 1. | 24 ÷ 24 = | 1 |
| 2. | 48 ÷ 24 = | 2 |
| 3. | 72 ÷ 24 = | 3 |
| 4. | 96 ÷ 24 = | 4 |
| 5. | 120 ÷ 24 = | 5 |
| 6. | 144 ÷ 24 = | 6 |
| 7. | 168 ÷ 24 = | 7 |
| 8. | 192 ÷ 24 = | 8 |
| 9. | 216 ÷ 24 = | 9 |
| 10. | 240 ÷ 24 = | 10 |
| 11. | 264 ÷ 24 = | 11 |
| 12. | 288 ÷ 24 = | 12 |

| | | |
|---|---|---|
| 1 × 24 | = | 24 |
| 2 × 24 | = | 48 |
| 3 × 24 | = | 72 |
| 4 × 24 | = | 96 |
| 5 × 24 | = | 120 |
| 6 × 24 | = | 144 |
| 7 × 24 | = | 168 |
| 8 × 24 | = | 192 |
| 9 × 24 | = | 216 |
| 10 × 24 | = | 240 |
| 11 × 24 | = | 264 |
| 12 × 24 | = | 288 |

Did you know division by 24 means dividing the given number into 24 equal halfs ?

**DIVISION FACTS KEY**

**Practice**

# DP Exercise 25

| | | | |
|---|---|---|---|
| 1. | 25 ÷ 25 = | 1 | |
| 2. | 50 ÷ 25 = | 2 | |
| 3. | 75 ÷ 25 = | 3 | |
| 4. | 100 ÷ 25 = | 4 | |
| 5. | 125 ÷ 25 = | 5 | |
| 6. | 150 ÷ 25 = | 6 | |
| 7. | 175 ÷ 25 = | 7 | |
| 8. | 200 ÷ 25 = | 8 | |
| 9. | 225 ÷ 25 = | 9 | |
| 10. | 250 ÷ 25 = | 10 | |
| 11. | 275 ÷ 25 = | 11 | |
| 12. | 300 ÷ 25 = | 12 | |

| | | | |
|---|---|---|---|
| 1 × 25 = 25 |
| 2 × 25 = 50 |
| 3 × 25 = 75 |
| 4 × 25 = 100 |
| 5 × 25 = 125 |
| 6 × 25 = 150 |
| 7 × 25 = 175 |
| 8 × 25 = 200 |
| 9 × 25 = 225 |
| 10 × 25 = 250 |
| 11 × 25 = 275 |
| 12 × 25 = 300 |

Did you know division by 25 means dividing the given number into 25 equal halfs ?

# DP Exercise 26

| | | | | | |
|---|---|---|---|---|---|
| 1. | 67 | ÷ | 1 | = | 67 |
| 2. | 44 | ÷ | 2 | = | 22 |
| 3. | 99 | ÷ | 3 | = | 33 |
| 4. | 80 | ÷ | 4 | = | 20 |
| 5. | 95 | ÷ | 5 | = | 19 |
| 6. | 126 | ÷ | 6 | = | 21 |
| 7. | 49 | ÷ | 7 | = | 7 |
| 8. | 96 | ÷ | 8 | = | 12 |
| 9. | 189 | ÷ | 9 | = | 21 |
| 10. | 800 | ÷ | 10 | = | 80 |
| 11. | 1331 | ÷ | 11 | = | 121 |
| 12. | 1728 | ÷ | 12 | = | 144 |

| | | | | | |
|---|---|---|---|---|---|
| 1 | × | 67 | = | 67 |
| 2 | × | 22 | = | 44 |
| 3 | × | 33 | = | 99 |
| 4 | × | 20 | = | 80 |
| 5 | × | 19 | = | 95 |
| 6 | × | 21 | = | 126 |
| 7 | × | 7 | = | 49 |
| 8 | × | 12 | = | 96 |
| 9 | × | 21 | = | 189 |
| 10 | × | 80 | = | 800 |
| 11 | × | 121 | = | 1331 |
| 12 | × | 144 | = | 1728 |

Did you know operations, division and multiplication are opposites of each other?

**DIVISION FACTS KEY**

Practice

# DP Exercise 27

| | | | | | |
|---|---|---|---|---|---|
| 1. | 591 | ÷ | 1 | = | 591 |
| 2. | 404 | ÷ | 2 | = | 202 |
| 3. | 303 | ÷ | 3 | = | 101 |
| 4. | 84 | ÷ | 4 | = | 21 |
| 5. | 125 | ÷ | 5 | = | 25 |
| 6. | 246 | ÷ | 6 | = | 41 |
| 7. | 777 | ÷ | 7 | = | 111 |
| 8. | 160 | ÷ | 8 | = | 20 |
| 9. | 279 | ÷ | 9 | = | 31 |
| 10. | 2010 | ÷ | 10 | = | 201 |
| 11. | 11011 | ÷ | 11 | = | 1001 |
| 12. | 121212 | ÷ | 12 | = | 10101 |

| | | | | |
|---|---|---|---|---|
| 1 | × | 591 | = | 591 |
| 2 | × | 202 | = | 404 |
| 3 | × | 101 | = | 303 |
| 4 | × | 21 | = | 84 |
| 5 | × | 25 | = | 125 |
| 6 | × | 41 | = | 246 |
| 7 | × | 111 | = | 777 |
| 8 | × | 20 | = | 160 |
| 9 | × | 31 | = | 279 |
| 10 | × | 201 | = | 2010 |
| 11 | × | 1001 | = | 11011 |
| 12 | × | 10101 | = | 121212 |

Did you know operations, division and multiplication are opposites of each other?

# DP Exercise 28

(A) $1\overline{)2}$

Ans : $\begin{array}{r} 2 \\ 1\overline{)2} \end{array}$

(B) $1\overline{)3}$

Ans : $\begin{array}{r} 3 \\ 1\overline{)3} \end{array}$

(C) $1\overline{)4}$

Ans : $\begin{array}{r} 4 \\ 1\overline{)4} \end{array}$

(D) $1\overline{)5}$

Ans : $\begin{array}{r} 5 \\ 1\overline{)5} \end{array}$

(E) $1\overline{)6}$

Ans : $\begin{array}{r} 6 \\ 1\overline{)6} \end{array}$

(F) $1\overline{)7}$

Ans : $\begin{array}{r} 7 \\ 1\overline{)7} \end{array}$

(G) $1\overline{)8}$

Ans : $\begin{array}{r} 8 \\ 1\overline{)8} \end{array}$

(H) $1\overline{)9}$

Ans : $\begin{array}{r} 9 \\ 1\overline{)9} \end{array}$

(I) $1\overline{)10}$

Ans : $\begin{array}{r} 10 \\ 1\overline{)10} \end{array}$

(J) $1\overline{)11}$

Ans : $\begin{array}{r} 11 \\ 1\overline{)11} \end{array}$

(K) $1\overline{)12}$

Ans : $\begin{array}{r} 12 \\ 1\overline{)12} \end{array}$

(L) $1\overline{)13}$

Ans : $\begin{array}{r} 13 \\ 1\overline{)13} \end{array}$

(M) $1\overline{)14}$

Ans : $\begin{array}{r} 14 \\ 1\overline{)14} \end{array}$

(I) $1\overline{)15}$

Ans : $\begin{array}{r} 15 \\ 1\overline{)15} \end{array}$

(J) $1\overline{)16}$

Ans : $\begin{array}{r} 16 \\ 1\overline{)16} \end{array}$

# DP Exercise 29

(A) 2)2̄

Ans: 2)2̄ with 1 on top

(B) 2)4̄

Ans: 2)4̄ with 2 on top

(C) 2)6̄

Ans: 2)6̄ with 3 on top

(D) 2)8̄

Ans: 2)8̄ with 4 on top

(E) 2)10

Ans: 2)10 with 5 on top

(F) 2)12

Ans: 2)12 with 6 on top

(G) 2)14

Ans: 2)14 with 7 on top

(H) 2)16

Ans: 2)16 with 8 on top

(I) 2)18

Ans: 2)18 with 9 on top

(J) 2)20

Ans: 2)20 with 10 on top

(K) 2)22

Ans: 2)22 with 11 on top

(L) 2)24

Ans: 2)24 with 12 on top

(M) 2)26

Ans: 2)26 with 13 on top

(N) 2)28

Ans: 2)28 with 14 on top

(O) 2)30

Ans: 2)30 with 15 on top

# DP Exercise 30

(A) $3\overline{)3}$

Ans: $3\overline{)3}^{\,1}$

(B) $3\overline{)6}$

Ans: $3\overline{)6}^{\,2}$

(C) $3\overline{)9}$

Ans: $3\overline{)9}^{\,3}$

(D) $3\overline{)12}$

Ans: $3\overline{)12}^{\,4}$

(E) $3\overline{)15}$

Ans: $3\overline{)15}^{\,5}$

(F) $3\overline{)18}$

Ans: $3\overline{)18}^{\,6}$

(G) $3\overline{)21}$

Ans: $3\overline{)21}^{\,7}$

(H) $3\overline{)24}$

Ans: $3\overline{)24}^{\,8}$

(I) $3\overline{)27}$

Ans: $3\overline{)27}^{\,9}$

(J) $3\overline{)30}$

Ans: $3\overline{)30}^{\,10}$

(K) $3\overline{)33}$

Ans: $3\overline{)33}^{\,11}$

(L) $3\overline{)36}$

Ans: $3\overline{)36}^{\,12}$

(M) $3\overline{)39}$

Ans: $3\overline{)39}^{\,13}$

(I) $3\overline{)42}$

Ans: $3\overline{)42}^{\,14}$

(J) $3\overline{)45}$

Ans: $3\overline{)45}^{\,15}$

# DP Exercise 31

(A) $4\overline{)4}$

Ans: $4\overline{)4}$ = 1

(B) $4\overline{)8}$

Ans: $4\overline{)8}$ = 2

(C) $4\overline{)12}$

Ans: $4\overline{)12}$ = 3

(D) $4\overline{)16}$

Ans: $4\overline{)16}$ = 4

(E) $4\overline{)20}$

Ans: $4\overline{)20}$ = 5

(F) $4\overline{)24}$

Ans: $4\overline{)24}$ = 6

(G) $4\overline{)28}$

Ans: $4\overline{)28}$ = 7

(H) $4\overline{)32}$

Ans: $4\overline{)32}$ = 8

(I) $4\overline{)36}$

Ans: $4\overline{)36}$ = 9

(J) $4\overline{)40}$

Ans: $4\overline{)40}$ = 10

(K) $4\overline{)44}$

Ans: $4\overline{)44}$ = 11

(L) $4\overline{)48}$

Ans: $4\overline{)48}$ = 12

(M) $4\overline{)52}$

Ans: $4\overline{)52}$ = 13

(N) $4\overline{)56}$

Ans: $4\overline{)56}$ = 14

(O) $4\overline{)60}$

Ans: $4\overline{)60}$ = 15

# DP Exercise 32

(A)  $5\overline{)5}$

Ans: $5\overline{)5}^{\;1}$

(B)  $5\overline{)10}$

Ans: $5\overline{)10}^{\;2}$

(C)  $5\overline{)15}$

Ans: $5\overline{)15}^{\;3}$

(D)  $5\overline{)20}$

Ans: $5\overline{)20}^{\;4}$

(E)  $5\overline{)25}$

Ans: $5\overline{)25}^{\;5}$

(F)  $5\overline{)30}$

Ans: $5\overline{)30}^{\;6}$

(G)  $5\overline{)35}$

Ans: $5\overline{)35}^{\;7}$

(H)  $5\overline{)40}$

Ans: $5\overline{)40}^{\;8}$

(I)  $5\overline{)45}$

Ans: $5\overline{)45}^{\;9}$

(J)  $5\overline{)50}$

Ans: $5\overline{)50}^{\;10}$

(K)  $5\overline{)55}$

Ans: $5\overline{)55}^{\;11}$

(L)  $5\overline{)60}$

Ans: $5\overline{)60}^{\;12}$

(M)  $5\overline{)65}$

Ans: $5\overline{)65}^{\;13}$

(N)  $5\overline{)70}$

Ans: $5\overline{)70}^{\;14}$

(O)  $5\overline{)75}$

Ans: $5\overline{)75}^{\;15}$

# DP Exercise 33

(A) $6\overline{)6}$

Ans: $6\overline{)6}^{\,1}$

(B) $6\overline{)12}$

Ans: $6\overline{)12}^{\,2}$

(C) $6\overline{)18}$

Ans: $6\overline{)18}^{\,3}$

(D) $6\overline{)24}$

Ans: $6\overline{)24}^{\,4}$

(E) $6\overline{)30}$

Ans: $6\overline{)30}^{\,5}$

(F) $6\overline{)36}$

Ans: $6\overline{)36}^{\,6}$

(G) $6\overline{)42}$

Ans: $6\overline{)42}^{\,7}$

(H) $6\overline{)48}$

Ans: $6\overline{)48}^{\,8}$

(I) $6\overline{)54}$

Ans: $6\overline{)54}^{\,9}$

(J) $6\overline{)60}$

Ans: $6\overline{)60}^{\,10}$

(K) $6\overline{)66}$

Ans: $6\overline{)66}^{\,11}$

(L) $6\overline{)72}$

Ans: $6\overline{)72}^{\,12}$

(M) $6\overline{)78}$

Ans: $6\overline{)78}^{\,13}$

(N) $6\overline{)84}$

Ans: $6\overline{)84}^{\,14}$

(O) $6\overline{)90}$

Ans: $6\overline{)90}^{\,15}$

# DP Exercise 34

(A) 7)7

Ans: 7)7 (1)

(B) 7)14

Ans: 7)14 (2)

(C) 7)21

Ans: 7)21 (3)

(D) 7)28

Ans: 7)28 (4)

(E) 7)35

Ans: 7)35 (5)

(F) 7)42

Ans: 7)42 (6)

(G) 7)49

Ans: 7)49 (7)

(H) 7)56

Ans: 7)56 (8)

(I) 7)63

Ans: 7)63 (9)

(J) 7)70

Ans: 7)70 (10)

(K) 7)77

Ans: 7)77 (11)

(L) 7)84

Ans: 7)84 (12)

(M) 7)91

Ans: 7)91 (13)

(N) 7)98

Ans: 7)98 (14)

(O) 7)105

Ans: 7)105 (15)

# DP Exercise 35

(A) $8\overline{)8}$

Ans: $8\overline{)8}^{\,1}$

(B) $8\overline{)16}$

Ans: $8\overline{)16}^{\,2}$

(C) $8\overline{)24}$

Ans: $8\overline{)24}^{\,3}$

(D) $8\overline{)32}$

Ans: $8\overline{)32}^{\,4}$

(E) $8\overline{)40}$

Ans: $8\overline{)40}^{\,5}$

(F) $8\overline{)48}$

Ans: $8\overline{)48}^{\,6}$

(G) $8\overline{)56}$

Ans: $8\overline{)56}^{\,7}$

(H) $8\overline{)64}$

Ans: $8\overline{)64}^{\,8}$

(I) $8\overline{)72}$

Ans: $8\overline{)72}^{\,9}$

(J) $8\overline{)80}$

Ans: $8\overline{)80}^{\,10}$

(K) $8\overline{)88}$

Ans: $8\overline{)88}^{\,11}$

(L) $8\overline{)96}$

Ans: $8\overline{)96}^{\,12}$

(M) $8\overline{)104}$

Ans: $8\overline{)104}^{\,13}$

(N) $8\overline{)112}$

Ans: $8\overline{)112}^{\,14}$

(O) $8\overline{)120}$

Ans: $8\overline{)120}^{\,15}$

**DIVISION FACTS KEY**

**Practice by 9**

## DP Exercise 36

(A) 9)9

Ans: 9)9̄ = 1

(B) 9)18

Ans: 9)18 = 2

(C) 9)27

Ans: 9)27 = 3

(D) 9)36

Ans: 9)36 = 4

(E) 9)45

Ans: 9)45 = 5

(F) 9)54

Ans: 9)54 = 6

(G) 9)63

Ans: 9)63 = 7

(H) 9)72

Ans: 9)72 = 8

(I) 9)81

Ans: 9)81 = 9

(J) 9)90

Ans: 9)90 = 10

(K) 9)99

Ans: 9)99 = 11

(L) 9)108

Ans: 9)108 = 12

(M) 9)117

Ans: 9)117 = 13

(N) 9)126

Ans: 9)126 = 14

(O) 9)135

Ans: 9)135 = 15

# DP Exercise 37

(A)  $10\overline{)10}$

Ans: $10\overline{)10}^{\,1}$

(B)  $10\overline{)20}$

Ans: $10\overline{)20}^{\,2}$

(C)  $10\overline{)30}$

Ans: $10\overline{)30}^{\,3}$

(D)  $10\overline{)40}$

Ans: $10\overline{)40}^{\,4}$

(E)  $10\overline{)50}$

Ans: $10\overline{)50}^{\,5}$

(F)  $10\overline{)60}$

Ans: $10\overline{)60}^{\,6}$

(G)  $10\overline{)70}$

Ans: $10\overline{)70}^{\,7}$

(H)  $10\overline{)80}$

Ans: $10\overline{)80}^{\,8}$

(I)  $10\overline{)90}$

Ans: $10\overline{)90}^{\,9}$

(J)  $10\overline{)100}$

Ans: $10\overline{)100}^{\,10}$

(K)  $10\overline{)110}$

Ans: $10\overline{)110}^{\,11}$

(L)  $10\overline{)120}$

Ans: $10\overline{)120}^{\,12}$

(M)  $10\overline{)130}$

Ans: $10\overline{)130}^{\,13}$

(N)  $10\overline{)140}$

Ans: $10\overline{)140}^{\,14}$

(O)  $10\overline{)150}$

Ans: $10\overline{)150}^{\,15}$

## DP Exercise 38

(A)  11 ⟌11

Ans: 11 ⟌11̄  (1)

(B)  11 ⟌22

Ans: 11 ⟌22̄  (2)

(C)  11 ⟌33

Ans: 11 ⟌33̄  (3)

(D)  11 ⟌44

Ans: 11 ⟌44̄  (4)

(E)  11 ⟌55

Ans: 11 ⟌55̄  (5)

(F)  11 ⟌66

Ans: 11 ⟌66̄  (6)

(G)  11 ⟌77

Ans: 11 ⟌77̄  (7)

(H)  11 ⟌88

Ans: 11 ⟌88̄  (8)

(I)  11 ⟌99

Ans: 11 ⟌99̄  (9)

(J)  11 ⟌110

Ans: 11 ⟌110̄  (10)

(K)  11 ⟌121

Ans: 11 ⟌121̄  (11)

(L)  11 ⟌132

Ans: 11 ⟌132̄  (12)

(M)  11 ⟌143

Ans: 11 ⟌143̄  (13)

(N)  11 ⟌154

Ans: 11 ⟌154̄  (14)

(O)  11 ⟌165

Ans: 11 ⟌165̄  (15)

# DP Exercise 39

(A) 12)¯12¯   (F) 12)¯72¯   (K) 12)¯132¯

Ans: 12)¯12¯ = 1   Ans: 12)¯72¯ = 6   Ans: 12)¯132¯ = 11

(B) 12)¯24¯   (G) 12)¯84¯   (L) 12)¯144¯

Ans: 12)¯24¯ = 2   Ans: 12)¯84¯ = 7   Ans: 12)¯144¯ = 12

(C) 12)¯36¯   (H) 12)¯96¯   (M) 12)¯156¯

Ans: 12)¯36¯ = 3   Ans: 12)¯96¯ = 8   Ans: 12)¯156¯ = 13

(D) 12)¯48¯   (I) 12)¯108¯   (N) 12)¯168¯

Ans: 12)¯48¯ = 4   Ans: 12)¯108¯ = 9   Ans: 12)¯168¯ = 14

(E) 12)¯60¯   (J) 12)¯120¯   (O) 12)¯180¯

Ans: 12)¯60¯ = 5   Ans: 12)¯120¯ = 10   Ans: 12)¯180¯ = 15

# DP Exercise 40

(A)  13)13̄

Ans: 13)13̄ quotient 1

(B)  13)26̄

Ans: 13)26̄ quotient 2

(C)  13)39̄

Ans: 13)39̄ quotient 3

(D)  13)52̄

Ans: 13)52̄ quotient 4

(E)  13)65̄

Ans: 13)65̄ quotient 5

(F)  13)78̄

Ans: 13)78̄ quotient 6

(G)  13)91̄

Ans: 13)91̄ quotient 7

(H)  13)104

Ans: 13)104 quotient 8

(I)  13)117

Ans: 13)117 quotient 9

(J)  13)130

Ans: 13)130 quotient 10

(K)  13)143

Ans: 13)143 quotient 11

(L)  13)156

Ans: 13)156 quotient 12

(M)  13)169

Ans: 13)169 quotient 13

(I)  13)182

Ans: 13)182 quotient 14

(J)  13)195

Ans: 13)195 quotient 15

# DP Exercise 41

(A) 14)14  
Ans: 14)1̄4̄ (quotient 1)

(B) 14)28  
Ans: 14)2̄8̄ (quotient 2)

(C) 14)42  
Ans: 14)4̄2̄ (quotient 3)

(D) 14)56  
Ans: 14)5̄6̄ (quotient 4)

(E) 14)70  
Ans: 14)7̄0̄ (quotient 5)

(F) 14)84  
Ans: 14)8̄4̄ (quotient 6)

(G) 14)98  
Ans: 14)9̄8̄ (quotient 7)

(H) 14)112  
Ans: 14)1̄1̄2̄ (quotient 8)

(I) 14)126  
Ans: 14)1̄2̄6̄ (quotient 9)

(J) 14)140  
Ans: 14)1̄4̄0̄ (quotient 10)

(K) 14)154  
Ans: 14)1̄5̄4̄ (quotient 11)

(L) 14)168  
Ans: 14)1̄6̄8̄ (quotient 12)

(M) 14)182  
Ans: 14)1̄8̄2̄ (quotient 13)

(I) 14)196  
Ans: 14)1̄9̄6̄ (quotient 14)

(J) 14)210  
Ans: 14)2̄1̄0̄ (quotient 15)

## DP Exercise 42

(A) 15)15

Ans : 15)15 quotient 1

(B) 15)30

Ans : 15)30 quotient 2

(C) 15)45

Ans : 15)45 quotient 3

(D) 15)60

Ans : 15)60 quotient 4

(E) 15)75

Ans : 15)75 quotient 5

(F) 15)90

Ans : 15)90 quotient 6

(G) 15)105

Ans : 15)105 quotient 7

(H) 15)120

Ans : 15)120 quotient 8

(I) 15)135

Ans : 15)135 quotient 9

(J) 15)150

Ans : 15)150 quotient 10

(K) 15)165

Ans : 15)165 quotient 11

(L) 15)180

Ans : 15)180 quotient 12

(M) 15)195

Ans : 15)195 quotient 13

(I) 15)210

Ans : 15)210 quotient 14

(J) 15)225

Ans : 15)225 quotient 15

# DP Exercise 43

(A) 16)16

Ans: 16)16 = 1

(B) 16)32

Ans: 16)32 = 2

(C) 16)48

Ans: 16)48 = 3

(D) 16)64

Ans: 16)64 = 4

(E) 16)80

Ans: 16)80 = 5

(F) 16)96

Ans: 16)96 = 6

(G) 16)112

Ans: 16)112 = 7

(H) 16)128

Ans: 16)128 = 8

(I) 16)144

Ans: 16)144 = 9

(J) 16)160

Ans: 16)160 = 10

(K) 16)176

Ans: 16)176 = 11

(L) 16)192

Ans: 16)192 = 12

(M) 16)208

Ans: 16)208 = 13

(I) 16)224

Ans: 16)224 = 14

(J) 16)240

Ans: 16)240 = 15

# DP Exercise 44

(A) $17\overline{)17}$

Ans: $17\overline{)17}^{\,1}$

(B) $17\overline{)34}$

Ans: $17\overline{)34}^{\,2}$

(C) $17\overline{)51}$

Ans: $17\overline{)51}^{\,3}$

(D) $17\overline{)68}$

Ans: $17\overline{)68}^{\,4}$

(E) $17\overline{)85}$

Ans: $17\overline{)85}^{\,5}$

(F) $17\overline{)102}$

Ans: $17\overline{)102}^{\,6}$

(G) $17\overline{)119}$

Ans: $17\overline{)119}^{\,7}$

(H) $17\overline{)136}$

Ans: $17\overline{)136}^{\,8}$

(I) $17\overline{)153}$

Ans: $17\overline{)153}^{\,9}$

(J) $17\overline{)170}$

Ans: $17\overline{)170}^{\,10}$

(K) $17\overline{)187}$

Ans: $17\overline{)187}^{\,11}$

(L) $17\overline{)204}$

Ans: $17\overline{)204}^{\,12}$

(M) $17\overline{)221}$

Ans: $17\overline{)221}^{\,13}$

(I) $17\overline{)238}$

Ans: $17\overline{)238}^{\,14}$

(J) $17\overline{)255}$

Ans: $17\overline{)255}^{\,15}$

# DP Exercise 45

(A) $18\overline{)18}$  (F) $18\overline{)108}$  (K) $18\overline{)198}$

Ans: $18\overline{)18}^{\,1}$  Ans: $18\overline{)108}^{\,6}$  Ans: $18\overline{)198}^{\,11}$

(B) $18\overline{)36}$  (G) $18\overline{)126}$  (L) $18\overline{)216}$

Ans: $18\overline{)36}^{\,2}$  Ans: $18\overline{)126}^{\,7}$  Ans: $18\overline{)216}^{\,12}$

(C) $18\overline{)54}$  (H) $18\overline{)144}$  (M) $18\overline{)234}$

Ans: $18\overline{)54}^{\,3}$  Ans: $18\overline{)144}^{\,8}$  Ans: $18\overline{)234}^{\,13}$

(D) $18\overline{)72}$  (I) $18\overline{)162}$  (I) $18\overline{)252}$

Ans: $18\overline{)72}^{\,4}$  Ans: $18\overline{)162}^{\,9}$  Ans: $18\overline{)252}^{\,14}$

(E) $18\overline{)90}$  (J) $18\overline{)180}$  (J) $18\overline{)270}$

Ans: $18\overline{)90}^{\,5}$  Ans: $18\overline{)180}^{\,10}$  Ans: $18\overline{)270}^{\,15}$

# DP Exercise 46

(A) 19)‾19‾  
Ans: 19)‾19‾ = 1

(B) 19)‾38‾  
Ans: 19)‾38‾ = 2

(C) 19)‾57‾  
Ans: 19)‾57‾ = 3

(D) 19)‾76‾  
Ans: 19)‾76‾ = 4

(E) 19)‾95‾  
Ans: 19)‾95‾ = 5

(F) 19)‾114‾  
Ans: 19)‾114‾ = 6

(G) 19)‾133‾  
Ans: 19)‾133‾ = 7

(H) 19)‾152‾  
Ans: 19)‾152‾ = 8

(I) 19)‾171‾  
Ans: 19)‾171‾ = 9

(J) 19)‾190‾  
Ans: 19)‾190‾ = 10

(K) 19)‾209‾  
Ans: 19)‾209‾ = 11

(L) 19)‾228‾  
Ans: 19)‾228‾ = 12

(M) 19)‾247‾  
Ans: 19)‾247‾ = 13

(I) 19)‾266‾  
Ans: 19)‾266‾ = 14

(J) 19)‾285‾  
Ans: 19)‾285‾ = 15

# DP Exercise 47

(A) 20)‾20‾

Ans : 20)‾20‾ = 1

(B) 20)‾40‾

Ans : 20)‾40‾ = 2

(C) 20)‾60‾

Ans : 20)‾60‾ = 3

(D) 20)‾80‾

Ans : 20)‾80‾ = 4

(E) 20)‾100‾

Ans : 20)‾100‾ = 5

(F) 20)‾120‾

Ans : 20)‾120‾ = 6

(G) 20)‾140‾

Ans : 20)‾140‾ = 7

(H) 20)‾160‾

Ans : 20)‾160‾ = 8

(I) 20)‾180‾

Ans : 20)‾180‾ = 9

(J) 20)‾200‾

Ans : 20)‾200‾ = 10

(K) 20)‾220‾

Ans : 20)‾220‾ = 11

(L) 20)‾240‾

Ans : 20)‾240‾ = 12

(M) 20)‾260‾

Ans : 20)‾260‾ = 13

(I) 20)‾280‾

Ans : 20)‾280‾ = 14

(J) 20)‾300‾

Ans : 20)‾300‾ = 15

# DP Exercise 48

(A)  21 | 21

Ans : 21 | 21 ( 1 )

(B)  21 | 42

Ans : 21 | 42 ( 2 )

(C)  21 | 63

Ans : 21 | 63 ( 3 )

(D)  21 | 84

Ans : 21 | 84 ( 4 )

(E)  21 | 105

Ans : 21 | 105 ( 5 )

(F)  21 | 126

Ans : 21 | 126 ( 6 )

(G)  21 | 147

Ans : 21 | 147 ( 7 )

(H)  21 | 168

Ans : 21 | 168 ( 8 )

(I)  21 | 189

Ans : 21 | 189 ( 9 )

(J)  21 | 210

Ans : 21 | 210 ( 10 )

(K)  21 | 231

Ans : 21 | 231 ( 11 )

(L)  21 | 252

Ans : 21 | 252 ( 12 )

(M)  21 | 273

Ans : 21 | 273 ( 13 )

(I)  21 | 294

Ans : 21 | 294 ( 14 )

(J)  21 | 315

Ans : 21 | 315 ( 15 )

# DP Exercise 49

(A) 22)̄22

Ans : 22)̄22̄  quotient 1

(B) 22)̄44

Ans : 22)̄44̄  quotient 2

(C) 22)̄66

Ans : 22)̄66̄  quotient 3

(D) 22)̄88

Ans : 22)̄88̄  quotient 4

(E) 22)̄110

Ans : 22)̄110̄  quotient 5

(F) 22)̄132

Ans : 22)̄132̄  quotient 6

(G) 22)̄154

Ans : 22)̄154̄  quotient 7

(H) 22)̄176

Ans : 22)̄176̄  quotient 8

(I) 22)̄198

Ans : 22)̄198̄  quotient 9

(J) 22)̄220

Ans : 22)̄220̄  quotient 10

(K) 22)̄242

Ans : 22)̄242̄  quotient 11

(L) 22)̄264

Ans : 22)̄264̄  quotient 12

(M) 22)̄286

Ans : 22)̄286̄  quotient 13

(I) 22)̄308

Ans : 22)̄308̄  quotient 14

(J) 22)̄330

Ans : 22)̄330̄  quotient 15

# DP Exercise 50

(A)  23)‾23‾   (F)  23)‾138‾   (K)  23)‾253‾

Ans: 23)‾23‾ = 1   Ans: 23)‾138‾ = 6   Ans: 23)‾253‾ = 11

(B)  23)‾46‾   (G)  23)‾161‾   (L)  23)‾276‾

Ans: 23)‾46‾ = 2   Ans: 23)‾161‾ = 7   Ans: 23)‾276‾ = 12

(C)  23)‾69‾   (H)  23)‾184‾   (M)  23)‾299‾

Ans: 23)‾69‾ = 3   Ans: 23)‾184‾ = 8   Ans: 23)‾299‾ = 13

(D)  23)‾92‾   (I)  23)‾207‾   (I)  23)‾322‾

Ans: 23)‾92‾ = 4   Ans: 23)‾207‾ = 9   Ans: 23)‾322‾ = 14

(E)  23)‾115‾   (J)  23)‾230‾   (J)  23)‾345‾

Ans: 23)‾115‾ = 5   Ans: 23)‾230‾ = 10   Ans: 23)‾345‾ = 15

# DP Exercise 51

(A)  24⟌24
Ans: 24⟌24, quotient 1

(B)  24⟌48
Ans: 24⟌48, quotient 2

(C)  24⟌72
Ans: 24⟌72, quotient 3

(D)  24⟌96
Ans: 24⟌96, quotient 4

(E)  24⟌120
Ans: 24⟌120, quotient 5

(F)  24⟌144
Ans: 24⟌144, quotient 6

(G)  24⟌168
Ans: 24⟌168, quotient 7

(H)  24⟌192
Ans: 24⟌192, quotient 8

(I)  24⟌216
Ans: 24⟌216, quotient 9

(J)  24⟌240
Ans: 24⟌240, quotient 10

(K)  24⟌264
Ans: 24⟌264, quotient 11

(L)  24⟌288
Ans: 24⟌288, quotient 12

(M)  24⟌312
Ans: 24⟌312, quotient 13

(I)  24⟌336
Ans: 24⟌336, quotient 14

(J)  24⟌360
Ans: 24⟌360, quotient 15

# DP Exercise 52

(A) 25)25

Ans: 25)25̄¹

(B) 25)50

Ans: 25)50̄²

(C) 25)75

Ans: 25)75̄³

(D) 25)100

Ans: 25)100̄⁴

(E) 25)125

Ans: 25)125̄⁵

(F) 25)150

Ans: 25)150̄⁶

(G) 25)175

Ans: 25)175̄⁷

(H) 25)200

Ans: 25)200̄⁸

(I) 25)225

Ans: 25)225̄⁹

(J) 25)250

Ans: 25)250̄¹⁰

(K) 25)275

Ans: 25)275̄¹¹

(L) 25)300

Ans: 25)300̄¹²

(M) 25)325

Ans: 25)325̄¹³

(I) 25)350

Ans: 25)350̄¹⁴

(J) 25)375

Ans: 25)375̄¹⁵

# DP Exercise 53

(A) 50)50

Ans: 50)50 with 1 on top

(B) 50)100

Ans: 50)100 with 2 on top

(C) 50)150

Ans: 50)150 with 3 on top

(D) 50)200

Ans: 50)200 with 4 on top

(E) 50)250

Ans: 50)250 with 5 on top

(F) 50)300

Ans: 50)300 with 6 on top

(G) 50)350

Ans: 50)350 with 7 on top

(H) 50)400

Ans: 50)400 with 8 on top

(I) 50)450

Ans: 50)450 with 9 on top

(J) 50)500

Ans: 50)500 with 10 on top

(K) 50)550

Ans: 50)550 with 11 on top

(L) 50)600

Ans: 50)600 with 12 on top

(M) 50)650

Ans: 50)650 with 13 on top

(I) 50)700

Ans: 50)700 with 14 on top

(J) 50)750

Ans: 50)750 with 15 on top

# DP Exercise 54

(A) 100)‾50‾

Ans: 100)‾50‾ = 0.5

(B) 100)‾100‾

Ans: 100)‾100‾ = 1

(C) 100)‾150‾

Ans: 100)‾150‾ = 1.5

(D) 100)‾200‾

Ans: 100)‾200‾ = 2

(E) 100)‾250‾

Ans: 100)‾250‾ = 2.5

(F) 100)‾300‾

Ans: 100)‾300‾ = 3

(G) 100)‾350‾

Ans: 100)‾350‾ = 3.5

(H) 100)‾400‾

Ans: 100)‾400‾ = 4

(I) 100)‾450‾

Ans: 100)‾450‾ = 4.5

(J) 100)‾500‾

Ans: 100)‾500‾ = 5

(K) 100)‾550‾

Ans: 100)‾550‾ = 5.5

(L) 100)‾600‾

Ans: 100)‾600‾ = 6

(M) 100)‾650‾

Ans: 100)‾650‾ = 6.5

(I) 100)‾700‾

Ans: 100)‾700‾ = 7

(J) 100)‾750‾

Ans: 100)‾750‾ = 7.5